教育部哲学社会科学研究重大课题攻关项目
“加强和改进网络内容建设研究”（项目批准号：13JZD033）资助

网络内容建设的保障机制研究

WANGLUO NEIRONG JIANSHE DE
BAOZHANG JIZHI YANJIU

郭渐强 / 著

人民出版社

主编前言

2013年,在湖南大学唐亚阳教授主持下,依托湖南大学马克思主义学院、新闻传播与影视艺术学院、工商管理学院、法学院等院系专家学者,联合中南大学、湖南科技大学、新浪网、凤凰网等学界、业界专家学者组成了"教育部哲学社会科学研究重大课题攻关项目"申报组,并于同年11月成功中标"教育部哲学社会科学研究(2013年度)重大课题攻关项目第33号招标课题《加强和改进网络内容建设研究》"(课题编号13JZD033)。

本套"系列著作"作为《加强和改进网络内容建设研究》招标课题的最终成果,主要立足于十八大报告提出的"加强和改进网络内容建设,唱响网上主旋律"这一精神,着力探寻网络内容建设的理论诉求,着力梳理网络内容建设的现实追问,切实提出加强和改进网络内容建设的有效对策。旨在将加强和改进网络内容建设放在推进社会主义核心价值观融入精神文明建设全过程这个事业大局中来思考,坚持建设与管理的统一,以"理论分析—规律认识—问题把握"为立论起点,遵循"提出问题—分析问题—解决问题"的渐进式结构,着力回答网络内容"谁来建""建什么""如何建""如何管"等现实问题。

本套"系列著作"包括6本专著,除我的一本独著外,其他5本专著由其他5个子课题负责人主导完成,每本书稿均为30万字左右。其特色主要体现为以下几个方面:第一,着力探讨加强和改进网络内容建设的理论诉求,实现合规律性与合目的性的统一。按照科学理论体系要求和工作实践深入的需要,对加强和改进网络内容建设的理论基础问题给予较为系统的回答,为加强和改进网络内容建设的实践探索和工作创新奠定理论基石。同时,探索了网络环境下人的思想品德形成与发展的基本规律,探索了网络内容建设工作的基本规律。第二,着力探讨网络内容建设存在的突出问题,为推动问题的解决打下坚实基础。着眼于调研我国网络内容建设的现状,同时,立足于全球视野,探求国外网络内容建设和管理的理性借鉴问题。第三,着力探讨构建起政府、学校、企业、网民紧密协作的行动者网络,实现多元主体共建网络内容。突破单一主体"利益至上"的逻辑,有针对性地提出涵括政府、学校、企业、网民等在内的利益主体共同建设网络内容的框架体系,进而不断完善网络内容建设主体结构。第四,着力探讨社会主义核心价值观引领网络内容建设工程的现实追问,实现主线贯穿。社会主义核心价值观是社会主义先进文化的精髓,决定着网络内容建设方向,积极探寻了社会主义核心价值观引领优秀传统文化和当代文化精品网络化、网络新闻资讯、网络社交媒体内容、网络娱乐产品等网络内容建设的意义、原则、主体、路径、评价等。第五,着力探讨提升中国网络内容国际传播能力的对策,统筹国际国内两个大局。从不同层面深入、立体地分析了中国网络内容国际传播中取得的成绩与存在的不足,在此基础上,借鉴西方国家跨国传播策略,提出提升中国网络内容国际传播效果的对策与建议,以期进一步提升中国网络内容国际传播能力。第六,着力探讨网络内容建设的保障机制,不断提高建设工作的科学化水平。着眼于构建涵括法治保障机制、监管保障机制、教育保障机制、资源保障机制、技术保障机制等在内的网络内容建设的保障机制,进一步加强网络法制建设,坚持科学管理、依法管理、有效管理,加快形成法律规范、行政监管、行业自律、资源保障、技术保障、社会教育相结合的网络内容建设保障体系。

6本专著紧紧围绕"加强和改进网络内容建设"这一主题,并在多校、多学科、多专业协同创新机制主导下,既强调各本专著的主题性、侧重性,又强调系列著作的体系性、完整性,分了6个专题展开。为了方便读者的阅读,做以下简介(按子课题排序):

一、《网络内容建设的理论基础与基本规律》(曾长秋、万雪飞、曹挹芬著)。本专著力图以党的十七届六中全会、十八大及习近平总书记系列重要讲话精神为指导,借鉴网络传播学、信息管理学、网络心理学、网络政治学、网络社会学等学科已取得的相关研究成果,以厘清“网络内容”的内涵和外延为切入点,结合具体案例,较为全面地分析了网络内容的主要特征,深入阐述了加强和改进网络内容建设的极端重要性。在此基础上,明确网络内容建设研究的理论基础和理论借鉴,并尝试提出网络内容建设的主要目标、基本原则以及网络内容建设的生产规律、传播规律、消费规律和引导规律,为今后进一步进行网络内容建设的研究奠定理论和规律等方面的基础。

二、《中国网络内容建设调研报告》(赵惜群等著)。本专著以网络信息技术的迅猛发展为时代背景,立足于国际视野和国内现状,采取社会调查与实证研究相结合、定性研究与定量研究相结合等方法,运用 SPPS 数据统计软件和相关数据分析法,从普通网民、政府、企业、高校的角度客观、全面地审视我国网络内容建设的主体、网络内容建设的价值引领、网络内容产品、网络内容监督、网络内容国际传播、网络内容安全建设等取得的成就、存在的问题及成因;比较系统地总结提炼了国外网络内容建设的经验及其对加强和改进我国网络内容建设的启示,以期为党和政府部门制定、加强和改进网络内容建设的决策提供现实依据和国际借鉴。

三、《多主体协同共建的行动者网络构建研究》(雷辉著)。本专著贯彻十八大关于互联网信息安全的会议精神,就网络内容传播主体间相互关系及其传播路径进行了深入的思考和研究。首先将行动者网络理论、社会网络分析、利益相关者理论等理论知识创新性地运用到网络社会信息传播实践的研究中来,先后从行动者网络的协同化、与外部环境的治理结构以及行动者正能量传播生态系统等角度来构建政府、学校、企业和网民的行动者网络的结构模型。并在此基础上,从政策层面,对现实生活中行动者网络工作体系的构建进行思考,得出了几点有用的结论,并指出了该工作体系未来发展的根本思路和关键。

四、《社会主义核心价值观引领下的网络内容建设工程研究》(唐亚阳著)。本专著以“理论分析—现状调研—问题把握”为立论起点,遵循“提出问题—分析问题—解决问题”的结构设计，着力回答：为什么要实施“引领工程”、实施的原则、由谁实施、实施的内容、实施的效果等现实追问。一是从现实角度回答为什么要引领。立足现实背景，着力探寻“引领工程”的时代诉求，从意识形态话语权、“四个全面”战略布局、网络空间“清朗工程”等角度阐明实施“引领工程”的现实必然性和可能性。二是回答实施“引领工程”的基本原则问题。主要从政府主导与多元主体相结合、顶层设计与阶段实施相结合、显性教育与隐性教育相结合、价值引领与网络传播相结合来回答。三是回答由谁来具体实施“引领工程”的问题。主要从“引领工程”主体间的关系形态、“引领工程”主体构建的现状及路径等角度来进行回答。四是回答“引领工程”实施什么内容的问题。主要从五个维度回答，即：优秀传统文化网络化构建、当代文化精品网络化构建、网络新闻咨讯构建、网络娱乐产品构建、社交媒体内容构建，实施社会主义核心价值观引领的网络内容建设工程。五是回答实施“引领工程”的效果问题。从“引领工程”评价体系的价值意义、建构原则、思路、主要内容，以及操作、实施、反馈等角度进行回答。

五、《中国网络内容国际传播力提升研究》（向志强著）。本专著分析了中国网络内容国际传播力提升的时代背景和现实意义，探讨了中国网络内容国际传播力构成要素以及提升目标，通过构建中国网络内容国际传播力评价指标体系，以人民网等国内十大网站为例，对中国网络内容国际传播力现状进行了较为客观全面的评价，通过内容分析等研究方法对中国网络内容国际传播力提升的微观路径和宏观措施的现状和存在问题进行了系统深入分析，通过问卷调查等研究方法对中国网络内容国际传播的受众需求进行调查，并对调查结果进行了数理统计分析，在上述研究基础上，依据新闻传播学的相应理论，系统阐述了中国网络内容国际传播力提升的战略、模式以及路径，深入探讨了中国网络内容国际传播力提升的宏观措施和微观路径的完善和改进措施。

六、《网络内容建设的保障机制研究》（郭渐强著）。加强和改进网络内容建设，必须一手抓繁荣，一手抓管理；一手抓建设，一手抓保障，需要建立和健全保障机制为其保驾护航。本专著从理论上概述了网络内容建设的保障机制的含义与功能,影响建立与健全保障机制的主要因素,阐释了对健全保障机制具有指导意义的理论,如网络内容规制理论、全球网络公共治理理论、整体政府理论、协同治理理论。本书的核心内容是分别全面客观地分析了构成网络内容建设保障机制的五个具体方面,即:法治保障机制、监管保障机制、教育保障机制、资源保障机制、技术保障机制存在的问题与缺陷,在深刻分析问题原因基础上,借鉴国外健全保障机制的经验,提出了健全我国网络内容建设的保障机制的对策建议。

这套“系列著作”的顺利出版,首先得益于湖南大学、中南大学、湖南科技大学等学界同人的鼎力协作,得益于新浪网、凤凰网、人民网等业界精英的倾力支持,得益于国家互联网信息办公室、湖南省委宣传部网络宣传办公室等主管部门的热心扶助。作为主编,对诸位的热情与辛勤付出表示深深的谢忱,在此,也由衷期盼本“系列著作”的出版能为我国网络内容建设实践提供理论资源,引导这一实践进程走上良性发展的轨道,对推动社会主义核心价值观培育和践行、形成共建共享网上精神家园、提升网络内容建设效能、保障网络内容建设科学发展、维护国家意识形态安全有积极价值。

唐亚阳

2017年9月于长沙

目　　录

第一章　网络内容建设保障机制概说

第一节　网络内容建设保障机制的含义和功能

一、网络内容建设保障机制的含义

党的十八大报告提出要“加强和改进网络内容建设,唱响网上主旋律,加强网络社会管理,推进网络依法规范有序运行”。十八届三中全会《决定》将互联网发展与治理的总方针确定为“积极利用、科学发展、依法治理、确保安全”。一手抓繁荣,一手抓管理;一手抓建设,一手抓保障,应该是实现这一战略任务的必要途径。加强和改进网络内容建设,需要建立和健全保障机制为其保驾护航。

机制,原指机器在运动过程中,各部件之间按照某种机理形成的因果联系和运转方式,泛指一个工作系统的组织或部分之间相互作用的过程和方式。如:市场机制、竞争机制、用人机制。现已广泛应用于各学科的研究,在自然科学领域里,机制指事物或自然现象的内在机构及其相互作用的过程、原理和功能。在社会科学领域里,机制指社会机构、组织内部机构及其运行过程和原理,或社会政治、经济、文化活动各要素之间相互关系、运行过程及其综合效应。它有三层基本含义:其一,机制由若干要素组成,这些要素按一定的方式结合为一个整体;其二,组成机制的各要素的功能以及这些要素组合起来的方式,决定着整个机制的功能;其三,机制中各构成要素功能的发挥总是在整个机制的运行过程中与其他要素相互作用而实现。

保障机制是机制按照功能划分出来的概念。从机制的功能来分,有激励机制、制约机制和保障机制等。保障含有条件、保护、保证、支持、监管等意,保障机制是为实践活动提供物质和精神条件的机制。在建设网络内容的复杂实践中,保障机制是为整个网络内容建设提供保证其健康运行的条件的作用过程。失去了保障机制,网络内容建设成为了失去坚实基础的"空中楼阁",成为了失去可靠依托的"水上飘萍"。因此,建立和完善保障机制是网络内容建设的重要组成部分。网络内容建设保障机制是为互联网内容建设提供物质条件、制度保障、人才支持和技术支撑的机制。

保障机制一般包括思想保障机制、法律保障机制、组织领导保障机制、经费保障机制、政策保障机制、资源保障机制、监控保障机制、制度保障机制、程序保障机制等。可见保障机制是一个具有丰富内容的体系,保障机制的每一方面都有其独特的不可替代的功能,而且,从系统论看来,每一种保障机制之间相互联系、相互作用、相互影响。网络内容建设的特点决定网络内容建设保障机制的内容构成主要有:法治保障机制、监管保障机制、教育引导保障机制、资源保障机制、技术保障机制等。

二、网络内容建设保障机制的功能

(一)规制功能

"规制"一词来源于英文"Regulation",指的是通过制定和实施规定和制度,对经济社会生活等进行规范和制约,以符合社会主流价值观和社会发展目标。社会生活有边界,网络世界也应有底线。虚拟的互联网,不能脱离公序良俗的规制,成为一个"只要自由、不要约束"的王国。应针对网络社会中出现的问题进行专门立法,严厉打击各种非法行为,加大对手机淫秽信息和网络谣言的整治力度,进一步规范网络秩序,促使网络行为规范化。通过互联网立法、网络规范,引导公众更有序、更规范、更合法地享有自由权益。网络世界是现实生活中的延伸,它必然需要有法律来维护秩序,在中国"互联网+"时代的风口。云计算、大数据早已风生水起,O2O、众筹等网络概念也大行其道。赶上最好时代的中国互联网,需要更加规范化、法制化的章程来“保驾护航”。随着互联网的迅速发展和网络内容的日益丰富，网络内容传播已成为内容传播的重要方式且有成为主导方式之势，而网络内容的良莠直接关系到整个网络社会能否健康发展。因此，网络内容规制已成为世界各国管理网络的重要手段。我国政府在网络内容规制的政策制定和实践方面也做出了积极有效的努力，制定了一些专门的规章和法律如《互联网新闻信息服务管理办法》等，也实施了抵制网络低俗之风扫黄打非等专项行动。纵观世界各国受到规制的内容主要包括政治言论、种族仇恨言论、色情、诽谤、憎恨、恐吓不适合未成年人的内容等。不同国家因价值观文化传统政治观念和社会制度不同，各个国家对哪些内容应当禁止持不同的观点，各国对网络政治言论、色情儿童、色情网络、诽谤憎恨言论等内容的规制表现出了不同态度，规制的内容各有偏重，有些国家偏重禁止有害的政治内容和反政府内容，有些偏重禁止色情和淫秽内容，有些偏重禁止憎恨恐吓和种族歧视内容，有些偏重禁止诽谤和隐私内容，有些偏重禁止盗版内容有些偏重禁止危害网络安全的内容，例如泰国屏蔽赌博网站新加坡屏蔽种族主义者网站，韩国屏蔽同情朝鲜的网站。我国政府对网络内容规制的范围也十分重视，2000 年以来，我国已颁布《互联网信息服务管理办法》《互联网电子公告服务管理规定》，全国人大常委会《关于维护互联网安全的决定》《非经营性互联网信息服务备案管理办法》《互联网著作权行政保护办法》《互联网新闻信息服务管理规定》《互联网电子邮件服务管理办法》等文件。这些文件规定我国禁止的网络内容包括反对宪法所确定的基本原则的；危害国家安全，泄露国家秘密，颠覆国家政权，破坏国家统一的；损害国家荣誉和利益的，煽动民族仇恨民族歧视，破坏民族团结的；破坏国家宗教政策，宣扬邪教和封建迷信的；散布谣言，扰乱社会秩序，破坏社会稳定的；散布淫秽色情、赌博、暴力、凶杀、恐怖或者教唆犯罪的；侮辱或者诽谤他人，侵害他人合法权益的；含有法律行政法规禁止的其他内容的。2015 年 3 月 1 日《互联网用户账号名称管理规定》正式施行，微博、微信、QQ、论坛等账号将被划上 9 条“底线”。根据规定，网民在互联网信息服务中注册使用的所有账号名称需遵守 9 条规矩，包括不得违反宪法和法律规定；不得危害国家安全，泄露国家秘密，颠覆国家政权，破坏国家统一；不得煽动民族仇恨、民族歧视,破坏民族团结;不得散布淫秽、色情、赌博、暴力、凶杀内容等。如有违反,账号将被限期改正、暂停使用直至注销。从这些被禁止的内容不难看出,与其他国家相比我国禁止传播的网络内容的范围具有不同的特点,我国特别强调规制不利于社会稳定、不利于国家统一、不利于青少年成长和不合社会道德风俗的内容。

(二)监管功能

监管是指管理当局对业界的限制、管理和监督。随着网站数量和存在于互联网上的网页数以指数级增长,电子政务和电子商务的广泛开展,这些极大地促进了国家的信息化建设,并且给人们的学习、工作、生活等带来越来越多的便利。但是,同时,互联网也成了色情、邪教、反动、暴力等信息内容传播的场所。为了防止互联网上非法信息的传播和浏览,有必要建立健全监管保障机制,保障网络内容的健康安全,有效阻止不良信息内容在我国的非法传播。坚持“两手抓”,既靠“无形之手”提供机遇和活力、让互联网不断繁荣昌盛,也用“有形之手”来进行约束和规范,通过看得见、摸得着的约束和规则,尤其是相关法律规范,让网络讨论更理性,大众麦克风的声音更健康,网络生态更文明。通过坚持不懈地整治网上不良信息的专项行动,还网络明朗的空间。通过加大查处力度,扩大清理整治范围,对整治不力的网站坚决曝光,对顶风作案的从重处罚,真正使网络面貌有根本变化,使社会满意度大幅提升。通过完善抵制网上低俗之风的长效机制,广泛发动公众举报,落实举报奖励制度,强化舆论监督、群众监督和社会监督,将曝光、谴责、关闭违法违规网站的工作常态化。通过依法管理、科学管理、有效管理,提高对网络虚拟社会的治理能力和水平。事实上,网络管理,特别是突发网络事件的管理,对世界各国来说都是一个难题。一个网络事件发生,其影响不可能仅限于网上,网下的持续发酵和连锁反应才是网络突发事件对于国家和社会治理的真正威胁,所以世界各国都高度重视网络管理。然而,依据什么管、谁来管、如何管这些问题不解决,想管也难。① 优衣库事件是一次颇具轰动效应的网络突发事件,而且集中了艳照、躺枪、商业营销、人肉

① 叶泉:《优衣库事件,中国网络管理走向成熟》,《法制日报》2015年7月17日。

搜索等一系列在网络传播过程能够掀起“狂欢效应”的关键词。2015 年 7 月 14 日晚，不雅视频在微博、微信上“病毒式传播”，2015 年 7 月 15 日，北京朝阳警方就宣布进行调查。在第一时间介入优衣库事件的不仅有警方，还有国家网信办。在警方介入的同时，网信办也约谈了腾讯和新浪负责人，责令其切实履行好企业主体责任，积极配合有关部门开展调查。国家网信办移动网络管理局称，对涉嫌低俗营销、搭车营销，甚至借机传播病毒链接等行为强烈谴责，呼吁严厉查处。无论是公安部门还是网管部门反应都非常迅速，而且态度明确，在第一时间各司其职，该侦查的侦查，该约谈的约谈，尤其重要的是，一切都在依法进行，有明确的法律依据，不给事件背后的推手以任何的炒作空间和机会，而职能部门的及时介入和表态也引导了舆论沿着正常的方向发展。职能部门敢管、擅管是这次优衣库事件中我国网络管理的一个突出特点，而敢管与擅管的根本就是我国关于网络管理的法律体系逐步健全，法律规定更加明确，可钻的空子越来越少。从优衣库事件中我们可以看到，在不断完善法治的基础上，中国的网络管理更加成熟，面对网络突发事件的处置能力在不断提升。

（三）引导功能

引导含有带领、指引、启发等含义。网络内容建设中的保障机制在唱响主旋律中具有引导网络朝向上、健康、积极的方向发展的功能，这集中体现在其教育引导保障机制中。通过建立健全教育机制营造文明健康、积极向上的网络环境，引导广大网民尤其是青少年网民健康上网、文明上网。例如，开展做“中国好网民”的活动，教导网民做好网民关键要做到“四有”：一是有高度的安全意识。网络安全方面最大的风险是没有意识到风险，网络安全隐患就在身边，维护网络安全不仅是国家、专家、人家的事，更是自己的事。网络安全出了问题，可能比传统安全问题涉及面更广、危害更大，必须时刻绷紧网络安全这根弦，筑牢“头脑中的防线”，让网络安全意识内化于心、外践于行。二是有文明的网络素养。要自觉践行社会主义核心价值观，弘扬网上正能量，倡导文明健康的网络生活方式，培育崇德向善的网络行为规范，用优秀思想道德文化滋养网络、滋养社会，自觉把网络谣言、网络暴力、网络欺诈、色情、低俗等污泥浊水清除出去，让网络空间清朗起来。三是有守法的行为习惯。网络空间不是法外之地，法律底线不可逾越，网下不能做的事网上同样不能做。要用法律的尺子来衡量自己在网上的言行，讲诚信、守秩序，自觉学法、尊法、守法、用法，筑牢网络安全的法治屏障。四是有必备的防护技能。互联网是把“双刃剑”，我们在享用互联网带来便利的同时，也要同步掌握相应的网络安全防护技能，看得见陷阱、挡得了暗箭、补得上漏洞，不轻易下载来路不明的程序，不随便转发有害信息，注意保护个人账号和密码，及时更新应用程序补丁，改变不健康的上网习惯，让网络不法分子无机可乘。① 由国家互联网信息办公室指导，新华网主办，人民网、中国网、央视网、中国青年网、中国新闻网、光明网、新浪网、腾讯网、新浪微博等网站协办的“2015 中国好网民”流行语和故事征集活动于 2015 年 6 月 18 日正式上线。这标志着“2015 中国好网民”系列活动正式启动。“2015 中国好网民”系列活动还包括网络大讲堂、第十二届全国法治动漫微电影作品征集活动、公益广告设计大赛、网络媒介素养研讨会等十项活动，通过倡导文明健康的网络生活方式，培育崇德向善的网络行为规范，引导网民自觉践行社会主义核心价值观，弘扬网上正能量，让遵纪守法、理性表达、文明上网，争做“四有”中国好网民的理念深入人心，必将推动网民文明上网。② 为深入贯彻落实习近平总书记关于“培育中国好网民”的重要指示精神，国家网信办 2016 年 2 月 26 日召开会议，明确要求全国网信系统在 2016 年全力推进争做中国好网民工程。为凝聚和壮大网络正能量，营造更加清朗的网络空间，开展了 2015 年度“五个一百”网络正能量精品评选活动。评选项目包括“百名网络正能量榜样”“百篇网络正能量文字作品”“百幅网络正能量图片”“百部网络正能量动漫音视频作品”“百项网络正能量专题活动”五个项目。活动的主题是“传递正能量，网络更清朗”，旨在评选和集中展示一年来在重大政策、重大主题、重大活动、重大事件、热点问题和突发事件

---

① 鲁炜：《培育好网民　共筑安全网——在第二届国家网络安全宣传周启动仪式上的讲话》，2015 年 6 月 1 日，见 http://www.cac.gov.cn/2015-06/01/c_1115464050.htm。

② 中国网信网：《“2015 中国好网民”系列活动正式启动》，2015 年 6 月 18 日，见 http://www.cac.gov.cn/2015-06/18/c_1115653012.htm。

中发挥网上正面引导作用的优秀人物和作品，倡导广大网民自觉传播和弘扬正能量。建立健全舆情引导机制，充分利用信息手段，借助各种传播形式进行网上舆论引导，使符合社会发展方向的主流价值体系和健康有益的信息内容在网上得到充分的呈现与张扬。网络主流媒体在舆论场能够发挥正引导作用。总的来说，我国中央政府及其组成部门的官方网站；中央的网络媒体，比如人民网、新华网、光明网、央视网、官方论坛与微博、微信和客户端等各大媒体网站；地方的各级政府官方网站和官方主办的网络媒体的公信力是具备的，在广大人民群众中享有较高的信誉和权威。主流媒体舆论场主动宣传在经济社会发展实践中取得的正能量成就，始终坚持正确的舆论导向，不断建设让人民群众能够绝对信任的网络阵地。同时，主流媒体舆论场及时、准确地应对网络负面舆情，从而实现对网络负面舆情的疏导、引导。

（四）支持功能

网络内容建设的保障机制为加强和改进网络内容建设提供了全面的支持，包括政策法律支持、资源支持、技术支持等。有了政策法律支持，加强和改进网络内容建设就增强了合法性和权威性，使得其行动有了政策文本、法律依据。资源支持，包括财力物力资源、人力资源、权威资源支持，能够为加强和改进网络内容建设提供基础性条件。例如，加大资金投入，改善基础设施，保障物质条件。① 工信部紧紧围绕互联网强国、网络强国、制造强国的建设目标，加快高速宽带网络建设，持续推进网络的提速降费工作。不少省份明确提出建设网络强省的战略目标。② 湖南省委书记、省人大常委会主任徐守盛来到省通信管理局调研，主持召开信息化建设基础工作座谈会。徐守盛强调，要补齐信息基础设施短板，像抓交通基础设施一样抓好信息基础设施建设，认真贯彻落实“宽带中国”战略，全面提高网络覆盖能力、惠民普及规模、宽带接入水平和应用水平，缩小城乡数字鸿沟；着眼于提高国际互联网带宽和流量转接能力，加快建设通达国际出入口的互联网国际通道；

① 王仲伟：《切实加强内容建设　努力办好政府网站》，2014 年 12 月 1 日，见 http://www1.www.gov.cn/xinwen/2014-12/01/content_2785207.htm。

② 唐婷、田甜：《徐守盛：让人民群众在信息化建设中有更多获得感》，《湖南日报》2015 年 7 月 30 日。

扎实推进信息基础设施共建共享，加快全省范围内的“三网融合”工程建设，全力保障4G网络建设进度，促进信息基础设施资源整合共享。2015年8月3日，中国互联网发展基金会在北京正式挂牌，标志着中国、同时也是全球范围内第一家互联网领域的公募基金会正式成立。它是经国务院批准，民政部登记注册，由国家互联网信息办公室主管，并具有独立法人地位的全国性公募基金会。中国互联网发展基金会将主要通过整合社会资源、调动社会力量、运用网络传播规律激发正能量，弘扬社会主义核心价值观，致力于开展以下四个方面工作：支持中国互联网事业健康发展，使网络空间清朗起来；促进社会主义核心价值体系传播，维护国家网络安全和社会稳定；积极培育中国互联网人才资源，提升中国互联网国际话语权；关注并参与互联网相关的公益活动。① 技术支持主要是运用技术手段对网络行为主体的行为加以限制和防范，对网络内容实施内容分级分类和信息过滤，阻止各类违法信息的传播，防止黑客攻击，维护网民的个人信息安全。目前常用的技术包括防火墙技术、建立的广泛的CAI(Computer Aided Instruction)认证制度、网络服务器的记录功能、不良信息隔离、身份标识、各种加密技术等，这些都有利于保证网络信息内容的健康和文明。

（五）保护功能

网络内容建设的保障机制具有保护网络信息内容安全、维护国家安全和社会公共利益，保护个人、法人和其他组织的合法权益等保护功能。为了保护网络信息安全，保障公民、法人和其他组织的合法权益，维护国家安全和社会公共利益，2012年12月28日第十一届全国人民代表大会常务委员会第三十次会议通过的“关于加强网络信息保护的决定”，规定：“国家保护能够识别公民个人身份和涉及公民个人隐私的电子信息”；“公民发现泄露个人身份、散布个人隐私等侵害其合法权益的网络信息，或者受到商业性电子信息侵扰的，有权要求网络服务提供者删除有关信息或者采取其他必要措施予以制止”；“有关主管部门应当在各自职权范围内依法履行职责，采

① 中国网信网：《中国互联网发展基金会正式成立》，2015年8月3日，见http://www.cac.gov.cn/2015-08/03/c_1116128032.htm。

取技术措施和其他必要措施，防范、制止和查处窃取或者以其他非法方式获取、出售或者非法向他人提供公民个人电子信息的违法犯罪行为以及其他网络信息违法犯罪行为。有关主管部门依法履行职责时，网络服务提供者应当予以配合，提供技术支持。”我国还颁布实施了《信息网络传播权保护条例》《计算机软件保护条例》《计算机信息网络国际联网安全保护管理办法》《电信和互联网用户个人信息保护规定》等行政法规和部门规章。这些法律法规的颁布实施，有力地显示和发挥了网络内容建设的保障机制的保护功能。

第二节　健全网络内容建设保障机制的影响因素

建立健全网络内容建设的保障机制是一个系统工程，受到多方面因素的影响和制约，正确认识这些因素的正面作用和负面影响，我们才能创造条件，为健全网络内容建设的保障机制奠定良好的基础；我们才能深刻分析和反思目前网络内容建设的保障机制不够健全的原因，从而采取针对性较强的对策措施，以充分发挥网络内容建设的保障机制的功能。

一、主观因素

主观因素涉及主观认识、价值观、思想意识、理念等层面。对网络内容属性的认识，尤其是对网络内容建设规律的认识，是我们对网络内容进行科学监管的理论依据。只有树立正确的价值观，我们才能树立评估网络内容的标准。只有具有网络法律意识、伦理意识、责任意识，才有相应的尊法守法、道德自律、敢于担当的行为。只有更新理念，才能有健全网络内容建设的保障机制的新思路新办法。政府监管主体，网络企业、网络行业主体，社会力量主体，网民的主观因素，都不同程度地影响保障机制的构建与完善。

网站是互联网信息传播和发布的主体，深刻影响着网络环境的清朗，无论是新闻媒体还是商业网站，作为社会整体的重要组成部分，维护网络环境的干净整洁不仅是不可或缺的社会良知，更是不可推卸的主体责任。加强行业自律，建立健全自查自纠机制；封堵淫秽信息传播源；提升技术手段和能力,增强对网络淫秽色情信息的辨别、处置能力。提高网站的责任意识有利于推动行业内部的扫黄进程和良性发展。尽管打击淫秽色情传播的法律在我国已基本确立,但是,在有法可依的前提下,“净网行动”却依然形势严峻,不仅折射出违法分子的狡猾与隐蔽,也映射出我国执法打击仍需不断加大和强化。然而,更为重要的问题是一些网站及从业人员法律意识的淡薄和对法律敬畏之心的不足。在依法治国全面升级的大背景下,我国法治建设正进入一个新的重大发展阶段,网站及其从业人员要抛却法律侥幸心理,充分提升网络法律意识,自觉维护网络环境的整洁。从 2014 年开始,新浪、搜狐、网易、腾讯、百度、360 等国内大型商业网站都采取了系列措施,加强了自我管理。一是按照要求,成立“净网”专项行动领导小组,二是完善内容审核机制,三是研发应用技术措施,四是增加人工核查力量,五是完善内部监督处罚机制,六是显著位置开设举报窗口,七是健全节假日值班联动机制。诸多网站在遏制低俗内容方面做了很多努力,虽然离清朗空间和网民的期望仍有不小距离,但管理意识都在步步加强。政府监管难以从互联网行业内部操刀整治,此时,互联网行业内部主动“自改”显得尤为重要,也只有这样,才能形成政府与行业之间的良性互动,才能进一步提高“净网行动”的强效性和深刻性。

政府是网络内容监管的最主要的主体,也是维护网络内容健康安全的最坚强的保障者。我国作为一个网络大国,近年来发生过很多著名的网络突发公共事件,这些事件或为政治目的,或为商业目的,或纯粹就是为了个人包装炒作,而且大都伴随着谣言、色情、侵权等违法犯罪行为,具有突发性、持续性、破坏性等特点,给社会治理、道德人心带来了很大的负作用。然而,在过去一段时间中,面对这些事件,一些职能部门往往反应迟钝,表现无力,甚至等到事情闹大了才羞羞答答,犹抱琵琶地出面,还少不了互相推诿一番。这种现象出现的原因是与政府缺乏管理意识,对自身在网络社会这一新型公共空间的角色定位不清有密切的关系,以致政府不敢管、不想管、不能管。目前关于网络社会的很多问题和困惑认识不清、回答不好,使得构建政府对网络的监管机制陷入困境,如,网络社会的基本属性、网络社会的复杂性与可治性问题、网络社会中个体的身份属性与个体权利问题、自由与管控的关系问题、网络社会治理与保障公民权利的关系问题、政府与企业、社会组织、公民在网络社会中的位置和角色关系问题、网络社会治理与推进信息化建设、经济发展之间的关系问题。作为互联网内容管理的主体，政府应发挥好政策制定、政策指导和工作协调等重要作用。对于网络信息的内容安全管理，政府应采取有效措施，强化对互联网信息的引导，逐步推动互联网的信息发布和网络经营行为的规范化；围绕网站内容建设、论坛管理等，加强对网站的工作指导，强化网上舆情的收集和分析，及时处理违法违规行为，抑制有害信息传播。

网民是网络社会的细胞，是中国特色网络文化建设的重要力量。网民认识到其主体地位和作用，提高其对网络虚拟社会的责任感和参与网络治理的主动性，树立起网络伦理意识和网络自律意识、网络法律意识，树立正确的网络观、荣辱观，提高网民的合法权益保护意识和网络安全防范能力，是健全网络内容保障机制的重要基础。加强网络文明建设，把互联网建成共建共享的精神家园，需要每位网民更多的关心、支持和呵护。广大网民要进一步增强主人翁责任感，真正把互联网当作家园来建设，既做网络文化建设的参与者，又做文明健康网络文化的创造者传播者。网络不是某个网民的“自留地”，而是数亿网民的“公地”，公认的文化认知、共同的道德操守、一致的运行规则、严格的约束机制，才能让粗鄙淡出、让文明回归。

二、体制因素

网络治理体制是网络治理主体职能定位、权力及资源配置、权限关系的制度性规定。体制因素无疑是影响和制约保障机制的重要条件。如果体制未能理顺，网络内容建设的保障机制就会残缺不全，尤其是监管机制就会失去有效性。我国网络内容管理体制建设，经过十多年的发展，已取得了较大成就。但网络内容管理对全世界来说都是一个新生事物，加上在短短二三十年间发展迅速，应用广泛，涉及面广，与各行各业有千丝万缕的联系，给网络内容管理工作带来了困难，使我国网络内容管理体制还有待进一步完善。目前我国网络行政监管的主体几乎遍及所有政府机关。如此众多的部门管理，看起来在网络管理领域投下了重兵，花费了巨大的人力物力，但管理效果却并不理想。多个部门参与互联网的监管,但是各部门之间的监管边界不清,在很多地方出现重叠,特别是在一些新兴的技术和业务上。同时,由于各部门的职责不明,仍然有一些领域尚存管理空白,如个人隐私权保护、未成年人保护等,这些领域的管理缺失极大地影响了我国互联网的管理效果。正如习近平指出的那样,"从实践看,面对互联网技术和应用飞速发展,现行管理体制存在明显弊端,主要是多头管理、职能交叉、权责不一、效率不高。"①

体制不顺既影响了监管保障机制作用的发挥,也降低了资源保障机制、技术保障机制的功效。由于多头管理,权力分散,必然造成投资决策权分散,结果是项目重复建设,浪费资源。网络内容监管主体多元分散,也难以形成资源共享机制,从而提高资源使用效率。目前,各个监管主体都建立了自己的监测系统和数据库,但分散使用,造成社会资源的浪费。由于我国政府各部门自行开发的信息系统缺乏标准化、规范化和兼容性,未能有效实现信息资源的互联互通,各系统之间信息无法共享、无法交换,造成众多的彼此隔离的"信息孤岛"现象。随着信息技术的快速发展和社会信息化需求的增加,通信网、互联网和广电网的融合已成为产业发展主流趋势。三网融合可以实现跨产业、跨平台的发展,不仅高效利用现有的资源,而且还可以相互渗透很多业务。我国三网融合在技术和业务上已经没有任何障碍,主要问题集中在管理体制和既有政策上,需要从立法、政策等深层次上推动融合体制问题的解决。实现网络技术"产学研"一体化,也需要克服体制上的障碍,将生产企业、高等院校、科研院所、科技中介、政府结合成一个统一的整体。

三、技术因素

科学技术是生产力,是马克思主义的基本原理,邓小平同志也提出了科学技术是第一生产力的论断。科学技术一旦渗透和作用于生产与生活领

① 新华网:《习近平:把我国从网络大国建设成为网络强国》,2014 年 2 月 27 日,见 http://news.xinhuanet.com/politics/2014-02/27/c_119538788.htm。

域,便成为现实的直接的生产力。网络技术是新时代最伟大的科技发明,网络技术的先进与落后也直接关系到网络管理能力的强弱。目前,对于网络上的海量信息,没有先进的技术,难以及时发现和跟踪违法信息;没有先进的技术,无法取证,无法制约违法行为。网络取证在行政执法及司法实践中成为很大的问题,电子证据的易修改易删除及稍纵即逝的特点,让行政执法机关头痛不已。传播先进文化和正能量需要依靠先进的技术平台,也需要通过这样的技术平台来扩大传播的广泛性和有效性。网络虚拟社会的管理,一方面依托法律和制度的支撑;另一方面是管理能力与管理技术手段相结合。因此,网络内容建设的技术保障机制的完善离不开网络技术的发展,更离不开网络内容监控技术的研发与应用。

自 1996 年国际环球网联合会投入使用的互联网络内容选择平台的监控软件开始,各国都以技术监管作为清除网络不良信息,抵御网络突发侵袭的可行、有效的控制手段。这些监督技术包括:程序监管技术,如指挥、控制、通信、计算机情报监视和侦察的集成系统单元,用以协调、监控网络;设置网络审计标准,如 IMF 建立“通用会计准则”(FASB)和“标准审计公司”(SAS),联机网络数据新标准等,用以进行身份确定;预设防范“滤网”,如采取“停板制度”(Circuit Breakers),设置“正常波动带”(Normal Band),提高保证金比率,设定 Edi 的路径(“本单位—数据通讯网—商业伙伴的计算机”),在虚拟实境(Virtual Reality)中预先设定共同的规定,用以谋求资讯主导配置权和控制网络权;埋设跟踪程序,如微软(Microsoft)的“视窗脚印”用以追查网络越轨者的行踪,并加以惩处。通过技术控制技术使得网络控制具有实用性、可操作性①。

到目前为止,我国还没有形成自主可控的计算机技术、软件技术和电路技术体系,重要信息系统、关键基础设施中使用的核心技术产品和关键服务还依赖国外,我国政府部门、重要行业的服务器、存储设备、操作器以及数据库主要是国外进口。习近平在中央网络安全和信息化领导小组第一次会议

---

① 王健:《试论网络规范的属性》,《重庆邮电大学学报》(社会科学版)2013 年第 3 期。

上谈到“我国网民数量世界第一,已成为网络大国。同时也要看到,我们在自主创新方面还相对落后,区域和城乡差异比较明显,特别是人均带宽与国际先进水平差距较大,国内互联网发展瓶颈仍然较为突出。”①

四、环境因素

环境是影响和制约健全网络内容建设的保障机制的一切因素的总和,从空间上看,包括国际环境、国内环境;从社会领域看,包括政治环境、经济环境、社会环境、文化环境、生态环境。网络内容建设的保障机制与影响和制约它的周围环境是一种互动平衡关系。网络内容建设的保障机制的改革和优化需要环境提供相应的基础和条件。例如,网络监管保障机制的改革,需要行政体制、政治体制改革实现党政组织结构优化为前提;网络法治保障机制的完善需要法治社会的整体推进为基础;互联网基础设施的改善和网络先进技术的开发与应用需要经济发展;网民文明上网需要文化建设提高网民的文明素养;国内网络信息内容的安全需要全球网络治理能力的提高和安全的国际网络环境。

数据显示,2014 年全世界网民数量就已达到了 30 亿,普及率为 40%。可以说,全球范围内已经实现了网络互联、信息互通,互联网让国际社会越来越成为你中有我、我中有你的命运共同体。互联网让世界变成了“鸡犬之声相闻”的地球村,相隔万里的人们不再“老死不相往来”。2014 年中央网络安全与信息化领导小组成立以来,习近平总书记提出了中国参与全球互联网治理的主张。2015 年 7 月 16 日,国家主席习近平在巴西国会发表《弘扬传统友好　共谱合作新篇》的演讲,指出:“当今世界,互联网发展对国家主权、安全、发展利益提出了新的挑战,必须认真应对。虽然互联网具有高度全球化的特征,但每一个国家在信息领域的主权权益都不应受到侵犯,互联网技术再发展也不能侵犯他国的信息主权。在信息领域没有双重标准,各国都有权维护自己的信息安全,不能一个国家安全而其他国家不安

① 新华网:《习近平:把我国从网络大国建设成为网络强国》,2014 年 2 月 27 日,见 http://news.xinhuanet.com/politics/2014-02/27/c_119538788.htm。

全,一部分国家安全而另一部分国家不安全,更不能牺牲别国安全谋求自身所谓绝对安全。国际社会要本着相互尊重和相互信任的原则,通过积极有效的国际合作,共同构建和平、安全、开放、合作的网络空间,建立多边、民主、透明的国际互联网治理体系。”第二届世界互联网大会 2015 年 12 月 16 日上午 10 点 30 分在浙江省乌镇开幕,国家主席习近平出席开幕式并发表主旨演讲。习近平强调,网络空间是人类共同的活动空间,网络空间前途命运应由世界各国共同掌握。各国应该加强沟通、扩大共识、深化合作,共同构建网络空间命运共同体。围绕这一主张,国家网信办在双边、多边以及国际层面积极向世界阐述中国的治理理念,推动全球网络空间的各行为主体能够求同存异,尽快达成共识,共同维护网络空间的安全和秩序。互联网治理全球合作大势不可逆转。伴随经济持续高速增长,中国互联网行业发展也已经到了全面化、多元化、深入化、国际化的程度。现在中国积极参与到各种互联网治理活动中,并成为互联网治理的主导力量,互联网的治理越来越离不开中国的参与。在全球互联网的发展大潮中,中国以积极的姿态参与建立国际互联网规则,发挥负责任网络大国的作用,为全球网络空间的发展贡献了中国智慧,这不仅维护了中国的网络主权,也能为未来中国互联网行业发展保驾护航,这是中国由网络大国走向网络强国的必由之路。因此,在建立健全网络内容建设的保障机制中,必须深入了解和正确处理国际网络环境与国内网络环境的互动关系,拓展国际视野,借鉴他国经验,增强国际合作,树立共治共享理念。

互联网为人类提供了一种在实体社会或现实社会以外的生活空间:虚拟社会。在信息网络时代,很难设想存在一个脱离现实社会的虚拟世界,更不存在漠视虚拟世界的现实社会。这就是说,虚拟社会与现实社会是相互贯通的,它们共同组成了一个完整的人类社会。正如席勒指出的:“互联网绝不是一个脱离真实世界之外而构建的全新王国,相反,互联网空间与现实世界是不可分割的部分。互联网实质上是政治、经济全球化的最美妙的工具,而不是人类新建的一个更自由、更美好、更民主的另类天地。”面对互联网虚拟社会的发展,要提高社会管理水平,建立良好的社会秩序,必须把互联网虚拟社会的管理统筹到现实社会的管理中来,互联网虚拟社会的管理是社会管理的有机组成部分。由于互联网虚拟社会是与现实社会结合在一起的，是现实社会的延伸和继续，互联网的发展已经渗透到社会的经济、政治、文化、社会、生活等各个领域，互联网虚拟社会中的行为和活动能深刻影响现实生活，并且已经和国家领域、市场领域、公共领域、私人领域密不可分。当然，我们也应看到，互联网虚拟社会中出现了大量现实社会管理所不曾面对的新问题或者使得某些社会问题出现了新的表现形式，适用于现实社会的管理方式、方法可能并不适合互联网虚拟社会管理的要求。因此，为了促进互联网虚拟社会的发展和适应互联网虚拟社会管理的需要，就有必要在社会管理的理念、制度、技术等方面进行创新。因此，在建立健全网络内容建设的保障机制中，必须深入了解和正确处理网络虚拟社会与现实社会的互动关系，正视社会环境的深刻变化，协同治理网络虚拟社会与现实社会，从网络虚拟社会与现实社会相互联系相互作用中，基于网络虚拟社会的特性，构建完善的对网络内容的监管保障机制。

第三节 健全网络内容建设保障机制的现实诉求

一、有效解决目前我国网络内容存在的问题的诉求

近些年来网络内容建设和管理取得了长足进步，网络环境不断得到优化。但不可否认，网络内容建设形势依然严峻，一系列非理性网络内容已经严重影响人们的正常生活，互联网意识形态领域的斗争异常复杂。在一个被海量数据支撑的网络空间里，如果缺乏优质的信息内容，或优质内容供给不足，网络空间就会被灰色信息、有害信息抑或垃圾信息占据优势。这不仅影响网络用户的上网体验，而且违背网络空间的社会公共属性，从而最终损害公共利益。这些问题及其危害主要表现在以下几个方面：

第一，网络内容威胁国家和社会安全问题。一是各种敌对势力利用互联网进行政治宗教观念等意识形态领域的宣传渗透。当西方文化通过互联网节点，用网言网语的方式进入，对我们原有的传统文化体系和核心价值观造成持续冲撞和破坏。西方敌对势力在我国国内物色骨干和代理人，不仅

栽培个别所谓“公知”与“大 V”，还收买网络写手，组织一些法轮功、民运、宗教极端势力等极端反共分子进入网络舆论场，致使各种危害国家安全的信息大量充斥于网络信息平台，大量反共反华的书籍在网络上传播，扰乱着人们思想，撕裂着社会共识。如今，在一些网络舆论场上，舆论走向已经呈现出被其操控的特征。例如，一些被网络誉为“打假斗士”“青年导师”的“意见领袖”都有很深的海外背景，利用一些外资控股的网络媒体在国内迅速成名，成为网络舆论场上的意见领袖。境外敌对势力及其代言人对一些历史片段进行选择性记忆，对当今中国取得的伟大进步进行选择性失明，竭力煽动群众与党离心离德，成为当前一些地方官民紧张关系的重要肇事者，直接阻碍了青少年对社会主义核心价值观的认同，扼杀了青少年对实现中国梦的热切向往，割裂了青少年对于中华民族优秀文化的汲取和继承；二是利用当前社会热点敏感问题和社会敏感信息，在公共信息网络上进行炒作，引发所在国家和地区民众不满情绪，并由此组织策划集会、游行、示威、签名、抗议等具有社会影响的事件；三是利用恐怖灾害等虚假信息及事件在网络上大肆传播制造谣言，引发政府和社会恐慌与动荡；四是一些网络黑恶势力正在形成组织化、集团化态势，对正能量网民进行人肉搜索、造谣诋毁，开展定向“狙击”“猎杀”，甚至线下威胁殴打，妄图阻滞网络正面声音。

第二，网络语言低俗媚俗问题。由人民网舆情监测室发布的《网络低俗语言调查报告》指出，现在网络语言低俗化现象日益突出，一些生活中的脏话经由网络得到广泛传播，如“草泥马”“尼玛”等词；英文发音的中文化、方言发音的文字化也使网络低俗语言不断翻新，如“碧池(Bitch)”“逼格(Bigger)”等。此外，网民自创的自我矮化、讽刺挖苦的词语近年来也有所增多，如“屌丝”“土肥圆”“绿茶婊”等。2014 年网络低俗词语使用最多的依次为“尼玛”“屌丝”“逗比”等。报告称，网络低俗语言的使用主要存在三种突出现象。一是以情绪发泄为目的的网络谩骂，即部分网民在不了解事实的情况下在网络空间谩骂，致使流言裹胁公众义愤。官员、城管、专家、医生、警察成为所谓的互联网“黑五类”，在历次公共事件中成为口诛笔伐的对象；二是以恶意中伤为手段的语言暴力。有网民将自己的现实压力和不满情绪转化为恶意中伤，对网络语言空间产生严重毁伤；三是以粗鄙低俗为个性的网民表达。如论坛、微博、微信中被广泛使用的“撕逼”“装逼”等词。部分公众人物、意见领袖也推波助澜,致使粗鄙的表达之风更加泛滥。网络语言低俗不仅扰乱了善意的交流,也对社会整体情绪产生负面影响。

第三,网络淫秽色情信息问题。一段时间以来,互联网上淫秽色情信息泛滥,严重污染网络环境和网络生态。一些商业网站包括国际性大型互联网企业,通过情感、健康等栏目登载淫秽色情信息,一些搜索引擎任由使用者搜索淫秽色情信息,博客、微博、微信、移动智能终端成为传播淫秽色情信息的新渠道。网络淫秽色情信息毒化社会空气,危害社会公德,严重扰乱网络秩序,践踏道德法律底线,严重损害心智未成熟、世界观处于形成阶段的青少年的身心健康,造成十分恶劣的社会影响。大量案例证明,网络不良信息已成为近年来青少年犯罪的主要诱因之一,部分网站在利益驱动下放松自律,以多种形式发布或放行淫秽色情信息,对青少年犯罪起到了推波助澜的作用。

第四,网络空间暴力问题。网络空间暴力问题中黑恶势力的存在毒化了网络空间,使得网络攻击和网络欺凌成风,有的网上暴力还演变成了网下的人身伤害。

第五,网络违法犯罪问题。现实社会中的违法犯罪以及其他治安问题开始向互联网虚拟社会蔓延,由于网络具有隐蔽性强、辐射面广、传播速度快的特点,造成参与者违法成本低,监督管理难,责任追究概率低,从而诱发民事领域中侵犯公民人身权利的现象时有发生。同时,在刑事领域中犯罪嫌疑人利用互联网的隐蔽性、低成本性实施网络诈骗、网络赌博、网络传销、网络盗窃、个人信息泄露、金融商业数据窃取、黑客、恶意人肉搜索等违法犯罪活动,造成网络违法犯罪类型多样化、社会危害严重的趋势。

第六,网络舆情恶意炒作问题。近年来全国许多地区和城市先后发生网络热点与敏感问题炒作事件、网络群体性事件和网络突发性事件等都与网络舆情恶意炒作煽动勾连有着密切的关系。当舆论遭遇社会热点事件之后,体现不同意识形态的舆论论争出现了频发的态势。2014 年,从东莞扫黄、昆明暴恐、马航失联、鲁甸地震、招远血案、郭美美刑拘、兰州自来水苯超标准、广州茂名 PX 项目群体事件到香港违法占中、乌克兰政局剧变等事件，对于每一起社会事件的公共讨论，几乎都会出现意识形态论争。在微博、微信、论坛等网络舆论场上，由具体社会事件引起意识形态论争、论战的舆情事件每天都在发生、发展。小到盲道修建、奶农倒奶、警察办案，大到中央重大改革方案，一系列大大小小的社会事件在网络上都会被上纲上线为社会制度问题，持续不断地冲击着社会民众的心理。网络舆情突发事件如果处理不当，引导不力，极有可能诱发广大民众的不良情绪和不良反应，进而对社会稳定构成严重威胁。

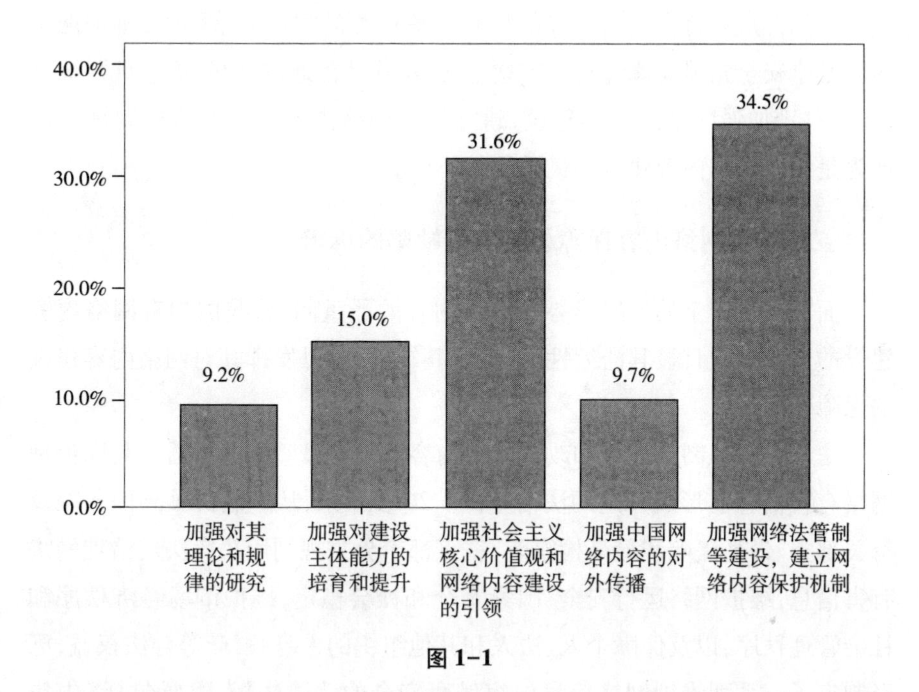

图 1-1

网络内容问题形成的原因是多方面的，有社会转型期价值观多元混乱的影响，有市场经济条件下网络企业利益驱动的原因，有对互联网这一新世界的思想认识滞后的主观原因，但主要在于一段时期网络发展的自发性和无序化，而自发性和无序化又是缘于网络内容建设的保障机制不健全。完善保障网络内容建设的机制，使网络依法有序运行，已成为保障政治稳定、国家安全、社会安宁、经济发展、社会和谐的重要组成部分。加强和改进网络内容建设，仅靠网络内容提供者的自我建设、自我提高、自我管理、自我约束是解决不了网络内容存在的问题的,问题的有效解决有赖于保障机制其功能和作用的发挥。管理者对网络管理就像医生治病一样,是治病救人,只有把网络上的弊端、弊病去掉,网络才能健康发展,所以说网络管理者对于网络管理就是医生。我们现实社会发展,也需要医生来保障我们的身体健康,网络也需要医生的净化。网络是个平台,平台就有后台,后台管理确实可以做到像对商品进行流程管理监督的职能,可以用删除、屏蔽、追查、处罚等各种方式和手段来净化网络空间。

人民群众对打击网络有害信息和不法行为的呼声非常强烈,维护网络内容健康安全迫在眉睫、刻不容缓。据本项目普通网民的调查问卷统计(图 1-1),加强网络法治等建设,建立健全网络内容建设保障机制被网民认为是当前网络内容建设中最重要的工作。

二、克服网络内容保障机制自身缺陷的诉求

面对网络安全的严峻形势和网络内容的严重问题,我国现有网络内容建设的保障机制日显其滞后性,不克服其缺陷,难以发挥其对网络内容建设的保障作用。

法治保障机制是加强和改进网络内容建设的最坚强的后盾。我国治理网络有害信息已形成一定的法治基础。20 多年来,从立法机关到国务院及有关部委、最高法院和最高检察院,一直都十分重视利用法律法规治理网络有害信息,维护网络运行安全、国家安全和社会稳定,维护市场经济秩序和社会管理秩序,以及保障个人、法人和其他组织的人身、财产等合法权益,已经制定了一系列维护网络信息内容健康安全的法律法规,主要包括《中华人民共和国电子签名法》《网络安全法(草案)》,两项全国人大常委会决定,即《关于维护互联网安全的决定》和《关于加强网络信息保护的决定》;数项国务院行政法规,如《中华人民共和国计算机信息系统安全保护条例》《信息网络传播权保护条例》等;多项部门规章,如《计算机信息网络国际联网安全保护管理办法》等;多项最高人民法院和最高人民检察院司法解释,如《关于依法严厉打击编造、故意传播虚假恐怖信息威胁民航飞行安全犯罪活动的通知》《关于审理侵害信息网络传播权民事纠纷案件适用法律若干

问题的规定》《关于办理利用信息网络实施诽谤等刑事案件适用法律若干问题的解释》等；其他法律中直接或者间接涉及网络信息安全的规定，如《中华人民共和国刑法修正案（七）》第9项规定、《中华人民共和国侵权责任法》第36条及第22条的规定等。

但我们必须清醒地认识到，我国依法治网程度尚不高，健全法治保障机制势在必行。我国网络立法滞后，对网络违法犯罪行为的认定缺乏具体规范。现实社会中适用的实体法和管理体系在网络虚拟社会中无法有效约束和进行规范致使一些网络与涉网违法犯罪活动有可乘之机。在司法实践中，网络色情网络侵权网络恶搞等不法行为肆意猖獗，正是因为缺乏相关的具体规范和规定。我国立法层次偏低，缺乏统一的规划。我国的网络法律法规大多数是部颁行政规章及其下属机构颁布的大量法规性文件，大多表现为管理办法管理条例等，全国人民代表大会及其常务委员会与国务院颁布的层级较高较统一的法律规范很少见，仅有宣示意义的“决定”，缺乏操作性强、结构合理、内容完善的相关部门法律或基本法律。同时，我国网络执法不严，网络执法困难，网络司法不公，网络司法受干扰因素大等现象也很普遍。因此，为了更有效地实现网络信息内容的依法治理，从根本上改善目前较为被动和混乱的信息泛滥状况，使得“法治中国”的理念在互联网领域、在人们的“虚拟空间”得以落实和体现。必须建立起指导思想先进、法律原则明确、制度设计合理、执法机构健全、行政执法有力、司法审判公正的网络法治保障机制。

监管保障机制对加强和改进网络内容建设具有督促作用，对不良信息内容具有纠错作用，对网络内容建设的方向和目标具有控制或者纠偏作用。因此，必须一手抓建设，一手抓监管，构建一个有效的监管保障机制。监管保障机制应是政府监管、公众参与、互联网企业行业自律组成的一个监管体系。目前我国监管机制存在诸多方面缺陷。行业自律机制还需加强。一直以来，我国的行政管理体制存在着部门之间权限不清、管理机构重叠、部门管理职能重叠或空白等问题，严重制约着我国政府管理权限和职能的发挥，我国目前的互联网管理也存在类似的问题。网络内容监管职能部门众多，互联网治理中的“九龙治网”已成为低效管理的一个缩影。由于各部门管理尺度不一,管理强度不一,各自为政,彼此建立的数据库监测系统监管体系之间互不沟通,缺乏协调和联动机制,这既增加了监管的信息获取成本、执法成本,又使监管往往达不到应有效果。对公众参与还动员不够,公众监督网络积极性不高,监督渠道不畅,监督平台流于形式。企业行业自律机制还需加强,不同监管主体之间协调联动机制有待整合优化。改革和完善监管保障机制,应健全政府监管机制、公众参与机制、互联网企业行业自律机制统一的互动的监管保障机制,其中,重点是加强政府监管机制的建设。2014 年 2 月 27 日,中央网络安全和信息化领导小组的成立,则有望从体制和机制上解决多头管网、分散管网和网络治理软弱的局面。

教育保障机制是加强和改进网络内容建设的思想认识保障。当前我国网民的整体素质和法律意识还相对比较淡薄,网民的合法权益保护意识和网络安全防范能力还亟待提高,急需加强教育引导保障机制。目前我国教育引导保障机制还不健全,存在教育内容和形式不丰富、教育网站发展不全面不平衡、教育队伍综合素质不高、网络舆情引导机制不健全等突出问题。需要积极探寻网络教育的基本规律,不断创新网络教育的内容和形式,提高教育内容的针对性、思想性、科学性,完善网络舆情引导机制,整合教育资源,加强网络教育师资队伍建设。

资源保障机制为加强和改进网络内容建设提供物质基础、财力保障、基本条件。虽然我国从中央到地方政府近些年来非常重视信息化建设,加大了信息化建设的资金投入,但与发达国家相比,与建设网络强国的要求相比,投入力度还远远不够,资金投入渠道还比较狭窄,长期以来信息基础设施保护方面做得非常不够。在我国网络内容建设的组织领导体制表现出分散无力状况,影响了权威资源,我国网络人才资源也比较缺乏,尤其是缺乏网络安全与信息科技领军人才。这些问题说明我国网络内容建设的资源保障机制还未能提供充分的资源保障。需要继续加强信息基础设施建设,不断优化基础设施建设环境,积极探索完善财政政策支持体系。需要改革组织领导体制,强化对网络内容建设的领导权威。加强网络人才资源的积极开发、有效利用和合理配置。

技术保障机制为加强和改进网络内容建设提供技术支撑。我国技术保障机制还存在技术资源分散、自主创新能力不强、监管技术不先进、网络内容管控的分级分类技术应用不够、网络技术人才队伍不强等突出问题。要完善我国技术保障机制，政府部门应加大技术上的资金投入，建立专门的技术研发中心，重视培养高端计算机人才，同时积极引进和吸收国外先进的监管技术设施和技术流程，并鼓励民间开发网络管理的技术手段。

据本项目进行的普通网民的调查问卷统计（图1-2），网民们看到我国网络内容建设的保障机制的种种缺陷，认为需要全面地健全保障机制的方方面面。

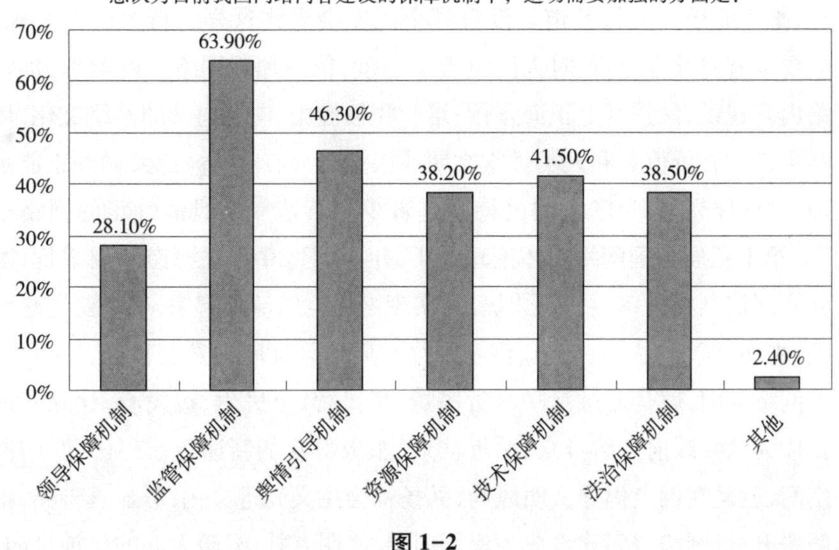

图1-2

三、实现网络内容建设目标的诉求

习近平2014年2月27日下午主持召开中央网络安全和信息化领导小组第一次会议并发表重要讲话，强调："网络安全和信息化是事关国家安全和国家发展、事关广大人民群众工作生活的重大战略问题，要从国际国内大势出发，统筹各方，创新发展，努力把我国建设成为网络强国"指出："做好网上舆论工作是一项长期任务，要创新改进网上宣传，运用网络传播规律，弘扬主旋律,激发正能量,大力培育和践行社会主义核心价值观,把握好网上舆论引导的时、度、效,使网络空间清朗起来。"习近平 2016 年 4 月 19 日网络安全和信息工作座谈会中指出"网络空间是亿万民众共同的精神家园。网络空间天朗气清、生态良好,符合人民利益。网络空间乌烟瘴气、生态恶化,不符合人民利益。谁都不愿生活在一个充斥着虚假、诈骗、攻击、谩骂、恐怖、色情、暴力的空间。互联网不是法外之地。利用网络鼓吹推翻国家政权,煽动宗教极端主义,宣扬民族分裂思想,教唆暴力恐怖活动,等等,这样的行为要坚决制止和打击,绝不能任其大行其道。利用网络进行欺诈活动,散布色情材料,进行人身攻击,兜售非法物品等,这样的言行也要坚决管控,绝不能任其大行其道。没有哪个国家会允许这样的行为泛滥开来。我们要本着对社会负责、对人民负责的态度,依法加强网络空间治理,加强网络内容建设,做强网上正面宣传,培育积极健康、向上向善的网络文化,用社会主义核心价值观和人类优秀文明成果滋养人心、滋养社会,做到正能量充沛、主旋律高昂,为广大网民特别是青少年营造一个风清气正的网络空间"。第十三届中国网络媒体论坛 2014 年 10 月 30 日在河南郑州举行,国家互联网信息办公室主任鲁炜提出,实现网络空间清朗起来,就是要把建设为民、文明、诚信、法治、安全、创新网络空间作为互联网发展目标。一是为民的网络空间,就是通过互联网听民意、集民智、惠民生、暖民心,让互联网真正成为党委政府了解群众、贴近群众、服务群众的新途径;二是文明的网络空间,就是在网上倡导文明风尚,弘扬社会主义先进文化,彰显真善美,鞭挞假恶丑,将网络空间建设成为崇德向善、文明有礼、温暖人心的精神家园;三是诚信的网络空间,就是把诚信上网作为行为准则,强化"以守信为荣、以失信为耻"的价值导向,建立并完善网络空间的诚信体系,共同铸就诚信的网络空间;四是法治的网络空间,就是加快完善网络法律法规,坚决打击网络犯罪,加强网站自律和网民自律,营造风清气正的网络环境,让网络管理、网络运用、网络服务始终在法治轨道上健康运行;安全的网络空间,就是把安全作为网络空间的"生命线",大力维护数据安全、技术安全、应用安全、渠道安全,完善安全防控体系,营造安全、稳定、可靠、有序的网络环境;创新的网络空间,就是坚持以理念创新为先导,以技术创新为支撑,以服务创新为重点，以传播创新为关键，以管理创新为保障，着力建设充满活力、富于创新的网络空间。

要实现网络内容建设的目标，除了加强和改进网络内容自身建设外，还离不开保障机制的建立与健全。从我们在建立与健全保障机制过程中采取的好的做法、取得的成效、积累的经验中，可以看到健全保障机制对实现网络内容建设以及整个网络治理目标的意义。

依法管网、依法办网、依法上网、依法治理网络空间，才能实现网络空间清朗，才能维护公民合法权益。这些年来，我国制定颁布了一系列互联网法律法规和部门规章，确立了我国网络管理的基础性制度，在实践中发挥了重要作用。近年来，我国推进整治网络淫秽色情和低俗信息专项行动，坚决切断违法有害信息传播利益链，依法严厉惩治了传播淫秽色情信息的不法分子。实践证明，依法治理网络空间才能实现网络空间清朗，才能维护公民合法权益。

全国“扫黄打非”办、国家互联网信息办、工业和信息化部、公安部四部门于 2014 年 4 月 13 日联合发布公告，在全国范围内开展打击网上淫秽色情信息“扫黄打非 · 净网 2014”专项行动。2014 年 4 月中旬至 11 月，四部门在全国范围内统一开展打击网上淫秽色情信息“扫黄打非 · 净网 2014”专项行动。继“扫黄打非 · 净网 2014”专项行动之后，全国“扫黄打非”办公室加大整治力度，部署自 2015 年 3 月至 9 月开展“扫黄打非 · 净网 2015”专项行动。专项行动聚焦大网站和非法网站，锁定微领域，对传播淫秽色情等有害信息行为大张旗鼓狠狠打。自 2015 年 1 月至 6 月初，国家网信办已依法查处淫秽色情网站 422 家，关闭相关频道、栏目 360 个，关闭微博、博客、微信、论坛等各类账号 4800 多个，关停广告链接 9000 多个，删除涉黄信息 30 余万条，专项行动取得初步成效。①

据全国“扫黄打非”工作小组办公室网站消息，针对微领域传播淫秽色情信息违法犯罪活动多发的态势，全国“扫黄打非”办公室组织各地深入查

① 新华网：《国家网信办：今年已查处淫秽色情网站 422 家》，2015 年 6 月 4 日，见 http://news.xinhuanet.com/local/2014-06/04/c_126576760.htm。

办相关案件。全国“扫黄打非”办公室2016年1月7日公布2015年“扫黄打非”十大案件，涉及打击非法及侵权盗版出版活动、扫除淫秽色情出版物及有害信息、整治新闻“三假”等“扫黄打非”重点工作，显示出在维护网上网下良好文化环境、保护未成年人健康成长等方面取得明显成效。据统计，2015年全国“扫黄打非”办公室共受理举报线索102516条，各地查办相关案件共7213起、收缴各类非法出版物1488万件。2015年8月5日，全国“扫黄打非”办公室公布“护苗2015”专项行动中查处的北京“360小说频道”传播淫秽色情小说牟利案、北京“5·07”云盘账号传播淫秽色情信息牟利案、江苏南通“4·28”微信传播淫秽物品牟利案、浙江“小影”客户端传播淫秽色情信息案、湖南衡阳“3·10”发行非法小学教辅案等9起案件。① “扫黄打非·护苗2015”专项行动开展以来，网络淫秽色情得到有效遏制。

一手抓繁荣、一手抓管理，是我们网络内容建设和发展网络文化的一条宝贵经验。管理的目的，是为了形成良好的网络秩序，更好地促进繁荣发展，大力发展健康向上的网络内容。这些年来，我们日益重视对网络内容的监管，逐步实现从不要管、不敢管、不会管到必须管、敢于管、能够管的转变。2015年是全国网信系统落实中央决策部署，推进依法治网，集中治理互联网空间的一年。国家网信办还开展了“净网2015”“清源2015”“固边2015”“秋风2015”“护苗2015”5个网上专项整治行动。各地网信办积极研究本地区网信工作特点，因地制宜采取一系列有效措施，并取得阶段性成果，网络空间逐渐清朗。

在2015年“六一”国际儿童节来临之际，国家互联网信息办公室在全国部署开展“护苗2015·网上行动”。“护苗2015·网上行动”是根据广大社会公众举报情况，开展以少年儿童为主要用户的网站、应用、环节的集中治理工作，深化打击危害少年儿童健康成长的网上违法和有害信息，集中清理整治淫秽色情低俗、血腥暴力恐怖等内容。② 根据中国互联网络信息中

① 新华网：《各地各部门深入开展“护苗2015”专项行动综述》，2015年8月6日，见 http://news.xinhuanet.com/2015-08/06/c_1116171289.htm。

② 中国网信网：《国家网信办发言人就“护苗2015·网上行动”答记者问》，2015年5月31日，见 http://www.cac.gov.cn/2015-05/31/c_1115463868.htm。

心统计的数据,2014 年小学生、中学生的周上网时长分别为 14.4 小时、23.7 小时,平均一天在 2.05 小时、3.38 小时左右,较 2013 年增长明显。2015 年互联网违法和不良信息举报中心接到公众大量举报,反映一些不法分子和网站传播各种有害信息,严重危害青少年身心健康,呼吁互联网管理部门采取有力措施加强整治。此次"护苗 2015 · 网上行动",主要针对的就是以少年儿童为主要用户的重点网站、重点应用和重点环节的治理,整治重点集中在五个领域:一是微信、QQ 等及时通信工具,二是微博、论坛等互动环节,三是网盘、云盘、微盘等存储平台,四是微视频和视频,五是移动应用程序(APP)及分发平台。2015 年 5 月 21 日至 5 月 28 日,互联网违法和不良信息举报中心收到网民关于淫秽色情低俗等危害青少年的信息 1.5 万余条。国家网信办根据举报线索,直接依法处置淫秽色情网站 100 余家,督导相关网站依法处置相关链接 9 千余条,关闭从事网络招嫖违法活动的 QQ 账号 90 个、QQ 群 80 个、微信账号 55 个,要求 115 网盘、百度云盘等网盘应用服务删除淫秽色情链接 239 条,关闭网盘账号 103 个。

文化部开展了对内容违规的网络音乐产品的集中排查工作,2015 年 8 月 10 日公布了《北京混子》《不想上学》《自杀日记》等 120 首内容存在严重问题的网络音乐产品"黑名单"。这些网络音乐产品含有宣扬淫秽、暴力、教唆犯罪或者危害社会公德的内容,违反了《互联网文化管理暂行规定》第十六条的规定。要求互联网文化单位集中下架,对拒不下架的互联网文化单位,文化部表示将依法从严查处。①

国家网信办在"网络敲诈和有偿删帖"专项整治工作中成效显著,到 2015 年 6 月 24 日,国家互联网信息办公室公布了第四批违法违规网站。第一批关闭了违法违规网站 31 家,第二批关闭了违法违规网站 31 家,第三批关闭了违法违规网站 40 家。本次被依法关闭的 23 家网站分别是:"黄河资讯网""删除网络负面信息""网络垃圾信息删除中心""大时代网络营销策划网""蚕丝网络负面信息处理""永祥网络公关""易公关""深远网络"

① 新华网:《文化部将 120 首网络音乐列入黑名单 张震岳上榜》,2015 年 8 月 11 日,见 http://news.xinhuanet.com/local/2015-08/11/c_1116208432.htm。

“叶子网络危机公关”“新尚网络”“福建福州删帖公司”“61K 网络科技发展公司”“赢博公关营销”“荣恩时代(北京)传媒”“风速文化传媒公司”“天鸿网络服务公司”“删除负面”“乐通网络”“网络形象维护”“删除负面(长红乐科技有限公司)”“公司品牌网络形象维护广泛营销”“删除百度贴吧、快照”“你很牛公关”。①

国家网信办在“网络敲诈和有偿删帖”专项整治工作中加强约谈,自《互联网新闻信息服务单位约谈工作规定》(以下简称“约谈十条”)发布以来,要求各地网信部门对存在不同程度违法违规问题的 28 家网站实施了约谈,取得良好整治效果。② 随着专项整治工作的深入推进,国家网信办持续关闭多批违法违规网站,统筹协调公安部门查办“大案要案”,同时加强对存在严重违法违规情形的网站实施约谈。自“约谈十条”发布以来,北京、广东、海南等地网信部门按照部署要求,集中约谈了“110 法律咨询网”“健康网”“快乐生活网”等 28 家存在突出问题的网站。据了解,这 28 家网站的主要负责人或总编辑在接受地方网信部门约谈后明确表示,通过约谈,感到触动很大、收获很多,对网站存在的工作人员参与有偿删帖、互动栏目招揽有偿删帖信息等突出问题深感内疚,对依法办网、文明办网有了更深刻的认识,将根据约谈中指出的问题和整改要求,在规定的时限内整改到位,同时健全和规范内部工作制度,以依法办网的实际行动承担起网络媒体的社会责任。2015 年 8 月 5 日,国家互联网信息办公室有关业务局根据《互联网新闻信息服务单位约谈工作规定》,对近期受到大量网民举报、不良信息集中的凤凰网负责人进行了联合约谈,要求其立即就相关问题进行整改。国家互联网信息办公室有关业务局负责人指出,自 2015 年以来,互联网违法和不良信息举报中心接到涉凤凰网的举报 1330 件。其中色情低俗类有害信息占 38.1%;政治类有害信息占 16.0%;暴恐类有害信息占 1.5%;侵权、诈骗等其他有害信息 44.4%。此外,凤凰网还存在违法登载新闻信息、

① 中国网信网:《“网络敲诈和有偿删帖”专项整治关闭第四批网站》,2015 年 6 月 24 日,见 http://www.cac.gov.cn/2015-06/24/c_1115712197.htm。

② 中国网信网:《国家网信办在专项整治工作中集中约谈 28 家网站》,2015 年 7 月 2 日,见 http://www.cac.gov.cn/2015-07/02/c_1115796912.htm。

抢发散播不实消息等问题，破坏了正常的网络传播秩序，侵犯了公共利益，造成不良社会影响。国家互联网信息办公室有关业务局负责人表示，此次约谈要求凤凰网依据《互联网信息服务管理办法》《互联网新闻信息服务管理规定》进行整改，加强内部管理和自律。若整改不符合要求，或者整改期间继续出现违法违规行为，将依法严肃查处，直至依法停止其互联网新闻信息服务。凤凰网负责人在约谈中作出深刻检讨，表示充分认识到自身违规行为情节恶劣，承认在自我管理方面存在严重不足，承诺将针对问题立即做好整改，认真吸取教训，深入自查自纠，严格依法开展服务，积极传播正能量，切实承担起网络媒体的社会责任。

国家互联网信息办、工信部、公安部开展联合行动，在全国范围内集中部署打击利用互联网造谣、传谣行为，已关停整改一批谣言较为集中且疏于管理的网站，查处多名利用互联网造谣、传谣人员。2015 年 7 月 15 日以来，国家互联网信息办、工信部依法关停三批因管理不力、任由谣言传播的网站，对未在通信管理部门履行备案手续、传播谣言信息的赣州在线、中国将军政要网等 4 家网站依法予以关闭；对篱笆网、回龙观社区、昆山论坛等 43 家网站给予关停整改处罚；对虎扑体育论坛、邳州论坛给予暂停更新处罚。有关部门在工作中发现，个别国家工作部门开设的网站也成为谣言信息传播的渠道，已责成相关部门暂停网站更新进行整改。与此同时，公安部门对编造谣言信息的北京网民马某、海南网民裴某依法行政拘留，对 37 名编造、传播谣言的网民给予治安处罚和教育训诫。①

“湘潭百事通”（xtbst365）、“掌上娄底”、“郴州生活”3 家微信公众账号因违法从事公众信息服务被依法关停。湖南省网信办接到相关举报后，立即展开调查。经查发现，这 3 家微信公众号违反《互联网新闻信息服务管理规定》《即时通信工具公众信息服务发展管理暂行规定》等法律法规，未向主管部门备案，违法从事互联网信息服务。“湘潭百事通”“掌上娄底”未经批准发布、转载时政类新闻，并多次传播违反“七条底线”的信息内容；

① 新华网：《重拳出击网络谣言　国信办严肃查处 31 家传播谣言网站》，2014 年 7 月 17 日，见 http://news.xinhuanet.com/politics/2014-07/17/c_1111673632.htm。

“郴州生活”冒名进行虚假认证,多次传播恶性谣言和色情低俗信息等。这些违法行为在社会上造成了较大的负面影响,必须依法进行整治。①

据统计,2015 年全国网信系统全年依法约谈违法违规网站 820 余家 1000 余次,依法取消违法违规网站许可或备案、依法关闭严重违法违规网站 4977 家,有关网站依法关闭各类违法违规账号 226 万多个。据介绍,2015 年国家网信办与工信、公安等部门协作,依法查处涉恶性政治谣言、涉恐涉暴涉枪、涉民族宗教等违法违规有害信息,要求相关网站依法查删暴恐音视频信息 2000 多万条、关闭涉恐网络账号近万个。同时,国家网信办强化对淫秽色情、赌博欺诈、虚假广告等违法不良信息的巡查监看,全年累计受理处置公众举报 2822.8 万多件次,要求相关网站依法清理违法违规有害信息近 10 亿条、关闭相关违法违规网络账号 90 多万个,约谈有关违法违规网站 20 余家,依法关闭违法违规网站 1200 余家。②

第四节　健全网络内容保障机制的理论依据

一、网络内容规制理论

网络内容规制与网络知识产权、网络安全和网络隐私等问题一样是一个至关重要的网络伦理问题。更重要的是网络内容规制是网络伦理的原点问题,许多网络伦理问题都可还原为网络内容规制问题如网络自由表达权、知识产权、隐私权和网络安全等,另一方面它又是一个重要的实践问题。每个国家都会根据自己的法律、价值观、文化和风俗对网络内容实施规制,在各自国家也都引起了关于网络内容规制问题的争论,无论理论上还是实践上,国内外学者和政府对网络内容规制问题进行了积极的探讨,并取得了许多成果。桑德拉巴蒂斯塔(Sandra Batista)早在 1998 年就撰写了网络内容

① 红网:《湖南省依法关停 3 家微信公众号》,2015 年 8 月 11 日,见 http://hn.rednet.cn/c/2015/08/12/3763696.htm。

② 中国网信网:《2015 年全国网信系统依法关闭违法违规网站 4977 家》,2016 年 2 月 26 日,见 http://www.cac.gov.cn/2016-02/26/c_1118167571.htm。

规制一书,比较全面地研究了网络内容规制的问题。① 杰克戈·德史密斯(Jack Goldsmith)等人对应当由谁来规制网络内容这一问题进行了专门研究,认为政府网络媒体和个人在网络内容规制中均可有所作为。② 斯皮内洛(Richard A.Spinello)对美国和欧洲的网络内容规制进行了对比研究,认为美国更相信市场和自律而欧洲国家更相信法律和他律。③ 罗纳德·德波特等人对限制网络访问的实践和政策进行了专门研究。④ 纵观国外学者的研究,尽管他们因各自价值观和文化传统不同,对网络政治言论、色情儿童、色情网络、诽谤憎恨言论等内容的规制表现出不同的态度,但我们不难发现,他们关于网络内容规制问题的争论大致可以分为两大派:自由派和规制派。自由派的代表包括美国公民自由联盟和开放网络促进会,由哈佛大学、多伦多大学、剑桥大学和牛津大学等学术机构的学者组建。自由派主张网络自由表达具有至高无上的价值,一切与此相左的做法都是不合理的。

自由派从技术论与自由表达论两个角度来辩护自己的立场。技术论的辩护观点认为内容控制与建设互联网的初衷是背道而驰的,互联网的创建是为了把大量的信息比特不受限制地从一个地方传输到另一个地方。为了达到此目的,互联网在技术上尽可能地减少约束,对未来的技术和用户保持开放。技术论的辩护观点认为互联网的技术构架是不问信息内容的,协议和包切换技术、网络分布式的架构和弹性设计使其难以控制,互联网的建构仅仅基于简单的协议,负责传输的路由器和中间服务器,也不关心传输的内容是什么,它们只是传输匿名的和的压缩数据串而已。网络这种独特的架

① Sandra Batista,"Content Regulation in the Internet Architecture"(unpublished manuscript,1998),Also see Lawrence Lessig,*What Things Regulate Speech*:*CDA* 2.0 *vs. Filtering*,38 Jurimetrics 629—670 Summer 1998.

② Jack Goldsmith and Tim Wu,*Who Controls the Internet Illusions of a Borderless World*,Oxford University Press,2006.

③ Richard A. Spinello,*Cyberethics*:*Morality and Law in Cyberspace*,Jones and Bartlett Publishers, 2003.

④ Ronald J. Deibert, John G. Palfrey, Rafal Rohozinski, Jonathan Zittrain, *Access Denied*:*The Practice and Policy of Global Internet Filtering*,The MIT Press, 2008.

构完全符合广泛而生机勃勃的自由表达权概念,如此设计网络也正是为了使任何人都能够不受任何干涉发送任何形式的数字内容。因此,网络架构支持和保护极端的自由主义伦理精神。表达自由论的辩护观点认为:网络社会具有不同于其他社会的特质,自由是它的本质特征也是它的终极价值追求。自由精神在网络话语的规则中一直占主导地位,任何与此相背离的监管都是不合时宜的,最终都会导致互联网文化的崩溃。任何形式的政府干预和传统的规制方式都会阻碍电子交往和思想的传播,违背网络民主自由的文化精神,也就是说网络自由表达具有至高无上的价值,一切与此相左的做法都是不合理的,正如乔纳森·卡茨所指出的:"此乃全美最自由的社区"。① 1995 年春,美国《时代》周刊刊载了斯图华特·勃兰德(Stewart Brand)的文章:"我们把一切都归功于嬉皮士",作者认为:"刚刚进入互联网的人常常发现互联网绝非一个由技术专家统治着,由没有灵魂的人出没的殖民地,它是一个具有鲜明特色的文化阵营。"②这种鲜明特色指的就是到处弥漫的 20 世纪 60 年代的嬉皮士社群主义和自由主义政治理念。更明确地说,网络空间政治的基本面貌是无政府主义。1996 年 2 月,科技评论者约翰·巴罗(John Perry Barlow)以电子边疆基金会(EFFO)创始人的名义,在瑞士的达沃斯论坛发表了《网络空间独立宣言》(A Declaration of the Independence of Cyberspace):"工业世界的政府,你们这些肉体和钢铁的巨人,令人厌倦,我来自网络空间,思维的新家园。以未来的名义,我要求属于过去的匿名,不要干涉我们的自由。我们不欢迎你们,我们聚集的地方,你们不享有主权。……你们从来没有参加过我们的大会,你们也没有创造我们的市场财富。对我们的文化,我们的道德,我们的不成文法典,你们一无所知,这些法典已经在维护我们社会的秩序,比你们的任何强制所能达到的要好得多。"

多数国家的政府和学者属于规制派。规制派不完全否认网络自由表达

---

① Jonathan Kazz,"Birth of Digital Nation",*Wired*, April 1997,p.186.

② Stewart Brant,"We Owe it All to The Hippies", *Time*,Special Issue Spring, Vol. 145,No.12,1995.

的价值,但不承认自由表达权的不可超越性。认为其他一些权利和价值可以与之抗辩,例如生命、尊严、隐私、知识产权、国家安全、社会稳定、公共利益和人类繁荣等。为了维护这些权利和价值,必须对网络内容进行规制。规制派认为网络充斥大量不良信息如色情信息、虚假信息、垃圾邮件、憎恨言论、在线恐吓、邪教言论、攻击政府的政治言论和反社会言论等,自由的代价太沉重,这些信息污染了网络环境,影响了社会的安定与和谐,不利于青少年的成长。TCP IP 协议的创始人,被称为“互联网之父”的温顿·瑟夫(Vint Cerf)曾经这样表述他的观点:“我相信我们能建立一个允许所有用户自己决定浏览什么样的网页、在网上使用什么样的程序,同时还能保证高质量的服务和网络安全的宽带系统。”“自治是网络的灵魂,网络从一开始的设计就有自创性的功能,使任何政府都不能扼杀它的存在和进行彻底的管制。”但是,网络虚拟空间与现实世界是有联系的,网络空间以现实世界的资源、技术为支撑,以社会性为核心,网络空间的所有行为,均必须受制于现实社会的需求。网络行为一旦扰乱了现实社会秩序,破坏了法律规则所构建的利益平衡,就会出现“皮之不存,毛将焉附”的局面。因此,网络空间表达在自由的总体环境下,也必须遵守社会规范的约束。①

规制派关于网络内容应该规制的观点和政策主张,为对网络内容监管,通过法律、道德、公共政策等规制形式达到监管的目标提供了理论支持。互联网的新特点,超越了传统媒体的自由范围与程度,但其不正当的互联网内容表达行为、不良的网络信息内容,会对公、私权益造成巨大侵害。在互联网环境下,如何认识与处理自由与限制、自由与公共利益、私人利益的相互关系,成为网络规制必须予以关注并加以解决的问题。网络空间自由也必须遵守社会规范的约束,在现代法治社会,没有不受限制的绝对自由,网络空间自由也不能例外。随着信息通信技术的发展和信息化的推进,互联网已成为影响巨大的新兴媒体,其使用率、扩散性、聚合力均经历了巨大变革,负面影响日益严重。各国对网络内容管理立法的重视度也越来越高。互联

① 罗楚湘:《网络空间的表达自由及其限制——兼论政府对互联网内容的管理》,《法学评论》2012年第4期。

网之内容管理已成为维护网络内容自由协调、安全健康发展的主要方式。

二、治理理论

治理理论兴起于20世纪80年代。20世纪90年代,“治理”逐渐成为政治学和政府管理中的焦点。全球治理委员会在1995年发表的《我们的全球伙伴关系》的研究报告中,对治理的概念做出了相对权威的界定:治理是个人和机构,公共或私营,在管理公共事务上多种方式的总和,它使相互冲突或不同利益得以调和并采取联合行动的持续过程。由于分析角度和对象不同,学者们对“治理”的内涵有不同的理解。有的学者认为,治理是确定如何行使权力,给予公民话语权,在公共利益上作出决策的制度、程序和惯例;也有的学者认为,治理是在管理国家经济和社会发展中权力的行使方式。它使相互冲突或不同利益得以调和并采取联合行动的持续过程。治理理论有不同的研究途径:政府管理的途径就是将治理等同于政府管理,侧重从政府的角度来理解市场化条件下的公共管理改革,主要包括“最小国家的治理”“新公共管理”和“善治”;公民社会途径认为治理是公民社会的“自组织网络”,是公民社会部门(第三部门)在自主追求共同利益的过程中创造的秩序,在公共池塘资源管理、社区服务与发展、同业协会和跨国性的问题网络中普遍存在;合作网络的途径是指为了实现与增进公共利益,政府部门和非政府部门(私营部门、第三部门或公民个人)等众多公共行动主体彼此合作,在相互依存的环境中分享公共权力,共同管理公共事务的过程。

对政府部门而言,治理就是从统治到掌舵的变化;对非政府部门而言,治理就是从被动排斥到主动参与的变化。从信息化背景下的公共行政的视野来看,治理强调的是一种多元的、民主的、协调合作的、非意识形态的、网络化的公共行政模式。具体来说,治理涵盖:第一,政府组织不再是唯一的治理主体,治理责任的承担已经拓展到政府以外的其他公共机构甚至私人部门和个人之中;第二,治理中的权力运行方向有变,从之前的单向的自上而下变为上下互动、彼此协调合作的多维方向;第三,强调参与,不止是原来政府作为管理主体,强调管理对象积极参与,模糊公私之间的界限,希望在这样一个互联互通的自组织的网络现代行政系统中,加强系统的组织性、自主性和灵活性;第四,政府的治理策略和治理工具应与治理模式方式要求的方向变化相适应。治理理论可以弥补国家和市场在调控和协调过程中的某些不足,但治理也客观存在许多局限,治理不是万能的。不少学者和国际组织提出了“善治”(Good Governance)概念来克服治理的失效。使公共利益最大化的社会管理过程就是“善治”。它强调政府与公民的良好合作以及公民的积极参与,实现管理的民主化。它的本质特征在于政府与公民对公共生活的合作管理。

治理理论为网络虚拟社会治理提供了理论依据。网络虚拟社会的治理必须要改变传统的管制思想,而是采用共享共治的原则。所谓共治,就是网络虚拟社会的治理并不是由政府通过管制单方面提供公共秩序,而是由于虚拟社会中的各个主体(包括政府、社会组织、企业、公民)共同在基本的网络社会准则和规定下通过互动而实现公共秩序的供给。由于网络虚拟社会的高度复杂性(包括非中心性、不确定性、突发性等),使得共治是网络虚拟社会治理有可能形成稳定治理结构的唯一途径。在共享共治原则下,要积极促进网络社区的自治,从而形成网络虚拟社会的多元主体共同治理的格局。

三、全球网络公共治理理论

加州大学伯克利分校教授曼纽尔·卡斯特(Manuel Castells)的著作《信息时代三部曲:经济、社会与文化》(*The Information Age:Economy,Society and Culture*),将互联网研究推上显学高峰。① 第一卷《网络社会的崛起》从全球视角阐述网络时代的经济与社会动力所产生的社会、文化与心理转化。曼纽尔·卡斯特研究认为,信息时代(Information Age)的“网络社会”是一种“信息化社会”(Informational Society),“之所以称为信息化,是因为在这种经济体内,单位或作用者(Agents)(不论公司、区域或国家)的生产力(Productivity)与竞争力(Competitiveness),基本上看它们能否有效生产、处理及运用以知识为基础的信息而定。之所以称为全球的,乃是因为生产、消

① [美]曼纽尔·卡斯特:《信息时代三部曲:经济、社会与文化》,社会科学文献出版社2000年版,第25页。

费与流通等核心活动,以及它们的组成元素(资本、劳动、原料、管理、信息、技术、市场),是在全球范畴中组织起来的。至于此种经济是网络化的,则是因为在新的历史条件下,生产力的增进与竞争的持续,都是在企业网络之间互动的全球网络中进行。"①

网络在全球层面扩展,模糊了传统主权国家的疆界,对主权国家的治理模式产生挑战,希拉里·克林顿回应道:"几个月来因为'维基解密'(Wiki Leaks)的缘故,政府的保密工作已成为人们议论的话题。……从根本上看,维基解密事件一开始就是一种盗窃行为。政府文件遭到盗窃,如同有人用公文包偷走文件一样。有人认为,这样的盗窃没有什么不对,因为政府有责任使我们的一切工作在我国公民众目睽睽之下公开进行。对此,恕我不敢苟同。如果我们行动的每一步都必须公之于众,则美国既不能为我国公民提供安全保障,又不能促进全世界的人权和民主。保密通讯使我国政府有可能顺利开展工作,否则将一事无成。"②

信息社会需要网民共同遵守某种维护全球性网络畅通的秩序,为保证秩序,有必要建立相应的超国家的组织机构。2003 年 12 月 10 日至 12 日召开的信息社会世界首脑会议(WSIS)第一阶段会议,吸纳了主权国家组织、非政府组织、私营部门、民间团体等利益相关方,致力于驾驭基于信息与通信技术的数字革命焕发的潜能造福于人类。首脑会议目标是:建设一个以人为本、具有包容性和面向发展的信息社会。人人可以创造、获取、使用和分享信息和知识,使个人、社区和各国人民均能充分发挥各自的潜力,促进实现可持续发展并提高生活质量。尽管各国政府、民间社团、私营部门对于互联网要不要管理、应该由谁来管理、应该管理什么内容、具体如何管理等议题存在分歧,未能达成共识,但会议要求联合国秘书长安南成立联合国治理工作组(Working Group on Internet Governance, WGIG),对互联网国际治理问题进行研究。2005 年,该工作组在提交的研究报告中,宣告了互联网

① [美]曼纽尔·卡斯特:《网络社会的崛起》,社会科学文献出版社 2001 年版,第 25 页。

② [美]希拉里·克林顿:《网络世界的选择与挑战》,《美国参考》,2011 年 2 月 16 日。

治理跨国行动的展开,也宣告了"网络空间独立宣言"的破产,主权国家与跨国组织对互联网困境的合作治理获得了基本认同。伴随着网络发展与全球化,"跨政府管制组织网络"(Transgovernmental Regulatory Networks)已成为理论与实践的重要问题。世界范围内的行政机构正形成相互联系的网络。这些"政府组织网络"(Government Networks),或"跨政府管制组织网络"(Transgovernmental Regulatory Networks),吸引了日益增多的关注。哈佛大学法学院国际法和比较法 J.辛克莱尔·阿姆斯特朗(J. Sinclair Armstrong)教授和安妮-玛丽·斯劳特(Anne-Marie Slaughter),在美刊《印第安纳全球法律研究》(Indiana Journal of Global Legal Studies)撰文"政府组织网络的责任"(The Accountability of Government Networks),该文区分了国家责任和全球责任,为解决不同类型的政府组织网络所引起的责任问题,提出了可资借鉴的分析框架。"跨政府管制组织网络"预示着一种引人注目的新型全球治理形式,提高了各国在没有正式的国际性中央官僚机构的情况下共同解决公共问题的能力。这些组织网络行动快速、灵活,而且非中心化。伴随着网络发展与全球化,跨政府管制组织网络,在没有正式的国际性中央官僚机构的情况下共同解决公共问题的能力。这些组织网络行动快速、灵活,而且非中心化。伴随着网络发展与全球化,跨政府管制组织网络,在"没有正式的全球性中央官僚机构"情况下,提升了全球公共治理的能力,同时在一定程度上改变了主权国家的决策流程。亦有学者认为,"跨政府管制组织网络"预示着一场大规模的技术精英共谋。当今世界已成为管制者依赖于全球议题"非政治化"的影子世界,他们采取的方法不可避免地牺牲贫弱阶层利益,而有益于富裕和强权阶层。里根政府时期曾任美国经济政策顾问委员会主席沃尔特·赖斯顿(Walter B.Wriston),在《外交事务》上发表《比特,字节和外交》一文,认为:"信息技术消除了时间差距和空间差距,因而自由思想能够像微生物一样,借助于电子网络毫无障碍地扩散到世界的各个角落"。不仅如此,"全球性交谈对主权政府的政治决策过程也能够施加压力,从而在一定程度上改变了主权政府的政治结果。"①在非均

① Walter B.Wriston,"Bits,Bytes,and Diplomacy",*Foreigh affairs*,1997.

衡的信息流动中，信息输出大国更容易将本国的社会价值观和意识形态，通过互联网传递给其他国家，进行意识形态扩张。

全球网络公共治理理论，为我们认识网络空间国际化特征，处理国内网络与全球网络的关系、国内网络治理与全球网络治理的关系，“通过积极有效的国际合作，共同构建和平、安全、开放、合作的网络空间，建立多边、民主、透明的国际互联网治理体系”，提供了理论指导。一个民族国家的网络治理必须置身于全球网络治理体系中才能获得秩序和安全，全球网络治理也离不开单个国家或地区的治理水平与能力的提高，需要有效的国际合作，甚至要形成“跨政府管制组织网络”这种新型全球治理形式。中国在全球化网络治理的背景下，既要包容、开放，又要维护信息主权和安全；既要学习和吸收世界先进网络文化，又要弘扬我国社会主义核心价值观，坚守我国的主流意识形态；既要治理好本国的网络空间，又要以积极的姿态参与全球网络治理，发挥负责任网络大国的作用，为全球网络空间的发展贡献智慧和力量。

四、整体政府理论

“整体政府”最早由英国首相布莱尔在 1997 年的《公民服务会议》率先提出，“整体政府”的相关概念有很多，如“网络化治理”“协同政府”“水平化管理”“跨部门协作”和“协作型治理”等等。整体政府是指通过横向与纵向的协作，来消除政策相互抵触的情况，高效利用稀缺资源，使某一政策领域的不同利益主体协同协作，为全体公民提供无缝隙公共服务。英国的波利特教授将“整体政府”界定为一种通过横向和纵向协调的思想与行动以实现预期利益的政府改革的治理模式。澳大利亚“联合政府报告”给公共服务中的“整体政府”所下的定义为：是指公共服务构为了完成共同的目标而实行的跨部门协作，以及为了解决某些特殊问题组成联合机构。

英国学者佩里·希克斯是“整体政府”治理的首倡者，佩里·希克斯作为当代英国著名的行政学家，发表了与整体政府理论相关的多部论著，著作主要有：《整体政府》（1997 年）、《电子治理：信息时代政府机构的评价类型》（2004 年）和《公众情绪》（2007 年）；代表性论文有：《西方国家整体政府研究的比较视角:一个基本的文献评估与探索》(2004 年)、《制度有效性:一个新涂尔干主义的理论》等。希克斯提出了整体政府理论,形成了一个跨部门协同的系统化理论体系。他认为"整体政府"理论是对功能性组织模型进行反思和批判的产物,合作的"跨界性"是整体政府的核心特征。

传统官僚制的特点之一就是分工和专业化,这就必然会伴随协调合作需求,因为协调是公共行政永恒的主题之一。然而,协调合作的"跨界性"是整体政府的核心特征之一,跨界有多种表现形式:同级政府部门之间、上下级政府之间、不同政策领域之间、公共部门和私人部门之间。整体政府并不是否定传统官僚制分工和专业化,它所针对并试图克服的是信息化时代的背景下,电子政府中的各种信息化碎片即"信息孤岛"。以达到各种跨界协调合作能够目标一致,不同部门在目标和手段上不存在冲突,且要求目标和手段之间起到相互增强的效应。

"整体政府"改革的出现既是传统公共行政的衰落,又是 20 世纪 80 年代以来新公共管理改革所造成的"碎片化"的战略性的回应,也是一定的意识形态的折射,是对"整体政府"理论的扩展和延伸。"整体政府"改革的出现存在多方面的原因,它既有改革必须面对的压力,也有先进理论的推动和新技术手段所带来的革新。1997 年,英国首相布莱尔在《公民服务会议》上首次提出"整体政府"(Holistic Government)的施政理念。整体政府是指通过思想与行动的纵横协调以实现预期利益的政府改革模式。具体涵盖四个方面:消除彼此破坏与侵蚀的政策环境;科学化配置稀缺资源;促进协同合作;提供无缝隙整体性服务。"整体政府"成为当代政府管理的一个新理念。英国"整体政府"改革的出现不是一个偶然,而是社会发展和政府管理发展的必然趋势。前期改革出现的弊端一方面给政府增加了改革的压力,另一方面也提供了动力。加上"第三条道路"和"整体性治理"理论的出现,也为"整体政府"改革的推动提供了良好的理论基础。

"整体政府"理论着眼于政府内部机构和部门的整体性运作,主张管理从分散走向集中,从部分走向整体,从破碎走向整合,从而提高政府的行政效率和公共服务质量。我国政府大部制的改革实际上是中国版"整体政府"改革。目前,我国政府对网络内容管理"碎片化"现象较为普遍,网络内容监管政府部门多、职能交叉,权责不清,合力不强,严重影响了政府监管效能。因此,“整体政府”理论对我国网络监管体制的改革具有重大的指导价值。

五、协同治理理论

协同学(Synergetics)即“协同合作之学”,是由德国著名物理学家赫尔曼·哈肯于20世纪70年代创立的。协同学是研究由完全不同性质的大量子系统(诸如电子、原子、分子、神经元、细胞、力学元、光子、动物乃至人类)所构成的各种系统,研究系统是从无序到有序的理论。它力图解释在具体性质极不相同的各系统中产生自组织和新结构的共同性,合作效应引起的系统自组织的作用。自组织由开放系统和子系统的合作下出现宏观尺度上的新结构,自组织的过程是一种非平衡相变过程。协同学对系统的自组织的过程(协同形成过程)进行了富有成效的研究。

产生于自然科学研究领域的协同学为网络监管的研究提供了不少有益的启示,也为人们认识和分析网络监管系统提供了有效的工具。首先,协同学的基本概念(如竞争、支配、协同、涨落、序参量等)及相关原理揭示了系统从无序到有序演化的机制和内部过程;其次,协同学指出的非线性相互作用是系统演化的动力,并运用数学语言表述非线性相互作用的效能和特点,这为人们系统地认识演化机制提供了科学的方法和思维方式。毋庸讳言,我国以全能主义为理念、以政治动员为手段、以“条条”“块块”为依托的传统监管机制,面对新时期的网络信息时代自然力所不及。根据协同学理论,应构建主体协同发展模式,就是一种网民个体、网络群体、网络管理部门通过多元协商建立协同关系,共同创造和使用网络内容的虚拟实践范式。这一模式的主要内容包括:第一,网络内容建设是由网民个体、网络群体、网络管理部门共同参与完成的,网络文化是我们的,而这个我们包括所有相关者即全体网民、个体网络群体以及网络管理者。应该看到:互联网虽有自组织功能,但网络内容建设并不是由无数个网民个体自动完成的;虚拟实践虽然以群为基本形式,但网络内容建设也不是在群内自行解决的;同样,虚拟社会虽需植入现实规范,但网络内容建设的最终完成还是要经由网民实践并在网络群体内得以实现的,因此,综合而言,网络内容建设要由网民个体、网络群体、网络管理部门来共同参与协同完成,它要求其中的各个主体以平等的地位共存和互动,也就是说,任何主体都不能有先验的价值霸权,每一个主体都只能在与其他主体协同发展的过程中去显现自我成长的价值合理性;第二,网络内容建设相关者之间是一种多主体协作关系。在网络内容建设中,网民个体、网络群体、网络管理部门等构成要素形成了一种协同一致的关系结构,具体地说,它是网民个体之间、网络群体之间以及个体群体与管理者之间建立起来的正式或非正式的互动关系模式。事实上,这种关系结构是一个以共同创造和使用网络文化成果为功能的多主体协作系统,是网络内容建设目标赖以实现的组织基础;第三,网络文化建设是可选择的虚拟实践范式。由于网络内容建设是和谐社会建设的组成部分,所以社会管理的重要目标便是构建起一种能够实现虚拟和谐的网络文化发展模式。一般而言,网络内容是在全球化语境和特定社会氛围中形成的,它既带有全球化的时代印记,又具有特定社会的国情特点。但对于一国一地具体的网络内容而言,其形成和发展过程往往是一个伴有管理行为的动态过程,既隐含着网络逻辑的必然性,又呈现出网络内容建设模式的可选择性。

第二章　健全网络内容建设的法治保障机制

第一节　法治保障机制的地位和作用

一、法治保障机制的含义

网络空间法治化是发挥法治对引领和规范网络行为的主导性作为，重点是按照科学立法的要求加强互联网领域的立法，关键是严格执法，基础是按照全民守法的要求引导网民尊法守法做中国好网民。网络内容建设的法治保障机制是以遵循网络自身发展规律为前提，以符合宪法要求为最高准则，由网络立法、网络执法、网络守法和网络司法构成的四位一体的网络法治体系。

网络立法是制定、修改、废除与网络有关的法律。从广义上来看，网络法是调整与网络有关的所有社会活动、行为以及因网络而产生的各种社会关系的法律总和，具体表现在：确认和调整网络法律关系及与网络相关的其他法律关系，规范相关网络活动中的行为，如网络及网络系统的建设、维护、运行、管理过程中的行为；网络安全、网络知识产权、网络犯罪、电子商务等活动中的行为。

网络执法是指网络执法主体依据宪法和网络法律法规，以监管、防治、规范和惩戒网络执法客体在网络空间所出现的违法犯罪行为，从而维护网络秩序，促进网络和谐、健康发展的执法活动。其中，网络执法的主体主要包括公安机关、工业与信息化部门、文化部门、工商行政管理部门、通信管理部门、政府新闻办公室、广电新闻出版局等部门;网络执法的客体涉及网络企业、网络运营商和网民等;网络执法的内容主要是网络监管、安全防范、打击网络犯罪等,主要涉及网络安全、网络侵权、电子商务、网络信息传播和网络文化等领域。

网络守法是指网络服务提供者和网络服务享用者在进行网络或与网络有关的活动中遵守相关网络法律,自觉运用宪法和网络相关法律法规维护自己的权益,打击网络违法犯罪分子。

网络司法是指国家司法机关及其司法人员依照法定职权和法定程序,为保护全体网络公民的各项基本权利和自由以及其他合法权益,维护网络社会正常秩序而具体运用网络相关法律审理网络相关案件,惩罚网络违法犯罪分子的专门活动,具体包括网络违法犯罪案件的审理、适用网络法律法规的司法解释、司法保护、司法惩罚等,其主体包括司法机关(法院、检察院)、公安机关(含国家安全机关)、司法行政机关及其领导的律师组织、公证机关、劳动教养机关等。

二、法治保障机制的地位和作用

(一)依法治网是依法治国的重要组成部分

十八届四中全会掀开了依法治国的新篇章,推进网络空间法治化是依法治国的重要组成部分,是依法治国最基础的工作,也是依法治国强大的动能。目前,它还是相对薄弱的环节,任务十分艰巨。把互联网纳入法治化轨道,让网络管理、网络运用、网络服务始终在法治轨道上健康运行,从而实现依法办网、依法上网、依法管网,这是依法治国的题中应有之意。

当今世界,互联网无所不至无处不在,网络空间与现实空间已融合为相互交织、相互渗透、相互影响的公共空间。可以说,网络空间从来就是现实空间的一部分,是现实空间的重要拓展,并且是为现实空间人类活动服务的。现在,人类的社会活动越来越多地拓展到这个新空间,使其成为最大的公共场所。因此,网络空间并不是虚拟的,也绝非“法外之地”。现实空间法律的基本原则和规范,同样需要现实空间法律的规范。建设法治的中国,必然涵盖法治的网络空间,依法治网是依法治国的题中应有之意,是依法治国的重要组成部分。

社会秩序需要法律来维护,人们的活动需要法律来规范。网络社会作为现实社会的重要延伸,是人们社会生活的一部分,并非游离于现实社会之外,必须纳入法治社会的范畴。当前,互联网发展日新月异,新技术新应用往往“乱花渐欲迷人眼”,令人眼花缭乱,新情况新问题常常“你方唱罢我登场”,令人应接不暇,不知所措。网络空间秩序混乱,网络谣言、网络诽谤、网络欺诈等网络违法犯罪问题层出不穷且日益严重,网络法治观念淡薄,法治素养低下的事例比比皆是。面对无序的网络空间,若任其发展,不利用法治进行规制,它将会成为一匹脱缰的野马,四处践踏网络空间的良田沃土。因此,依法治网已成为依法治国现实的需要、紧迫的要求和重要的组成部分。

随着网络信息技术开发与应用的飞速发展,网络空间对人类社会的影响越来越全面深入,甚至已深入社会生活方方面面。与其他领域相比,网络社会的法治观念,法治精神和法治素养处于远远落后状态。网络空间作为法治基础较薄弱的领域,成为依法治国最大的短板。此外,对于快速变化网络信息技术和网络新问题新现象,网络法律具有明显的滞后性和被动性;网络社会涉及的网络主体多,所形成的网络法律关系相当复杂,网络法律很难调整和规范众多网络主体之间的关系,从而表现出明显的不适应性和难普适性;相对于现实社会,网络社会的快速变化和虚拟性,使人们对于网络的未知远远大于已知,这对网络立法、执法和司法人员的认知能力和预判水平是一个巨大的挑战,这会让网络法治的前瞻性和超前性面临风险。因此,网络空间法治化相对于现实社会的法治化,任务极其艰巨。

(二)网络法律是网络内容建设最权威的规制

网络社会是开放的、虚拟的,从它诞生开始,人类就为自己能够在网络社会中自由、随心所欲地获取、传播信息内容而暗暗窃喜,这也加速了网络的普及速度和深化了对人类生活的影响力。也正因为如此,人们认为网络世界是法外之地,在网络社会获取、传播信息内容是不受法律制约、道德约束的,是绝对的自由之地。但是,任何理智的、具有公民素质、真正理解自由之意的人们都会清楚地认识到，若网络成为法律的真空地带，有关网络信息内容的行为在网络社会都不受法律和制度的规范，那么，网络社会将必定是混乱不堪、毫无秩序，网络谣言、网络诽谤、网络虚假信息、色情淫秽信息将会充斥网络环境，主流文化将被低俗文化、娱乐性文化所替代，从而对国家安全、社会稳定和人们权益带来严重危害。此外，网络社会作为现实社会的重要延伸，与现实社会相互交融，难以分割，这也意味着网络社会同现实社会一样可以且应当置于国家法律的规范之下。如上所述，网络法律是加强网络内容建设、规范网络信息内容的重要手段，是维护网络的正常秩序至关重要的、维护网络健康发展必不可少的因素。我们必须充分认识和重视法的作用，克服轻视以至忽视法的作用的倾向。

在网络社会中，网络法律对于加强网络内容建设，建立和维护网络秩序的重要性和必要性不言而喻。但是就如现实社会中法律不是唯一的调整社会关系的手段一样，法律在网络社会中的作用也是有限的。首先，法律手段不能替代道德约束来调整所有的网络关系。众所周知，法律和道德是指引、评价人们行为的尺度，都有调整和规范人们行为的功能，二者相辅相成，缺一不可。其中，法律侧重从制度上规范人们的行为，道德则首先调整人们内心的活动，从观念上规范人们的精神和行为。作为治理社会的一个有效手段，道德具有法律所没有的灵活性，其对社会生活的影响也更为普遍和深远。所以加强网络内容建设，维护网络秩序必须加强道德建设，提高广大网民的网络道德，以弥补法律建设对规范网络行为的不足。其次，法律相对于社会发展来说具有一定的滞后性，而对于比传统社会变化更加迅速的网络社会来说，它瞬息万变，难以捉摸，各种各样的新问题层出不穷，各式各样的网络行为难以界定与区分，网络法律对于网络社会的调整和规制作用所显现出来的局限性更加明显，滞后性毋庸置疑。因此，网络秩序的维护，网络信息内容的健康建设需依靠道德的约束力。最后，网络社会是以信息技术为支撑的，网络社会就是信息技术社会。前网络引发的诸多社会问题更多的是由于技术超前发展和现实管理相对滞后的矛盾引起的。美国加州大学罗斯托克教授曾说："法律试图跟上技术的发展，而结果技术总是走在前头……在一个不到一代人的时间里，信息传递技术的发展规模太大、太活跃,以致法律无力对之加以严密的规范。”①因此,在网络社会的管理中,必须注重技术手段的应用,以“技术对抗技术”,侧重内容分级和技术过滤软件的使用。

从全球范围来看,在互联网治理方面,经过多年的探索与实践,各国形成了以法律为基础,综合运用经济、技术、行政等多种手段的管理模式。因此,从我国现有的实际情况以及其他国家的经验借鉴来看,网络社会的管理、网络秩序的维护以及网络内容建设的顺利进行必须综合法律、道德、技术等多种手段,而不能够单单只运用一种手段。其中,法律手段、道德手段和技术手段三者相对而言,法律手段具有强制性、威慑力,道德手段强调内在的自我约束,具有普适性、灵活性和软弱性,而技术手段具有中立性和一定的依附性,因技术使用主体的不同而不同。法律手段相比较而言,具有其他手段不具备的权威性和强制性,是网络内容建设的最高规制。因此,网络法律是维护网络社会秩序的最后一道防线,也是最尖锐、最有力量的防线,大量的网络关系都必须依靠网络法律来调整、规范,网络信息内容建设也必须依赖网络法律作为最高的规制。

(三)依法治网是维护网络空间秩序和安全的根本保障

21世纪是网络化、信息化的时代。为实现中华民族的伟大复兴,我们必须抓住机遇发展我国的互联网,而互联网健康和谐的发展离不开网络法治。互联网是去中心化的,是一个自由开放的平台。在这个开放的空间,人人都有麦克风,人人都有话语权,但遵守法律是基本准则,底线不可逾越。法治是维护网络空间秩序的必要手段和重要途径,是网络安全的根本保证和基本路径,也是保障网络自身和谐健康发展的关键。

目前网络社会中行为失范现象多,违法犯罪行为日益增多且日益升级,网络社会正面临着失序的危险。其中,网络侵权、网络诈骗、网络恐怖主义、网络色情等不仅严重危害网络社会的公共秩序和安全,而且也使网民对网络社会失去信心,面临信任危机和主旋律被扭曲的危机。然而,仅仅靠网络

---

① [美]西奥多·罗斯托克:《信息崇拜:计算机神化与真正的思维艺术》,苗华健译,中国对外翻译出版公司1994年版,第167—168页。

技术的开发与应用、利用道德的自律与自觉等手段不能有效地遏制。因而必须紧紧依靠法律手段治理网络空间,规制网络行为,从而弥补技术方式和道德手段的不足,重拾网民信心,扭转网络文化,唱响我国主旋律,规范网络秩序。

防范和解决网络纠纷需依靠法治。随着网络信息技术的不断发展,网络日益深入人们的生活,并逐渐成为人们社会生活的主要阵地。日益复杂的网络社会关系、法律关系及各种网络纠纷伴随而生。究其缘由,无非就是网络竞争有失公平,网络行为有所失范,网络话语有所不当,网络信息有所失真,等等。正如现实社会离不开法律一样,网络空间也需要有效的法律规范,一来防止各种纠纷的发生;二来为各种已经发生的纠纷提供解决的依据。然而,目前我国网络法律体系不够完善,法律规定模糊不清,对于网络社会的法律关系缺乏相应的规定,因此网络纠纷不断,对于网络纠纷的解决力度与效力不足,对网络自身的健康发展造成不利影响。因此,有效的法律手段是防范和解决网络纠纷的必要手段。为了有效地促进和保障网络的健康发展,维护网络空间的正常秩序,有效规范和调整网络法律关系,使网络主体行而有据,政府部门管而有法,司法机关裁而有度,就必须紧紧依靠法律手段,通过网络空间的法治化来防范和解决网络纠纷。

习近平强调没有网络安全就没有国家安全,没有信息化就没有现代化。当前,网络安全问题早已超出了技术安全、系统保护的范畴,发展成为涉及政治、经济、文化、社会、军事等各个领域的综合安全,越来越多地与外交、贸易、个人隐私和权益等交织在一起,涉及政府、企业、个人等各个方面。由于网络安全问题导致电网停电、交通瘫痪、金融紊乱的风险正在上升。特别是网络安全与道路交通、煤矿生产安全不同,具有更大的隐蔽性、潜伏性。对于网络安全,今天的脆弱往往明天才会显现,平时的问题往往关键时刻才会暴露,容易陷入“温水煮青蛙”的局面。必须高度重视网络安全问题,必须坚持依法治网,主动把握网络空间的特点趋势,加快网络安全法治建设,健全完善相关制度标准,依法分清各方面的责任与义务,做到依法依规依标建网、用网和管网,大力提升全社会的网络安全意识,以法治保障网络安全,以网络安全保障信息化的健康长远发展。

(四)依法打击网络犯罪是保护网民合法权益的有力武器

随着网络信息技术的不断发展,互联网已融入社会生活的方方面面,现实社会中的违法犯罪以及其他治安问题开始向互联网虚拟社会蔓延并日益严重,由于网络具有隐蔽性强、辐射面广、传播速度快的特点,使参与者违法成本低,监督管理难,责任追究概率低,从而诱发民事领域中侵犯公民人身权利的现象时有发生。同时,在刑事领域中犯罪嫌疑人利用互联网的隐蔽性、低成本性实施网络诈骗、网络赌博、网络传销、网络盗窃、网络色情等违法犯罪活动。此外,网民大众在参与和使用网络的同时,个人信息和行为也容易暴露于网络之中,这使得网民的个人信息容易被犯罪分子利用,降低了违法犯罪成本。网络违法犯罪行为的种类多样,一经发生,通常损失重大,对象广泛,发展迅速,涉及面广,对国家安全、社会稳定、网络正常秩序和网民大众的合法权益造成不利影响,甚至产生直接性的严重危害。

网络社会是技术主导的社会,网络犯罪具有高度的技术依赖性,如实施网络盗窃、网络攻击时,不获得有效的木马软件或计算机病毒,犯罪难以进行。网络社会也是开放的社会,去中心化的社会,虚拟和隐蔽的社会,网络社会的秩序更多地依靠网络使用者的自我约束和自我管理。因此,对于网络犯罪分子需依靠技术手段控制和道德约束。但是,网络违反犯罪行为的有效预防与有力惩治,必须依靠法律这一有力武器。因此,必须依法打击网络犯罪,强调法治理念与法治习惯,增强网络使用者的法律素养而从源头上降低网络犯罪行为,增强网络执法人员的法律技能而严格执法,以维护网民的合法权益,维护网络正常秩序,保障网络正常健康发展。

目前,我国现有的法律法规对于打击网络犯罪提供了相应的法律依据,在预防和打击网络犯罪行为方面发挥了重要作用。如 2013 年 9 月 9 日,最高人民法院、最高人民检察院公布《关于办理利用信息网络实施诽谤等刑事案件适用法律若干问题的解释》,明确了利用信息网络捏造事实诽谤他人,严重危害社会秩序和国家利益,以及实施寻衅滋事犯罪、敲诈勒索犯罪所适用的刑法条款,厘清了网络信息传播在网络发表言论的法律边界,为惩治利用网络实施诽谤等犯罪行为提供了明确的法律标尺;同一诽谤信息实际被点击、浏览次数达到 5000 次以上,或者被转发次数达到 500 次以上的,应当认定为刑法第二百四十六条第一款规定的“情节严重”等。但是,目前我国立法存在缺陷,如立法权威性不足,核心领域立法缺失,法律可操作性低等。因此,必须贯彻顶层设计,加快网络相关领域立法,严格执法,公正司法,依法严打网络犯罪行为,让法律成为维护网民合法权益的利剑。

第二节　我国网络内容建设法治保障机制现状分析

一、我国推进网络法治建设的历程和初步成就

(一)初创探索阶段——1994 年到 1998 年

第一个阶段为 1994 年中国接入互联网至 1998 年第九届全国人民代表大会第一次会议批准成立信息产业部。在该时期,我国互联网开始向全社会全面开放,其发展迅猛。1994 年 2 月 18 日国务院 147 号令发布《中华人民共和国计算机信息系统安全保护条例》,这是我国最早的互联网法律文件。法规对计算机信息系统的安全保护工作重点、主管部门、监督职权、安全保护制度、法律责任等都进行了逐一规定,立法重点侧重于信息安全保护方面。这一时期主要的典型网络法律还有《中华人民共和国计算机信息网络国际联网管理暂行规定》(1996 年 2 月 1 日国务院发布)、《中国公用计算机互联网国际联网管理办法》(1996 年 4 月 9 日邮电部发布)、《国务院关于修改〈中华人民共和国计算机信息网络国际联网管理暂行规定〉的决定》(1997 年 5 月 20 日国务院颁布)、《计算机信息网络国际联网安全保护管理办法》(1997 年 12 月 30 日公安部发布)和《中华人民共和国计算机信息网络国际联网管理暂行规定实施办法》(1998 年 3 月 6 日国务院信息化工作领导小组办公室发布)等数部行政法规、规章。

在互联网处于起步阶段,虽然《计算机信息网络国际联网安全保护管理办法》等网络法律法规对网络内容管理做出了相关的法律规定,尤其是网络安全方面,但是网络法律数量较少,法律所涉及的范围较窄,立法内容比较笼统,缺乏可操作性,且多以“通知”“暂行办法”“暂行规定”的形式出现,法律权威性不够。总之,在这一时期,我国网络立法处于初创探索阶段。

同样,网络执法也刚刚开始。在此阶段,我国网络执法部门少,针对网络违法范围的执法活动不多,网络执法系统还未形成。但是,从我国网络管理机构设置、网络管理系统初步投资建立和有关部门对网络管理现状调查表明,我国网络执法已经起步。互联网刚刚接入我国,在政府管制宽松的环境下逐渐发展迅猛。为了有效地发展互联网,国务院在 1993 年 12 月 10 日成立国家经济信息化联席会议,1996 年 1 月 13 日成立国务院信息化工作领导小组及其办公室及 1997 年 6 月 3 日成立中国互联网络信息中心(CNNIC)工作委员会,于 1994 年 8 月国家计委投资建立功能齐全的网络管理系统。此外,1996 年 7 月,国务院信息办组织有关部门的多名专家对国家四大互联网络和近 30 家 ISP 的技术设施和管理现状进行调查。

二、继续推进阶段——1998 年到 2004 年

这一阶段是从 1998 年到 2004 年,为网络立法继续推进阶段。在这一时期,互联网发展更加迅速,尤其是 2000 年之后,互联网开始涉入电子商务领域。与此同时,由网络发展所伴随而生的网络问题日渐显现,各部门开始意识到网络管理和网络立法的重要性,纷纷制定并出台网络法律法规。在这一时期典型的网络法律法规主要包括:《全国人大常委会关于维护互联网安全的决定》(2000 年 12 月 28 日第九届全国人民代表大会常务委员会第十九次会议通过)、《中华人民共和国电信条例》(2000 年 9 月 25 日国务院发布)、《互联网信息服务管理办法》(2000 年 9 月 20 日国务院出台)、《互联网站从事登载新闻业务管理暂行规定》(2000 年 10 月 8 日国务院新闻办与信息产业部出台)、《互联网电子公告服务管理规定》(2000 年 10 月 8 日信息产业部出台)、《互联网骨干网互联结算办法》和《互联网骨干网间互联服务暂行规定》(2001 年信息部发布)、《全国青少年网络文明公约》(2001 年 11 月 22 日教育部、文化部等 8 个部门联合推出)、《中国互联网络域名管理办法》(2002 年 3 月 14 日信息产业部发布)、《关于加强网络文化市场管理的通知》(2002 年 5 月 17 日文化部发布)、《互联网文化管理暂行规定》(2003 年 5 月 10 日文化部发布)、《中华人民共和国电子签名法》(2004 年 8 月 28 日十届全国人大常委会第十一次会议通过)、《关于办理利

用互联网、移动通信终端、声讯台制作、复制、出版、贩卖、传播淫秽电子信息刑事案件具体应用法律若干问题的解释》(2004年9月6日,最高人民法院和最高人民检察院出台)等。

该阶段的网络法律不仅完善了对初创探索阶段的网络法律,而且针对网络社会出现的新问题进行立法,填补了网络法律空白领域,如电子签名、电子商务等。此外,网络立法的部门与前一阶段相比,立法部门处理公安部、信息部,还增加了文化部、教育部等部门,且多个部门联合立法。在这一阶段,网络立法数量大大增加,出现了"网络立法年",且立法的可操作性、具体性渐渐得到完善,网络法律效力增强,并出台了相应的司法解释等配套法律法规。总之,在这一阶段,我国网络立法在上一阶段的基础上继续推进,慢慢走向成熟。

在这一时期,互联网在我国的发展显示出蓬勃朝气,且发展态势迅猛,网络问题也随之而来。为有效地回应和解决网络新问题,各部门加紧出台了相关网络法律。同样,网络执法也是紧跟其后。在网络执法部门设置方面:1998年3月,第九届全国人民代表大会第一次会议批准成立信息产业部,主管全国电子信息产品制造业、通信业和软件业。1998年8月,公安部正式成立公共信息网络安全监察局,负责组织实施维护计算机网络安全,打击网上犯罪,对计算机信息系统安全保护情况进行监督管理。1999年12月23日,国家信息化工作领导小组成立,并将国家信息化办公室改名为国家信息化推进工作办公室。2000年5月20日,中文域名协调联合会(CDNC)成立,承担中文域名的民间协调和规范工作。2000年6月21日,中国电子商务协会正式成立。2000年11月1日,中国国际经济贸易仲裁委员会成立中文域名争议解决机构。2001年8月,国家计算机网络与信息安全管理中心组建中国计算机网络应急处理协调中心(CNCERT/CC)。2004年6月10日,由中国互联网协会互联网新闻信息服务工作委员会开通"违法和不良信息举报中心"网站,旨在"举报违法信息,维护公共利益"等。2001年6月1日,由海关总署牵头、国家12个有关部委联合开发口岸执法系统。在网络执法实践方面:2001年4月13日,信息产业部、公安部、文化部、国家工商行政管理总局部署开展"网吧"专项清理整顿工作。2002

年6月16日凌晨,北京海淀区“蓝极速”网吧发生火灾,致25人死亡,12人受伤。此后,“问题网吧”在全国引起广泛关注,也加快了网吧专项治理步伐,四部委联手对上网服务场所集中清理整顿。2003年8月11日,一种名为“冲击波”(WORM_MSBlast.A)的电脑蠕虫病毒从境外传入国内,国家有关部门采取有效措施控制了病毒的传播。2004年7月16日,全国打击淫秽色情网站专项行动电视电话会议召开,标志着全国打击淫秽色情网站专项行动的开始。

国务院成立国家信息化工作领导小组和专门的信息产业部门,公安部针对网络安全成立专门的网络信息安全监察局,网络执法部门较上一阶段来说呈现具体化和广泛化。在网络执法方式上,通过设立协调联合会和仲裁委员会来协调、解决网络纠纷;通过开通网站和开发执法系统等方式,利用网络本身所具有的优势来打击违法犯罪行为。网络执法涉及了网吧、电子商务、反垃圾邮件、电子病毒和网络色情等领域,网络执法部门的执法积极性明显提高,网络执法社会关注度提高,网络执法能力增强,且出现了专项执法活动。总之,在前一阶段基础上,我国网络执法继续推进,慢慢走向成熟。

由于互联网与人们生活产生日益紧密的联系和影响,人们开始关注网络产生的各种新问题,网络守法意识开始萌芽。2000年12月7日,由文化部、共青团中央、光明日报、中国电信、中国移动等单位共同发起“网络文明工程”。2001年,中国互联网协会正式成立,旨在保护网络用户的合法权益,加强企业、团体和政府部门的合作,以促进互联网的健康发展。同年,中国网络媒体论坛在国务院新闻办公室指导下,在中华全国新闻工作者协会、人民网、新华网、中国网、国际在线、中国日报网、央视网等单位共同促成下正式开坛。2002年3月26日,中国互联网协会在北京发布《中国互联网行业自律公约》,该公约的推出为建立中国互联网行业自律机制提供了保证。2003年12月8日,人民网、新华网、中国网、新浪网、搜狐网、网易等30多家互联网新闻信息服务单位共同签署了《互联网新闻信息服务自律公约》。这是继《中国互联网行业自律公约》之后又一部具有重要意义的自律公约,该公约具体到网络新闻信息的传播,标志着网络新闻传播行业开始建立行业自律机制。2003年3月20日,湖北青年孙志刚在广州被收容并遭殴打致死。该事件引起社会广泛关注,互联网发挥了强大的媒体舆论监督作用,促使有关部门侦破此案。2004 年 6 月 10 日,中国互联网协会制定出台了《互联网站禁止传播淫秽、色情等不良信息自律规范》,对于淫秽信息和色情信息作出了明确的界定,规定了 7 类内容都属于淫秽信息。2004 年 11 月 29 日,新浪、搜狐、网易公布中国无线互联网行业"诚信自律同盟"的自律细则,标志着我国无线信息服务行业的自律工作的深入开展。

在这一阶段,网民对于尊法和自律主动性不够,处于政府主导守法状态。尽管如此,互联网行业成立自律组织,颁布自律公约在网络自律中也发挥了不小的作用,这表明我们网民的自律意识和网络法治意识已经萌芽,网络行业守法、自律意识不断增强。

三、全面发展阶段——2005 年至今

2005 年,我国网民首次突破 1 亿,宽带用户数首次超过网民用户的一半,"中国科普博览"和"天府农业信息网"获"世界信息峰会大奖",我国 CN 国家域名注册量首次突破百万大关,等等。以上事件表明我国已经进入了网络全面发展时期。在此阶段,网络立法也步入了全面发展时期。各部门相继出台相关网络法律法规:2005 年 2 月 8 日,信息产业部发布的《非经营性互联网信息服务备案管理办法》为加强互联网的管理奠定了基础;同日,信息产业部发布的《电子认证服务管理办法》为我国电子认证服务业的发展奠定了基础;2006 年 3 月 30 日,中华人民共和国信息产业部颁布的《互联网电子邮件服务管理办法》;2007 年 2 月 15 日,文化部等 14 部委联合下发的《关于进一步加强网吧及网络游戏管理工作的通知》,首次对网络游戏中的虚拟货币交易进行了规范;2007 年 12 月 29 日,国家广播电影电视总局、信息产业部联合发布《互联网视听节目服务管理规定》;2008 年 2 月 25 日,八部委联合印发《关于加强互联网地图和地理信息服务网站监管意见》,要求进一步加强对互联网地图和地理信息服务网站的监管;2009 年 5 月 19 日,工业和信息化部下发了《关于计算机预装绿色上网过滤软件的通知》;2009 年 8 月 18 日,文化部下发《关于加强和改进网络音乐内容审查工作的通知》;2009 年 12 月 26 日,十一届全国人大常委会第十二次会议表

决通过的《中华人民共和国侵权责任法》(2010年7月1日起施行)首次规定了网络侵权问题及其处理原则;2010年6月3日,文化部公布的《网络游戏管理暂行办法》是我国第一部针对网络游戏进行管理的部门规章;2010年6月14日,中国人民银行公布的《非金融机构支付服务管理办法》将网络支付纳入监管;2010年10月9日,国家新闻出版总署出台《新闻出版总署关于发展电子书产业的意见》;2011年12月16日,最高人民法院发布《关于充分发挥知识产权审判职能作用　推动社会主义文化大发展大繁荣和促进经济自主协调发展若干问题的意见》进一步明确了网络环境下的著作权侵权判定规则;为了加强对互联网文化的管理,保障互联网文化单位的合法权益,促进我国互联网文化健康、有序地发展,文化部于2011年2月11日发布《互联网文化管理暂行规定》;为了规范互联网信息服务市场秩序,保护互联网信息服务提供者和用户的合法权益,工信部于2011年12月7日发布《规范互联网信息服务市场秩序若干规定》;2013年1月25日,国家税务总局第1次局务会议审议通过的《网络发票管理办法》,对保障国家税收、规范网络发票的开具和使用产生了重要作用;2013年2月1日,我国首个个人信息保护国家标准《信息安全技术公共及商用服务信息系统个人信息保护指南》实施,标志着我国个人信息保护工作进入法治阶段;2013年10月25日,最新《中华人民共和国消费者权益保护法》发布,意味着消费者权益保护法实施近20年来的首次大改等。为促进互联网信息服务健康有序发展,保护公民、法人和其他组织的合法权益,维护国家安全和公共利益,国务院在2014年8月26日发布《国务院关于授权国家互联网信息办公室复杂互联网信息内容管理工作的通知》,授权重新组建的国家互联网信息办公室负责全国互联网信息内容管理工作,并负责监督管理执法。此外,在这一阶段根据网络发展的现状修改了相关法律法规,如《计算机软件保护条例》、《互联网信息服务管理办法》、《计算机信息网络国际联网安全保护管理办法》(2011年1月8日修订)、《信息网络传播保护条例》(2013年1月30日修订)在网络立法的全面发展阶段,网络立法内容涵盖了网络安全、网络知识产权保护、网络个人信息保护、电子商务、电子书、网络游戏等方面。2015年6月,第十二届全国人大常委会第十五次会议初次审议了

《网络安全法(草案)》,并将该草案在中国人大网公布。截至2015年8月6日,该草案已经完成向社会公开征求意见。2015年,国家网信办切实履行统筹协调指导、监督管理执法双重职能,全力推动网络监管立法,推进《网络安全法》《电子商务法》《未成年人网络保护条例》等重要法律法规立法进程,推动《反恐怖主义法》制定出台;推动相关部委抓紧修订制定《互联网等信息网络传播视听节目管理办法》《互联网广告监督管理暂行办法》等一系列部门规章、规范性文件;制定出台《互联网新闻信息服务单位约谈工作规定》《互联网用户账号名称管理规定》,修订完善《互联网新闻信息服务管理规定》,研究制定《互联网信息内容管理行政执法程序规定》,酝酿制定涉及行政复议和网络诚信、网络金融管理等一系列规章、制度、规范性文件,对违法违规信息处置、约谈、行政执法程序作出全面规范。

由此可见,网络立法内容的涉及面广,基本上填补了网络立法空白领域。从网络立法规制的类型来看,除了政府规制型立法,还包括了自律性规范和法律解释。总之,这一阶段的网络立法工作相比上一阶段,进一步完善且趋于成熟,已进入网络立法全面发展时期。

2005年开始,我国互联网进入全面发展期,网络侵权、网络诈骗、网络色情等网络违法犯罪行为高发且日益剧烈,令人担忧。面对如此状况,我国网络执法效率低下,执法力度欠缺,对于网络犯罪的威慑力不高,因而,各部门加强网络执法,遏制网络犯罪已是迫在眉睫。这一时期对网络执法部门设置进行了改革和调整。2008年3月11日,第十一届全国人民代表大会第一次会议通过决定工业和信息化部成为我国互联网的行业主管部门。2008年4月28日,工业和信息化部委托中国互联网协会设立12321网络不良与垃圾信息举报受理中心,举报方式包括电话、网站、邮件、短信和移动互联网WAP网站共五种方式。2011年5月,国家互联网信息办公室设立,以加强互联网建设、发展和管理。2014年2月27日,中央网络安全和信息化领导小组成立。2014年至2015年,各个地方先后成立地方网信办和专门的网络执法队伍,积极探索网络执法模式。2015年8月4日,公安部召开全国重点互联网站和服务企业安全管理工作会议,提出将在重点网站和互联网企业设立“网安警务室”,并明确规定网安警务室由公安机关派驻的网安民警和企业、组织的信息安全员构成,二者共同开展相关工作。它主要有三大功能:一是指导互联网服务单位依据相关法律法规,组织安全员开展信息巡查和案件线索协查,受理违法案件线索举报;二是开展网上便民利民服务;三是落实信息网络安全培训和法制宣传教育工作。此外,网安警务室还力求实现网络环境下的警民交流、互动。群众可全天候在网上提交咨询、反映情况、发表意见,工作人员即时给予回复,为网民创造一个安全、便捷、文明、绿色的网络环境。

一些网络执法活动形成了良好的影响,取得了明显的成效。2006 年 2 月 21 日,信息产业部启动了"阳光绿色网络工程"系列活动。包括:清除垃圾电子信息,畅享清洁网络空间;治理违法不良信息,倡导绿色手机文化;打击非法网上服务,引导绿色上网行为等活动。2006 年 6 月,信息产业部决定在全国范围内开展治理和规范移动信息服务业务资费和收费行为专项活动。同年 9 月 14 日,信息产业部发出《关于规范移动信息服务业务资费和收费行为的通知》。2006 年 9 月至 11 月,各省级通信管理局共查处违规移动增值服务商至少 245 家。2009 年 1 月 5 日,国务院新闻办公室、工业和信息化部等七部委在北京召开电视电话会议,部署在全国开展整治互联网低俗之风专项行动。2009 年 12 月,中央对外宣传办公室、全国"扫黄打非"办公室、工业和信息化部等九部委在全国范围内联合开展深入整治互联网和手机媒体淫秽色情及低俗信息专项行动。2009 年 12 月初,广播电影电视总局在清理整顿违法、违规视听节目网站的过程中,关闭包括 BT 中国联盟在内的 530 多家 BT(Bit Torrent)网站。2011 年 11 月,国家发改委就宽带接入问题对中国电信和中国联通展开首次反垄断调查。2014 年和 2015 年我国中央网信办和地方网信办开展多次专项活动,如"净网 2014""净网 2015"、依法整治网络敲诈和有偿删帖专项行动、"婚恋网站严重违规失信"整治工作、"护苗 2015 · 网上行动"、四大"扫黄打黑"专项行动、网络侵权和网络赌博诈骗等活动。2014 年 6 月,国务院发布《社会信用体系建设规划纲要(2014—2020 年)》,提出大力推进网络诚信建设。国家互联网信息办公室于 2015 年 6 月 12 日在全国范围内举行首届网络诚信宣传日活动。中央文明办于 2015 年 7 月 24 日在安徽合肥召开网络精神文明建设工作座谈会。会议强调,要大力培育和弘扬社会主义核心价值观,大力加强和改进网络精神文明建设，进一步唱响网上主旋律，推动精神文明建设不断取得新的进展和成效。自2015年6月1日起，首批50个省市公安机关统一标识为"网警巡查执法"的微博、微信和百度贴吧账号集中上线。7月6日，《中华人民共和国网络安全法（草案）》公布并公开征求意见，在保障网络信息安全上完善顶层设计。8月4日，工信部发文启动电信行业网络安全试点示范工作，引导电信企业投资云平台安全防护等重点领域。自8月5日起，50省市的网警公开身份执法，从幕后走向前台，统一标识全天巡查。① 依上可见我国网络执法从执法部门设置、执法主体和执法内容等方面较前一阶段有很大的改善。从决定工业和信息化部为互联网主管部门到成立中央和地方网信办，开通国家网信办网站；从中央及各部门进行网络执法到中央和地方积极开展网络执法，从各部门针对部分网络违法犯罪进行专项活动到各部门针对网络违法犯罪开展全面的整治活动；标志着我国网络执法进入有法必依、执法必严时期。国家网信办探索构建全国网信执法体系，在《互联网信息内容管理行政执法程序规定》中明确规定国家、省（自治区、直辖市）、市（地、州）、县（区）各级网信部门级别管辖、属地管辖原则，确立上级网信部门对下级网信部门行政执法督察制度。探索推进涉网执法部门协调联动机制建设，在厘清权限、明晰边界、畅通渠道的基础上，推动各部门有机整合现有各类涉网专项行动联席会议机制，初步建立了8项涉网跨部门执法业务司局间协调工作机制。探索推进约谈督促警示机制建设，明确将约谈纳入行政执法程序规定和违法违规信息处置工作规范，并列入政务公开事项，建立"约谈情况公开曝光"制度。国家网信办全面加强执法队伍建设，依法建立执法人员持证上岗制度，明确规定各级网信部门建立执法人员培训、考试考核、资格管理和持证上岗制度，并集中开展网信行政执法专题培训，集中围绕网信执法政策法规、取证规范、执法流程等内容系统授课，进一步提升依法行政意识和能力。

在该时期，网络的快速发展给人们带来生活的便利和享受，同时也给人们生活带来了许多新问题，对人们的生活产生不良影响。网民的法治意识随

---

① 《"升级版"网警在行动》，《人民日报》（海外版）2015年8月8日。

着网络的不断发展也在不断地加强，法治观念随着打击网络违法犯罪的不断增加也在不断地加深。2005 年 1 月 28 日，中国互联网协会行业自律工作委员会发布《中国互联网版权自律公约》，并成立网络版权联盟，联盟致力于加强行业自律，推动互联网内容产业的健康、有序发展。2007 年 8 月 21 日，《博客服务自律公约》在北京正式发布，该《公约》提倡实名制。10 多家知名博客服务提供商在发布会现场共同签署了该《公约》。2008 年，由中国网、央视国际、人民网、新华网、国际在线、中青网、中国经济网、中国广播网 8 家中央网络媒体携手签署《中国互联网视听节目服务自律公约》，公约重点针对的自律对象是淫秽色情、暴力低俗的视听节目和侵权盗版视听节目，提倡的是“传播健康有益、符合社会主义道德规范、体现时代发展和社会进步、弘扬民族优秀文化传统的互联网视听节目”。2012 年 11 月 1 日，在中国互联网协会组织下，百度、奇虎 360 等 12 家搜索引擎服务企业签署了《互联网搜索引擎服务自律公约》，促进了行业自律。2015 年国家互联网办公室、新华网、人民网等联合举办“2015 中国好网民”系列活动得到广泛关注，网民通过微博和微信等传递正能量、自制微电影、漫画、动画等方式积极参与该主题的多项活动，如宁波 11 个县市区“中国好网民”，有近万名网民传递，并承诺做中国好网民。为深入学习贯彻党的十八届四中全会精神，深入学习贯彻习近平总书记系列重要讲话精神，推动在全社会形成尊法学法守法用法的良好环境，司法部、国家互联网信息办、全国普法办于 2015 年 6—12 月在全国开展“尊法学法守法用法”全国百家网站法律知识竞赛活动。

总之，网民和网络经营者已经意识到网络守法的重要性和迫切性，积极参与政府开展的网络法治活动，尊法与自律并行，守法意识和守法行为明显增强。

二、我国网络法治保障机制存在的问题

（一）网络立法问题

1. 立法缺乏权威性

根据我国《立法法》，行政法规、部门规章需以上位法为指导。作为全国性法律的执行性立法，行政法规、部门规章等低位阶法律具有临时性、替代性

和解释性，不具备全国性法律的合理性和权威性，且在缺乏全国性上位法统一指导的情况下，多元立法主体各自制定的行政法规、部门规章等呈现出模糊性、争议性、冲突性和零杂性等问题。目前，72 部互联网立法中，具有法律性质的规定仅有 2 部，所占比例不到 2.8%；具有行政法规性质的规定仅 13 部，所占比例不到 18.1%。换言之，具有法律性质与行政法规性质的互联网立法总占比例不到 21%，而法律效力层次较低的部门规章和司法解释所占比例近 80%①，彰显出我们网络立法层级较低，缺乏权威性。此外，从上述我国网络立法的发展历程来看，我国网络立法多为“规定”“条例”“试行”等且大多具有临时性质，缺乏一部全国性的网络法律，因而我国网络立法缺乏权威性。

2. 立法缺乏系统性

“法的系统化不仅是某一部法的系统化，而且是法与法、法的不同形式、过去的法和今天的法之间的系统化。法的系统性的缺乏就是法治的缺陷。法的系统化不足不仅会给法的实施带来许多困难，而且会对法的进步价值形成冲击，影响法律实施的完整性和统一性。”②在缺乏一部统一的全国性上位法情况下，各地方、各部门自行制定相关的地方性法规和部门规章的重复性和交叉性较多，法律效力低下，因利益的驱动易导致网络法律法规之间出现凌乱无序的撞车现象，形成立法主体的诸侯割据状态。如对“未取得经营许可证，擅自从事经营互联网信息服务的”，《互联网信息服务办法》规定：“没收违法所得，无违法所得或违法所得不足 5 万元，处 10 万元以上 100 万元以下的罚款”。而《计算机信息网络国际互联网管理暂行规定》则是“责令停止联网，给予警告，可并处 15000 元以下的罚款，有违法所得者，没收违法所得”③。各个立法主体之间存在立法的交叉性，重复性立法较多，且存在对同一违法行为处罚力度与形式不同。不仅如此，网络立法需同时具备技术性和法理性，其所调整的对象具有复杂性、广泛性，因而在制定网络立法的过程中不仅要各地方、各部门之间协作立法，而且还需要来

① 邱泉：《试论我国互联网立法的现状与理念》，华中科技大学硕士学位论文，2013 年。
② 蒋德海：《立法与法的系统化》，《检察日报》2005 年 9 月 5 日。
③ 谢永江、纪凡凯：《论我国互联网管理立法的完善》，《国家行政学院学报》2010 年第 5 期。

自信息技术管理、传播学等领域的专家进行深层次的沟通合作。然而现实情况却是立法过程中缺乏沟通和协调。

3. 立法存在空白点

我国网络立法不仅落后于西方发达国家，更重要的是远远落后于互联网自身发展速度，存在不少的立法空白点。现阶段，网络违法犯罪的数量日渐增多，技术和手段日益升级，所带来的影响也不断扩大。然而，网络立法的速度明显滞后于网络发展的速度和网络犯罪的变化速度，在网络社会中还存在法外之地，从而导致在对网络违法犯罪行为进行定罪、处罚时无法可依。不仅如此，网络法律的不完善也会造成网民和网络服务提供商在某些网络行为出现时无法适从，不知所措。如 2010 年 6 月出现的“QQ 相约自杀事件”中，虽然腾讯公司负有事后被动审查、监管 QQ 群聊信息的义务，即在接到相关权利人通知或确知侵权事实存在的情况下，腾讯公司应采取必要处置措施，但作为用户提供网络技术服务和交流平台的网络服务提供商的腾讯公司并没有能力和法律授权对用户通信内容进行监控，从而致使自杀悲剧的发生。目前，我国网络立法中，对于有关网民基本权利事项没有直接的立法规定，致使网民在寻求法律保护和司法救济时无法可依；对于网络运营商以及网站的网络责任和网络义务没有直接的立法规定，致使网络服务提供商没有能力阻止相关网络违法犯罪行为的发生，也使网络执法机关难以根据法律授权对其进行监管和处罚；青少年作为网络社会的重点保护对象，也没有专门的网络法律对其权益和安全等进行立法层面的保护；电子证据作为认定网络犯罪的唯一方式，目前因没有电子证据法而存在电子证据法律效力低下的问题。不仅如此，在电子商务、网络知识产权保护、个人数据保护等这些重点领域，网络法律也处于空白状态。

4. 立法缺乏民主参与

公众参与是民主立法原则的现实体现，是《立法法》对行政立法的程序要求，也是行政立法合理、科学、便于执行的可靠保障之一。[1] 因此，在网络立法过程中，涉及网络服务享用者和网络服务提供者利益的立法时应征询

① 曹文祥:《我国网络发展与政府监管立法》,中共中央党校硕士学位论文,2010年。

他们的意见,倾听他们的利益诉求,且网络的开放性和便携性也使得立法的民主参与成为可能。但是,网络立法主体在实际的立法过程中很少发挥网络与生俱来的优势,将网民的意见与诉求纳入立法进程,除了一些专家学者之外也很少有网民能参与网络立法的制定过程。网络立法大多属部门机关立法,此类立法程序主要依据国务院制定的《行政法规制定程序条例》和《规章制定程序条例》,由行政机关自己设定立法程序进行行政立法,大多利益相关者尤其是弱势群体很难通过合法途径在立法中实现自身的利益诉求,也很难通过合法的途径监督网络立法,不符合立法的控权精神,从而降低网络立法质量和公众认同感。

5. 立法缺乏适应性

因网络信息技术的快速发展,网络犯罪行为的变异升级,网络社会的独特性,我国目前已有的网络立法、适用于网络的相关法律法规在时间上彰显出明显的滞后性和不适应性,如《刑法》对于网络犯罪的规制,网络游戏和网吧的管理等。在网络立法具体操作上,也具有不适用性。目前有关的网络立法大多为原则性规定,在实际运用中缺乏可操作性,如在互联网内容管理方面,《电信条例》《互联网信息服务管理办法》等行政法规、规章中不断体现的"九不准"过于笼统和模糊,对于"淫秽、色情信息""损害国家荣誉和利益"等规定缺乏明确的判断、分级和执行标准①,从而使得网络内容管理的法律执行力不强。在网络立法配套措施方面,缺少配套的行政规章和司法解释,使法律的实用性大打折扣。

6. 立法内容缺乏全面性

网络立法的内容应主要是维护和实现网民的合法正当权益,促进互联网信息产业的健康发展。然而,从已有的网络立法来看,直接含"管理"字样的规定达 46 部,所占比例近 64%,这还不包括名称中虽不含"管理"字样而实际上为监管内容的立法。② 网络立法内容具有不全面性,其主要表现

① 夏梦颖:《中国特色社会主义网络立法》,华东政法大学硕士学位论文,2013 年,第 22 页。

② 邱泉:《试论我国互联网立法的现状与理念》,华中科技大学硕士学位论文,2013 年。

在:有些网络立法内容侧重于网络安全和网络秩序方面,而忽视了网络发展、网络应用和网络创新方面;有些网络立法内容侧重于宣示网络监管机关的监督管制职权,而忽视对网络权利主体利益的维护和保障;有些网络立法内容侧重禁止性、管制性的规定,而忽视激励性、责任义务性的鼓励;有些网络立法内容侧重对网络低俗、色情、淫秽内容的禁止性设计,而忽视对社会主义核心价值观、主流文化的宣传性设计。此外,网络立法中缺乏救济内容。网络执法部门在网络执法的具体操作过程中如发生失误性执法和违规性执法,必定损害网民或者网络服务提供者的合法权益。在这种情况下,如果网络立法不能提供救济制度和权益损害补偿机制,那么网络大众的合法权益将得不到有效的维护,这样就违背了网络立法和网络执法的宗旨。

(二)网络执法问题

1. 执法难以协调

面对跨时空性的网络违法犯罪行为,网络执法部门必须与其他网络执法部门,其他地区的网络执法部门相互配合,协调执法。但在网络执法的实践过程中存在协调困境。(1)跨部门协调难。在我国现行的体制背景下,网络执法机构设置混乱,部门间职责分配模糊,权责交叉,裁量权过大,出现多头执法、重复执法、推诿执法责任的现象,使网络执法效率低下,执法效果较差,公信力不足;(2)跨区域协调难。在跨区域执法时,地方政府缺乏合作意识,习惯单方面执法,再加上各区域之间的实际情况不一,网络执法依据、程序、标准和水平存在差异,使地方性的网络执法部门不愿意、不习惯与其他地方性的网络执法部门合作、协调执法。2014 年 3 月,江西省南昌市某保健食品生产企业向食药监局举报淘宝网网店存在售假行为。首先,该案中南昌市食药监局的执法必须要获得完整的证据链,如电商的真实销售情况和真实所在地,需要公安机关协调配合,提供证据。但由于大多数的淘宝网店所涉货值不大,并且上当受骗的淘宝消费者分布范围广泛并分散,公安机关难以立案。若不能够立案,公安机关则无权搜查证据。因此食药监局难以找到制假窝点,有效地打击网络售假行为,因此可以看出公安的侦查与食药监局的执法二者表现出的协调困境。其次,南昌市食药监局认定淘宝网店的网络售假行为而与淘宝网沟通下架问题时仍然受阻,因为查询淘宝网店铺卖家的身份和地址及下架假商品的要求只能由该网店所在地的食药监局提出。因此,南昌市食药监局必须与其他地区的食药监局取得联系并合作。然而当其与杭州食药监局取得联系并得知淘宝网店主姓名、身份证号码、手机号码、银行账号及开户行所在地等信息时,因无具体经营者所在地的信息,只能大致判断淘宝网店卖家所在地涉及的省份。面对广泛分布的网店店主和不明确的店主信息,南昌市食药监局的执法面临跨区域协调困境。

2. 执法证据难以认定

随着网络犯罪技术和手段的不断升级,我国网络取证面临着两大困难:一是取证难。网络执法人员在发现、搜寻、获取、保存、传递和运用电子证据时存在取证设备、搜索工具、数据分析、技术平台搭建、网络信息数据共享等困境。网络犯罪的技术手段变异升级较快,而电子证据相关的技术装备配置需统一上报、批准才能够采购,但这个周期较长,所以其配置速度滞后。此外,网络犯罪与传统犯罪相比,需要更大的线索量和信息来源,因而对于网络信息数据库的需求较大。但是,拥有网络信息数据库的网络运营商配合度不高,积极主动性低,再加上各个部门之间的网络信息数据对接存在缝隙,有些甚至没有数据共享而致使网络信息数据库的成功建设存在难度,电子证据的获取工作量和难度增加。二是证据效力低。电子证据在生成、存储、传递的过程中容易被不留痕迹地修改、复制和删除,在这种情况下,电子证据的客观性和关联性易被破坏,使网络执法部门很难获取完整、真实、具有足够证明力的电子证据。目前我国还没有专门的电子证据法,电子数据的界定、甄别等程序没有统一的立法规定,电子证据的合法效力程度较低。

3. 执法难以监督

对网络执法人员进行监督,是提高其执法积极性和主动性,增强执法的公平公正性,提高执法水平的不二法门。但是,在对网络执法部门监督的实践中面临种种困难:一是缺乏对网络执法进行监督氛围。在现行的网络执法中存在着懒监督、怕监督、形式化监督现象,缺乏发现执法问题的眼力、指正执法问题的勇气和解决执法问题的底气;二是网络执法监督体系基本处于空白状态。网络执法内部监督和外部监督没有正式形成,依靠的还是传统执法的监督体系,但是传统执法监督体系的不完善和网络执法的独特性注定现有传统执法监督体系的不适用性;三是网络执法监督的技术性和高成本性。网络社会是一个开放的、复杂的、技术要求高的社会。对网络执法活动进行监督不仅需要一定技术能力的监督者,而且需要大量的网络信息技术设备做物质支撑,因而对于网络执法进行监督需要大量的人力物力。

4. 执法面临矛盾与冲突

在网络执法中,执法人员时常会面临矛盾与冲突:(1)网络法治与网络自律的冲突。在网络执法过程中,网络执法部门往往忽视网络自律的自我约束作用而一味地强调网络法律法规的规制作用和政府的监管作用,使网络执法出现事倍功半的效果。(2)执法公开与保护个人隐私的冲突。任何执法都必须公开,这是毋庸置疑的。隐私权作为人身基本权利也是不容侵犯的。但在执法公开时,由于公开不当、公开范围模糊等原因会侵犯到个人隐私权,泄露个人信息。(3)网络管制与网络自由的矛盾。这对矛盾体现在一个"度"上,管得过死,容易僵化,压制网络社会的正常发展,管得过松,网络社会中易形成一种肆意妄为的风气。

5. 执法队伍建设有待加强

一支高质量的网络执法队伍是网络执法顺利的关键和人力保障,但目前我国网络执法队伍建设还处于薄弱阶段。

目前网络执法人员基本配置缺口大。网络犯罪的技术性和复杂性对网络执法人员的执法能力具有较高的信息技术性和法治素养。但是随着网民数量的增加和网络犯罪的增多,对于网络执法者数量的要求也在增加,但是目前符合该要求的执法人员很少,因此基本配置缺口大。

在市场经济金钱至上的发展大潮和网络法治意识不强的影响下,某些网络警察的价值观念和法治观念出现偏差。一方面,网络执法人员对事业献身精神和对集体奉献精神有所减弱,利用公权力谋取私利,贪赃枉法,目无法纪,道德败坏。受社会上所谓"实惠"观念和"个人功利"因素的影响,部分警察的人生价值尺度渐渐向"功利化"偏移。整体来讲,现代警察的政治思想素质水平不高,导致侵犯人民权利,威胁国家安全的事件时有发生;另一方面,由于警察机关是国家的强制机器,任何一次行动,都会威胁到周边民众的利益,因此警察办案的时候,务必要秉承“有法必依,执法必严”的法制观念。然而,现实中的部分警察,却将公民的权利和国家的利益抛之脑后,违规、违法甚至犯罪式地执行任务,法制观念淡薄,亵渎了法律的尊严。

网络执法人员执法技术能力问题也是制约执法效果的一大因素。从事网络执法的执法人员应具有过硬的政治素养、良好的法治素养和精湛的网络信息技术,是一种复合型人才。近年来,网络执法人员的队伍和执法素质有所发展,但目前网络执法人员年龄偏大者多,其网络技术等方面素质提高较慢,且对复杂的网络系统存在畏惧心理,而不想、不敢去学习。在对网络执法人员进行培训时,不仅缺乏持续性的专门培养机制,而且培训课程侧重于网络信息技术的学习,忽视了政治素养、法治能力的提高,侧重于理论上的学习而忽视了实践操作学习,业务针对性不强。可见,传统执法人员的人才补给模式不适应网络执法队伍建设的要求。

(三)网络守法问题

1. 法治意识不强

我国网络立法体系不完善,缺乏权威性,对于网民行为具有弱规制性和低引导性。再加上网络社会具有很强的开放性、隐匿性和虚拟性,人类社会已有的许多缺点和阴暗面在虚拟的网络社会中一一彰显,部分网民忘记自己的社会地位、公民责任,在网络中不顾法律和道德的约束为所欲为,生产、传播与社会主义核心价值观相背离的网络信息,如黄色(色情)信息、黑色(暴力)信息、灰色(垃圾)信息,造谣中伤、恶意攻击、宣扬仇官、仇富情绪话语信息,恶意炒作社会负面新闻等。网民的法律权利意识较弱。我国法律赋予了网民广泛的权利,但是当网民的权利有被侵害的危险或是已经被侵害了,绝大多数的网民不知、不懂、不敢运用法律的武器维护自身的权益。

一些网络运营企业、网络服务提供商等网络企业没有认识或者忽视网络安全工作的严峻性,忽视企业的社会责任和管理责任,盲从市场规则,拓展各类网络业务,片面追求经济效益最大化,对网络业务的控制能力普遍较弱,社会责任意识和法治意识不强。

我国很多网民缺少网络安全防范意识和防范技能。中国同世界其他国家一样,面临黑客攻击、网络病毒等违法犯罪活动的严重威胁。据国家计算机病毒处理中心发布的“第十四次全国信息网络安全状况调查结果”显示，2014 年，88.7%的被调查者发生过网络安全事件，与 2013 年相比增长了 37.5%；感染计算机病毒的比例为 63.7%，比 2013 年增长了 8.8%；移动终端的病毒感染比例为 31.5%，比 2013 年增长了 5.2%。其中，网络钓鱼网站、网络漏洞急速增加，手机类支付病毒朝高危化、智能化方向发展。总之，无论是传统 PC 还是移动终端，网络安全事件和病毒感染率都呈现出上升势态。但我国广大计算机用户的网络安全防范意识普遍不强，联网单位网络安全管理水平普遍不高，内部管理不规范，通过网络安全监测技术主动发现安全事件的能力较弱。不少计算机用户没有做到及时备份资料、设置安全系数高的密码、及时下载软件补丁和安全升级更新、不接收查看来路不明的电子邮件附件、不访问来路不明或未经核实的网站，等等。

2. 守法环境有待净化

在网络空间里“人人即媒体”，传统媒体舆论流动的“由上至下”的“垂直性”被改变，舆论客体常常流变不定，主题的迁徙和交叉非常频繁。这一方面使网络舆论的真正价值在于对话语权的解放，重构了话语权的归属，让普通民众有了发言论道的机会，让网民对于法治的理解出现偏差，扩大个人基本权利尤其是言论自由权的范围；另一方面，由于网上的言论交流、思想碰撞处于匿名状态，很多网民发表意见呈现“群体极化”倾向。网民无论发布新闻还是进行评论，本着网络社会的匿名性、虚拟性以及“法不责众”而往往忽视网络法律，态度偏激，个人感情色彩浓厚，呈现出较为明显的“集体情绪化”。再加上正规媒体引导不及时，极易出现以讹传讹，造成负面的社会影响，甚至将舆论风暴演变成现实的公共危机事件。

在网络时代，各种文化思想、意识形态和价值观念交汇融合，给美国等西方国家对我国实施进一步的文化渗透提供了绝佳机会。当前，大部分高端的网络信息核心技术掌握在西方发达国家手中，因此我国网民不得不依赖这些国家的网络信息技术和数据，这种依赖性伴随而生的就是西方思想文化、思维方式、价值观念等大量西方文化的渗透。其中，不乏有些文化会扭曲我国社会主义核心价值观，冲击我国道德标准和价值观，异化我国意识形态，淡化和边缘化我国传统文化、精英文化，致使网络社会中各种网络不良信息内容泛滥。诱使社会主义中国的网络公民去认同西方价值观和社会制度，以达到对社会主义国家政治信仰淡薄、道德观念缺失、法治思维淡忘等目的。我国从接入互联网的第一天起，美国就开始了对我国意识形态的渗透，各种思潮、网络谣言成为破坏社会发展及不稳定的因素。在这种严峻的形势下，依法治网，引导好中国网民明辨是非，是十分必要的。据本项目网络民意调查显示（图 2-1），仅有 8.74%的网民不喜欢西方网络信息内容产品，有 47.09%的网民表现出喜欢。由此可以看出，在网络全球化持续影响以及西方价值观全面灌输和渗透下，部分中国网络公民开始对西方政治制度和价值观产生认同心理，而对中国特色社会主义发展道路持怀疑态度，对中国共产党执政理念存有抵触情绪、对社会主义国家未来发展失去信心。

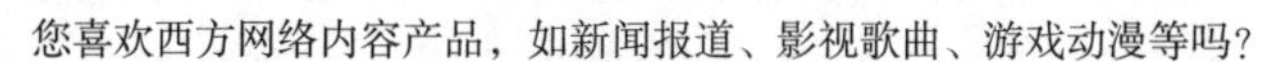

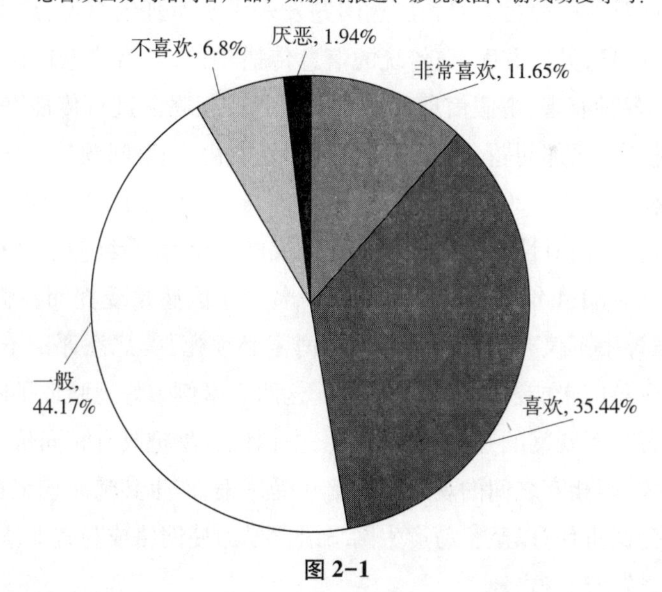

图 2-1

互联网的强大技术支撑使其成为不良文化大肆蔓延的天地，输入一两个词汇就可以得到成千上万的链接页面，网络色情、暴力、迷信、邪教、恐怖等不良信息应有尽有，这些不健康的信息充斥于网络，污染了网络环境。这些垃圾信息的泛滥严重危害着社会并诱使青少年违法犯罪。据统计，目前全球已监测出(2014 年)色情网站有 23 万个,在 250 个浏览量最大的色情网站中,天天分别有 200 多万人次在其中浏览。网络色情活动日趋活跃,使大量网民对色情信息痴迷。网络色情冲击着数以万计未成年人的道德底线,诱发各种青少年犯罪,使得未成年人成为网络色情的最大受害者。此外,迷信、邪教和恐怖组织的存在历来是危害巨大的社会问题,当互联网普及后,很多迷信、邪教和恐怖组织开始把网络作为实施危害社会活动的重要工具和场所。

3. 网络暴力行为多发

网络暴力不同于现实生活中的暴力,它主要是指网民以个人或团体的形式在网络世界中借助文字、图片等信息对他人进行言语攻击或者产生极端行为。网络暴力一般源于网民的情感宣泄或针对某一事物的情绪激发或盲目跟风。一方面,由于互联网上言论的实时性和匿名性,网民往往可以毫无约束地针对一些社会新闻和热点问题发表不负责任的言论,或者发布虚假、有害的信息;另一方面,与传统的信息传播相比,网络信息传播具有“放大效应”。各种有害、虚假信息和言论一旦通过互联网进行传播,就会被进一步聚焦扩大,局部问题全局化,简单问题复杂化,一般问题政治化,造成难以预料的社会影响。2013 年年末,一名广东陆丰少女因被怀疑盗窃而遭遇网民围攻,各种侮辱性语言对这名少女造成极大压力,最终使一个年轻生命选择了自杀。2014 年 11 月,四川泸州一名少年因感情受挫而在微博中声称自杀,跟评中不仅有各种辱骂,“不行博主必须死”等恶意评论不在少数,最终这名少年因未能及时救治而身亡。这两个事例很好地验证了网络语言暴力的危害。互联网的开放性、传播性、虚拟性容易把具有相同价值观的网民集成整体,因相互之间的观念和情绪易受感染,产生共鸣而忘记自己的社会地位和公民责任,以至容易产生网络语言暴力使网络成为宣泄情绪、恶意中伤他人、散布谣言之地。

4. 行业自律效果不佳

网络行业协会自身力量有限,自律效果往往不佳。我国目前的行业自律局限性主要体现在:一是缺乏有效的执行措施和保障手段。没有强制力的保证，个别网络服务提供者可能毫无顾忌地侵犯消费者的权益①；二是行业自律通常需要依靠第三方认证机构来完成，而民间认证机构往往存在效率与信用问题②；三是参与个体存在差异。一方面，未成年人的网络自律显然效果很差，这也是网络自律的最大问题。在有些方面自律组织不能反映弱势群体及大众利益，往往只能代表强大利益集团的意志。在网络社会中建立良好的公共秩序除了技术保障和行业自律外，还需要相对系统的法律制度予以全面配合。我国行业自律发展的不足，在侧面也反映出我国网络管制过于偏重单纯的政府管制。

第三节　国外网络信息内容法治化的经验启示

一、国外网络信息内容法治化的典型国家

（一）美国

1996年，美国通过《1996年电信法》，依靠立法来规范网络内容的设计，尤其限制色情和暴力等低俗内容的传播。同年，基于保护公民言论自由及促进互联网产业发展的考量，通过了《通信内容端正法案》（Communications Decency Act，CDA），其中包括保护未成年人的规定，若有人在网络发布低俗和具有侵犯意思的信息，将受到刑事处罚。但是，随着网络的不断发展，绝对的言论自由导致了网络不良信息内容的泛滥且不断加剧，尤其是各种侵犯未成年人的淫秽信息。美国在1996年通过的CDA在保护未成年人的相关条款具有模糊性，操作性差，因此同年针对保护未成年免受淫秽色情内容的侵害，通过了《儿童色情预防法》（Child Pornography Prevention Act，CPPA）。该法案相比于CDA，对于网络中的照片、视频、图片等中涉及侵害未成年人的色情信息均属于违法。次年，美国最高法院因1996年通过的保护未成年人的法案因限制公民言论自由而涉嫌违宪。因

① 张平：《网络法律评论》第一卷，法律出版社2001年版。
② 张平：《网络法律评论》第四卷，法律出版社2004年版。

此,美国国会又通过了《儿童在线保护法案》(Child Online Protection Act, COPA),以保护未成年免受明显淫秽色情信息的侵害。2000 年,美国国会通过了《儿童互联网保护法》(Children Internet Protection Act,CIPA)。该法采取了间接管制的办法,规定公共图书馆必须安装过滤淫秽图片的软件方可获得政府的资助。2003 年 12 月 16 日,布什政府签署了《2003 年控制未经请求的侵犯性色情和营销法》,简称《2003 年反垃圾邮件法》。①

在行政执法层面,美国并没有一个统一的网络执法机构,其网络执法主要由司法部的反托拉斯局和商务部的国家电信与信息管理局负责。此外,美国还设置了专门的委员会负责某个网络领域的具体事务管理,比如联邦通信委员会(Federal Communications Commission,FCC),兼有立法、行政和司法三个层面的执行职能,可以执行各项政策法规,出台规章制度,还可对争议做出裁决,国土安全部等部门对互联网具有规制权限,重点负责网络安全,FTC 和 FCC 主管有关电子邮件的网络事务,并有执法权。

美国政府所遵循的网络执法模式是"少干预,重自律",注重行业自律和借助技术手段加以规范。因而,美国网民守法主要体现于网络自我控制。一方面通过分级过滤管理,它是通过对相关网络内容进行评估,按照一定的等级进行划分,从而判定哪些内容可以在网络进行传播。通过网上的分级与过滤既可保护未成年人免受网络有害信息干扰又维护了网络上的言论自由;另一方面是自律。主要是通过互联网行业协会对互联网企业和网民等进行网络教育和引导,以自觉遵守网络相关法律、政府相关政策和行业操作规范。这样做的好处在于互联网行业协会能够代表全行业的利益,也能向政府争取更多的权利,更能通过建立自律机制以保证相关企业和网民遵守法律和网络伦理道德标准及要求;其次是美国政府呼吁网络用户在网络中自律。如通过广泛的公众教育,呼吁家长加强保障儿童不受网络不适宜内容侵害的力度;在尊重宪法的网络相关法的前提下,美国政府赋予网络终端用户有效的技术和方法,使用户本人自觉自愿地对不适宜网络传播内容进

① 参见北京大学法学院互联网法律中心:《努力构建互联网运行的法律屏障——国外互联网立法综述》,2012 年。

行有效的规制。①

(二)德国

对于“互联网法”,德国法学界存在着两种观点:一种观点主张,“互联网法”可视为传媒法的一部分;另一种观点则认为,“互联网法”由“内容”和“技术”两个层面构成,“内容”方面由传媒法调整,“技术”方面受电信法规制。② 在德国互联网法律体系中,以《基本法》为基石,《信息与通讯服务法》和《电子交易统一法》两部条款法为主要动力,《电子媒体法》《广播电视与电子媒体州际协议》和《青少年媒体保护州际协议》三部法律为内核。

《基本法》的核心是“人性尊严”,主要目的在于保护公民基本权利,如“言论与新闻出版自由”“通信与电讯秘密”。《信息与通讯服务法》和《电子交易统一法》分别于 1997 年和 2007 年颁布。其中,《信息和通信服务法》,简称《多媒体法》,这是世界上第一部全面规范互联网空间的法律,该法在综合性和全面性上对各国互联网立法都具有很大的启发意义和一定的借鉴性。该法共十一章,从保护公民隐私、ISP 的责任、网络犯罪到未成年人保护等都有相关规定,且确立了对传播内容分类负责的原则,比如它明确规定在网上传播色情、谣言、诽谤、纳粹言论、种族主义言论等为非法。其旨在为各种不同的电子信息和通讯服务构建一个统一的框架条件,并与其他法律规范共同保障互联网实现有序发展的目标。③《电子交易统一法》主要是德国为了应对日益增多的电子交易活动的一项立法。该法共分为 5 章,部分是直接由欧盟指令转化而来。《电子媒体法》2007 年颁发,旨在调整德国的电子媒体。《电子媒体法》规定了下列几个方面的内容:电子媒体服务的相关概念、反垃圾邮件、服务提供者对于所提供的电子媒体服务中的违法内容的责任、电子媒体服务中的数据保护、数据提供、网络服务提供者的豁免权等。该法对垃圾邮件作从严规定,广告邮件在被打开之前就应当

① 张化冰:《互联网内容规制的比较研究》,中国社会科学院研究生院博士学位论文,2011 年。

② 颜晶晶:《传媒法视角下德国互联网立法》,《网络法律评论》2012 年第 2 期。

③ 颜晶晶:《传媒法视角下德国互联网立法》,《网络法律评论》2012 年第 2 期。

能够予以辨认,否则发件人将被处以罚款。① 但是该法对于网络服务提供者对网络使用者的违法行为是否需要承担法律责任没有做出明确规定。《广播电视与电子媒体州际协议》由德国十六个联邦州共同签署,并与2007年修订更名,意在明确各个州在广播电视与电子媒体领域事务的相关权限。该《协议》扩大了广播电视的范围,在传统定义的基础上,扩展了广播电视在线直播的法律规定,一方面成立“许可与监督委员会”,统一十六个联邦州对于网络服务提供商的许可权,并对互联网服务提供商实施备案登记制度;另一方面,该《协议》明确规定,如果某一电视节目符合“三步骤测评”,那么该电视节目的播出时间可以超出广播电视法规定的期限。同时,也规定了广告平台、婚介服务等节目禁止在线播出。2003年德国十六个联邦州共同签署的另一份州际协议是《青少年媒体保护州际协议》,意在保护儿童和青少年免受广播电视和电子媒体中妨害其成长及受教育的内容的负面影响,保护儿童、青少年和成年人免受广播电视和电子媒体中有损人性尊严或有损《德国刑法典》所保护法益的内容的侵害。② 该《协议》详细规定了互联网上不允许向青少年提供的十种有害内容。主要包括:①反对自由民主基本制度或民族和解的宣传材料;②使用《刑法典》规定的违宪组织标志;③宣扬种族主义;④辱骂、诽谤或对人格尊严进行侵犯;⑤宣扬纳粹主义;⑥宣扬暴力;⑦颂扬战争;⑧通过展示正在或已经死亡或承受身体上或精神上严重痛苦的人,重现真实的场景,但却不存在运用这一展示或报道形式的正当利益的;⑨展示儿童或少年非自然的强调性别的身体姿势的;⑩宣扬色情、性虐待等不良性内容的。③ 为了增强广播电视机构和互联网服务提供商的自我责任意识,提高事前控制的可能性,该《协议》确立“受监管的自律”的原则,并成立青少年媒体保护委员会,对于私人广播电视和电子媒体的监管职权,对节目播送时间的确定、网络加密技术及网络提前封锁技术的

---

① 颜晶晶:《传媒法视角下德国互联网立法》,《网络法律评论》2012年第2期。
② 参见《青少年媒体保护州际协议》第4条。
③ 张化冰:《互联网内容规制的比较研究》,中国社会科学院研究生院博士学位论文,2011年。

审批等。为了理顺各个组织与机构间的关系,加强《协议》规定各个机构间的分工与合作。

2009年出台了反儿童色情法案《阻碍网页登录法》,规定建立封锁网站列表并每日进行更新。① 此外,德国还规定《刑法》《商业法》《青少年保护法》等适用于规制网络内容,并根据网络信息内容传播的需要,对《刑法法典》《治安条例法》《危害青少年传播出版法》《著作权法》等及时进行修改完善。

德国在网络内容执法模式上与美国表现出差异,虽然德国在网络立法上对网络内容是自由与规制并重,但是在网络执法上,确实建立了严格的网络执法模式,尤其是对于不良网络内容的打击与规制,如及纳粹主义、恐怖主义、极端主义、儿童色情、种族歧视等内容。其中,德国依法设立了网络警察,负责监控有害信息的传播;德国联邦有害青少年出版物检察署对网络环境中尚不适宜未成年人的内容进行检查和规制;德国联邦内政部成立了"信息和通信技术服务中心",负责检查互联网上不适宜传播的内容,尤其重点监控和防范儿童色情信息的传播,其下属的刑侦局全天候地系统跟踪和分析网络内容传播中的可疑信息。此外,德国对互联网论坛的监管相当严苛,要求论坛经营者必须为其所传播的网络信息负责,不论其是否知情、消息来源是己方还是他方,一旦发生侵权,都必须承担相关的责任。在网吧的执法方面也相当严苛,其不仅规定所有网吧电脑设备必须安装有过滤和监控黄色有害网站的软件,并且规定未满16周岁的青少年不得进入网吧,周一至周五对于学生进入网吧的时间也有明确规定,可见其网络执法的严格程度高,执法思维具有缜密性和严谨性。

(三)英国

英国没有像德国那样制定专门的网络法律,而是依据大量的判例、国会通过的条令等作为网络法律。1996年以前,英国政府的互联网监管坚持"监督而非控制"的原则,没有专门针对互联网内容的立法。英国政府将互联网视为出版物,沿用已有的法律如《诽谤法》《公共秩序法》《广播法》《黄

---

① 孙广远、尹霞、徐璐璐:《国外如何管理互联网》,《红旗文稿》2013年第1期。

色出版物法》《青少年保护法》《录像制品法》《禁止泛用电脑法》和《刑事司法与公共秩序修正法》进行规制。1996 年 9 月，英国政府颁布了第一个互联网监管行业性法规《3R 安全规则》（R3 SAFETY-NET）。其中，“3R”分别代表分级认定（Rate）、举报告发（Report）、承担责任（Responsibility）。法规旨在从互联网上消除儿童色情内容和其他有害信息，对提供互联网服务的机构、终端用户和编发信息的互联网新闻组，尤其对互联网提供者进行了明确的职责分工①。1998 年，英国贸易与产业部指出，《刑法》对于网络信息内容传播的规制依旧有效，尤其是针对青少年色情内容的传播。2000 年，为了更好地实现国家利益和公共利益，英国制定了《通信监控权法》，规定政府可以按照一定程序，拦截或强制公开某些网络内容信息。英国议会 2003 年 7 月 17 日批准通过《2003 通信法》（Communications Bill），确立了英国通信管制局（OFCOM）在电信管制上的法律地位。2003 年 12 月 11 日，英国更新《通信数据保护指导原则》，将法规适用范围从电话、传真扩展到电子邮件和其他信息服务形式。从此，在英国传送未经授权的垃圾邮件将被定为犯罪。内政部在 2003 年 9 月颁布《垃圾邮件法案》，这是一项针对垃圾邮件与垃圾信息制造者的法令，目的是为了加强对个人通信的管理。该法案规定：第一，禁止宣传低廉房屋贷款、性娱乐途径等不受欢迎的信息的电子邮件与移动电话短讯；第二，企业组织如果想传送大宗电子邮件或是文本信息，必须获得接收者的许可，否则将面临罚款处罚；第三，该法律允许接收者对发送垃圾邮件的企业提出诉讼。

与美国、德国相比，英国网络执法模式是“监督而非监控”，以坚持最低限度的管理，即主要依靠行业自律，次之立法保障和政府指导。1996 年 9 月，为消除网络社会中的色情淫秽、种族歧视、恐怖主义等不良网络内容的传播，打击网络犯罪分子，并保护网络用户和网络服务提供商的合法权益，英国专门成立了一个具有半官方性质的行业自律组织——互联网观察基金会（Internet Watch Foundation，IWF）。该组织的工作方式和内容主要包括检

① 北京大学法学院互联网法律中心：《努力构建互联网运行的法律屏障——国外互联网立法综述续》，2012 年。

索、收集网络环境中的不良信息，尤其是儿童色情淫秽信息，随后将这些信息以及其来源网站情况告知网络内容服务商和技术服务商，从而便于他们通过技术等方法阻止网民尤其是其中的青少年浏览这些不良信息。2003年英国议会通过新《通信法》，英国政府在电信办公室、独立电视委员会、广播标准委员会、广播局和无线电通信局五家电信和广播电视管理机构的基础上，合并成立了既非官方又非民间的通信办公室（Office of Communications，OFCOM），负责英国电信、电视和无线电的监管。在英国贸易与产业部、内政部和城市警察署的支持下IWF与OFCOM展开合作。因此，IWF与政府有关部门通力合作，共同构建英国的网络管理体系。

在英国的网络自律模式为英国网络管理带来了很多福音。这种自律模式主要是尊重网络的自身规律和特点，依靠网络伦理道德标准和要求，使网络用户能够自我约束，并以此培养、提高网络企业和网民的网络素养。IWF对网络企业、网络服务提供商和网民所采取的网络自律方式主要包括开通热线电话，接待公众的举报或投诉，鼓励大家举报涉及儿童色情、种族仇恨和其他淫秽内容的网址；制定并落实《行业规则》；通过官方网站、大众媒体和出版物，进行网络安全教育；对网站进行分级。公布相关警示标志，并设立过滤系统，让用户自行选择需要的网络内容；将网络上的内容根据标准一次分类，并将电子标签植入相关网页上再标记。当用户浏览到此部分时系统会自动询问是否继续，以此来达到用户按照自己的意愿选择需要浏览网络信息的目的。根据IWF去年10月的统计，该年IWF接到27000个举报和投诉，其中只有五分之一确实涉及儿童色情内容，这一比例已连续三年下降，如今在英国看到的网络儿童色情有99%的源头都是在外国，而1997年18%的源头在英国。①

英国互联网的行业自律有非常鲜明的特点，具体表现在以下三方面：

（1）互联网的行业自律并不是唱独角戏，而是互联网行业自律机构——互联网监视基金会IWF（Internet Watch Fundation）与政府部门间通

① 《英国互联网监管重视行业自律和协调》，光明网，见 http://www.gmw.cn/01gmrb/2010-01/19/content_1040236.htm。

力合作。IWF 和英国内政部(Home Office)、英国贸工部 DTI(Department of Trade and Industry)、英国教育和技能部 DFES(Department for Education and Skills)、英国文化·媒体及运动部 DCMS(Department of Cultrure Media& Sport)之间常进行协调合作,比如 IWF 参与了内政大臣的"互联网任务力量"计划,并且还与刑法政策单位和高技术罪行部门联系紧密。

(2)互联网实行行业自律有专门的监管机构,即互联网监视基金会 IWF,IWF 是由独立董事会管理,不受英国政府的管制。行业自律是为了培养业界和网络用户的媒介素养以及道德伦理的自我管理,英国由于要实现全民上网,网民群的巨大使行业自律更为重要。

(3)行业自律是在现行法律框架下进行的,并且它自有一套以协议形式体现的行业规范,并不能自行其是。此外,英国互联网行业自律重点保护的对象是儿童以及言论自由。

(四)新加坡

1996 年 7 月 11 日,新加坡广播管理局举行新闻发布会,宣布为维护互联网用户的利益和互联网的良性发展,对互联网实行注册登记和分类许可制度,并随即颁布实施了《分类许可证制度》①,并于 2004 年和 2012 年修订。该法规定,所有 ISP 只有在 MDA 登记后才可以生效,在运行后也必须根据 MDA 的提示关闭有害网站,按照 MDA 的网络内容管理指导原则对自身服务内容进行检查,同时加强其内部的网络内容控制。因为这样做有利于规范网络服务提供商的网络行为,有利于预防和消除网络中出现的不良信息内容以保护网络相关者,尤其是未成年人的合法权益。该法与 1997 年 10 月修订的《互联网操作规则》一起被视为新加坡网络内容管理的奠基性法规。1996 年 7 月,新加坡政府公布《国际互联网管理办法》,要求国际互联网服务业者、线上资料服务业者及其他各类网站提供资料或进行讨论时,必须遵守新加坡广播局颁发的《国际互联网言论内容指导方针》的规定,否

① Broadcasting(Class Licence)Notification,N1 G.N.No.S 306/1996,Revised ed.2004, http://www. mda. gov. sg/Documents/PDF/licences/mobj. 487. ClassLicence. pdf, 2013.

则将受惩罚。① 随着网络技术的不断发展，垃圾邮件严重侵害网络用户的隐私和日常生活，新加坡国会于2007年通过《垃圾邮件控制法案》，全面整理垃圾邮件。此外，《煽动法》《广播法》《国内安全法》等均对网络内容传播进行规制，以打击、严惩在网络中传播不良信息者。

2003年，新加坡电影与出版物管理局（Films and Publications Department）、电影管理委员会（Singapore Film Commission）和SBA合并成立了传媒发展管理局（Media Development Authority，MDA），成为新加坡网络内容执法的主要机构。MDA的主要职责包括：一是将新加坡建设成为全球性的充满活力的资讯社会，保证传媒业的蓬勃发展；二是通过对传播内容的管理，维护社会的核心价值观和消费者的合法权益。② 新加坡政府在网络内容管理中所坚持的原则上“公共价值观至上”，即国家利益和公共利益大于个人利益。该价值观也是新加坡互联网行业和网民在网络中自觉守法、自我约束的关键之一。新加坡政府在网络信息建设上，主要依靠分类许可和注册登记制度和审查制度。前者要求所有的ISP必须在MDA登记后方可运行，后者要求对于企业、家庭的信息必须进行严格审查，尤其是青少年方面的网络信息。

为了提高网络运营商的社会责任意识和参加网络内容建设的主动性，并赋予他们网络内容自治管理的自主权，新加坡政府部门和互联网企业在2001年联合出台了《行业内容操作守则》。目前，新加坡三家最主要的ISP③ 都已经采用了《行业内容操作守则》。新加坡网络内容建设过程中不仅注重互联网行业自律，而且强调对网民进行网络教育。MDA于1999年11月13日成立互联网家长顾问小组（Parents Advisory Group for the Internet，PAGI），其主要职能是为公众尤其是家长提供长期指导，协助家长

---

① 北京大学法学院互联网法律中心：《努力构建互联网运行的法律屏障——国外互联网立法综述续》，2012年。

② 李静、王晓燕：《新加坡网络内容管理的经验及启示》，《东南亚研究》2014年第5期。

③ 星枢网（Star Hub）、太平洋网（Pacific Internet）和新加坡网（Sing net）。

帮助孩子负责地使用网络①,开发并鼓励家长们使用“家庭上网系统”过滤色情和不良信息,为青少年提供良好的网络使用环境②。MDA 还实施了“媒体行动”(Mediaction)项目,其旨在建立网民的积极心态和健康的网络文化。

(五)韩国

韩国的网络立法是在现有法律的基础上进行修改,并根据网络发展状况制定新的法律,以填补网络某些领域的法律空白,适应网络发展。在现有法律中,对网络内容建设具有适用性的法律主要包括《未成年人保护法》《国家安全法》《反色情法》。在《有关性暴力处罚和受害者保护法》中明确规定,对于利用互联网或手机制作和传播色情信息者可处以“2 年以下劳教或 500 万韩元以下罚款”的处罚。③ 1995 年成立信息传播伦理委员会,该会于 2001 年相继颁布了两部法令——《不健康网站鉴定标准》和《互联网内容过滤法》,为网络信息内容技术审查提供了法律依据。其后,韩国颁布《电信事业法》,该法明确规定了传播淫秽信息属于非法行为,应严格禁止。2000 年 7 月,韩国制定《促进利用信息和通信网络法》,该法规定韩国信息和通信部可以开发技术过滤软件,政府有权对互联网内容进行分级,个人权利受到网络侵害的可以要求网络服务商删除相关内容或发表辩护文章等。

韩国是世界上最早建立审查机构对互联网实施审查的国家,1995 年即成立了“信息传播伦理委员会”(Information and Communication Ethics Committee,ICEC),其主要职责由最开始的检查网络信息随着网络的不断发展而渐渐扩大。该机构主要由两个下属委员会构成,即信息通信道德委员会与专家委员会。前者由 14 个独立委员组成,主要负责对控制有害信息传播

① Frank Voon and Nicole Ong,“Making the Internet a Safe Place for Our Children to Surf”,见 http://www.netsafe.org.nz/Doc_Library/net safe papers_voon ong_children.pdf,2014.

② 李静、王晓燕:《新加坡网络内容管理的经验及启示》,《东南亚研究》2014 年第 5 期。

③ 顾金俊:《韩国如何应对网络和手机色情传播》,《光明日报》2009 年 12 月 24 日。

的政策和促进更健康的网络文化发展的政策进行评估;后者辖 3 个子委员会,每个子委员会拥有 9 名成员,任期两年。它主要负责鉴别网络信息内容,预测网络未来可能出现的违法或有害信息的表现形式并提出相关的鉴定标准等。在 ICEC 的基础上,韩国成立了互联网安全委员会(Korean Internet Safety Commission,KISCOM),隶属于韩国信息和通信部(Ministry of Information and Communication,MIC)。KISCOM 具有相当大的网络审查权力,包括互联网论坛、聊天室以及其他有可能“损害公共道德的公共领域”“可能伤害国家主权”“可能伤害青少年及老人的感情、价值判断能力”的有害信息等。①

网络的匿名性和隐蔽性使网络空间成为网民表达随意性和不负责任的场地,因此,网络实名制成为了克制此现象的主要利器。韩国早在 2002 年即提出了网络实名制的构想和实施问题,在 2006 年 7 月,发布和修改《促进信息化基本法》和《信息通信基本保护法》等法律法规,为网络实名制提供法律依据,并在 2008 年在大部分网站得以实施。虽然实施实名制对于网络发展具有一定的风险性,但是,韩国所实施的实名制取得了很好成效,如在网络有害内容的抑制方面和政府执法方面。

在法治之外,韩国竭力打造自律机制和网络道德教育计划,以增强国民的媒介素质和自律意识。如 2009 年,韩国广播通信审议委员会和互联网振兴院共同提出“用手指尖打造 E 世界”的口号。② 在网络伦理道德教育上,韩国主要是通过政府和媒体进行宣传教育,通过社区、学校等组织开展宣传活动以及重点加强青少年的网络伦理道德教育,如在课本中增加相关内容,并培育相关的教师。

(六)日本

日本的《刑法》中对散布、传播淫秽的图书、画册及其他制品等行为作了相应规定,如果有违反法律规定的,将处以 2 年以下有期徒刑或者 250 万

① 张化冰:《互联网内容规制的比较研究》,中国社会科学院研究生院博士学位论文,2011 年。

② 《韩国打造健康网络环境的努力》,《参考消息》2010 年 1 月 5 日。

日元以下罚金,另外以贩卖为目的而持有以上物品的视为同罪。①

2011 年 3 月 11 日,就在日本东北地区 9 级大地震发生的当天上午,日本内阁会议决定向国会提交部分修改《刑法》的草案,草案内容不仅将制作、传播、拥有电脑病毒纳入《刑法》处罚的范围,而且还规定政府可以要求网络运营商保存某特定用户最长 60 天的上网履历和通讯记录。2009 年 4 月,《青少年网络环境整治法》开始实施,该法主要从政府、企业和家庭这三个层面来净化网络环境,以保护未成年人免受网络不良信息的侵害而健康成长。同年,针对网络不良信息的传播以及保护青少年,日本还发布了《交友类网站限制法》《不良网站对策法》《青少年保护条例》和《关于处罚致使儿童卖春、儿童涉黄相关行为以及儿童保护法律》。

在网络内容执法方面,与德国等国家以政府为主体所不同的是,日本秉持加强与民间合作的规制理念,尤其是在网络色情内容执法和青少年保护等方面,都没有设立专门的执法机构,但对于网络犯罪行为,却是坚决打击,严惩不贷。日本在坚持与民间合作的原则,形成了以总务省为核心,内阁官房、警察厅、文部省、经产省、法务公正贸易委员会、法务省等部门各负其责、分工合作的治理机制。总务省主要任务是制定互联网发展的总战略,协调各部门间的合作;警察厅负责立法起草工作和执法,处理利用互联网犯罪问题;文部省负责互联网技术的开发及普及;经济产业省主要处理商务领域出现的问题,指导企业向信息化方向发展。②

日本与大部分西方国家一样,网络自律在网络法治中也起着不可磨灭的作用。前面提到,日本政府在网络执法中始终秉持与民间合作的理念与原则。在网络刚刚起始阶段,日本对于网络是出于放任自由状态的,后来随着网络问题的不断增加且危害性逐渐扩大,在民间的发起下日本政府才进行管理。但是,在网络治理中,政府只是负责制定法律和政策,而具体的政

---

① 林兴发、杨雪:《德国、日本手机网络色情监管比较》,《中国集体经济》2010 年第 11 期。

② 総務省,2013,『平成 23 年版情報通信白書——共生型ネット社会の実現に向けて』ぎょうせい.

策执行与操作规范却是由互联网行业协会组织进行,并处理公众投诉、普及网络知识、提升网民网络素养等。

二、国外网络信息内容法治化的经验启示

(一)网络立法方面的经验启示

1. 注重对现有法律利用

西方国家在运用网络法律对网络进行管理时,不是全部针对网络的发展制定新的法律,而是利用已有法律中适合网络内容管理的部分或对现有法律进行适当修改以适应网络特点。如新加坡利用现有的《刑法》《广播法》,韩国利用现有的《未成年人保护法》《国家安全法》《反色情法》等进行网络内容管理,德国根据网络信息内容传播的需要,对《刑法法典》《危害青少年传播出版法》等及时进行修改完善。这样做能够使网络执法等有法可依,使网络不会沦为法外之地,也能够使网络相关法律具有一定的继承性、连续性和灵活性。

2. 互联网信息内容管理成为立法重点

每个国家都重视对网络内容的管理,通过制定有关法律来规制网络内容建设,且根据网络发展情况的变化调整现有法律。大多数国家制定专门网络法律,防止色情淫秽信息、恐怖主义信息等网络有害信息的产生与传播,以对国民造成危害。在网络内容管理上,以上国家都注重国家安全、青少年、网络色情淫秽信息等网络信息的规制。如韩国因其政治经济等因素的影响,在网络内容管理上较注重国家安全方面的言论与信息;新加坡的网络内容法律规制明确禁止宣传大民族主义等观念,严禁危害政治稳定和社会公共安全的言论传播;德国网络法律明确规定在网上传播恶意言论、谣言,宣传民主主义和纳粹言论等均属违法;美国通过 CDA、CPPA、COPA 等法律防范网络色情淫秽信息的传播,以保护未成年人。

(二)网络执法方面的经验启示

1. 设置管理机构监管网络信息

美国的反托拉斯局、国家电信与信息管理局负责网络执法,联邦通信委员会等负责秩序具体事项执行。德国的德国联邦有害青少年出版物检察署

负责对网络未成年人的信息传播、内政部负责检查网上不宜传播信息。英国成立通信办公室、韩国成立互联网安全委员会、新加坡成立传媒发展管理局负责网络信息内容的管理。日本则以总务省为核心,内阁官房、警察厅、文部省、经产省、法务公正贸易委员会、法务省等部门各负其责、分工合作进行网络执法。在上述国家中,对于网络内容管理都设置了执法机构。

2. 网络执法内容重点突出

西方各国的网络执法内容并非是漫无边际、包罗万象的,而且根据网络信息内容的特点以及本国的实际情况而有重点地执法。在以上国家中重点监管的网络内容大致包括:一是带有政治性的网络言论和网站。如美国组建网络媒体战部队,全天候监控网上舆论,"力争纠正错误信息",引导利己报道,对抗反美宣传。① 新加坡禁止宣传危害政局稳定的信息,并严格禁止审查相关人员传播对于新加坡政府或领导人具有攻击性的信息;二是网络色情淫秽信息。众所周知,青少年是各国网络监管重点保护的对象。而且对于青少年重点保护的有效途径之一就是网络色情信息的控制,以使其免受网络不良信息的侵害而健康成长。如德国联邦有害青少年出版物检察署对青少年网络信息进行专门的审查。美国联邦调查局也成立专门机构,负责辨认、调查网上发布的儿童色情图像,搜寻不法分子,对其进行法律制裁②;三是网络谣言。随着网络发展的一步步推动,网络谣言已成为利器,随时可夺人性命。如2007年,韩国当红女歌手UNEE在家中自杀,原因是不堪忍受恶毒的网络言论;2008年,韩国影星崔真实因"高利贷"网络谣言自杀等事件。因此,为了有效遏制网络谣言,韩国推行网络实名制。2011年日本发生大地震后,网络谣言、流言传播猖獗的情况。针对此情况,日本政府责令网络运营商直接删除虚假信息,并且在官方网站予以公示且加强与民间组织的合作来监管网络谣言。

3. 实施网络内容分级制度

西方发达国家在网络内容监管中大多都通过制度、法律、技术等方式对

① 孙广远、尹霞、徐璐璐:《国外如何管理互联网》,《红旗文稿》2013年第1期。
② 孙广远、尹霞、徐璐璐:《国外如何管理互联网》,《红旗文稿》2013年第1期。

网络信息内容进行分级管理。如新加坡的《分类许可制度》中规定，对于凡是向儿童提供网络服务的学校、图书馆和其他网络服务商，在网民信息内容的发布方面更加严格。对网络信息内容进行分级管理，不仅可以有效保护未成年人的合法权益，让他们避免接触到网络不良信息内容，而且也可以维护网民的言论自由等网络基本权利。

4. 网络规制趋势愈加严格

自由与管制始终是国际互联网研究领域两种争论不休的声音，但是从实践来看，严格管制的声音已经占了上风。美国法律规定联邦政府在紧急状况下，拥有绝对的权力来关闭互联网，并且近年来一直在试图加大对互联网的监控力度：美国中情局为应对日益严重的“本土恐怖主义”可以监控各种社交网站；2012 年 9 月，美国联邦调查局（FBI）又成立了专门的网络监控部门——国内通信协助中心，专门负责互联网、手机和 IP 电话的拦截与监控，以不断提高对网络的监控和治理水平。同时美国、英国等西方主要国家的网站限制开设论坛（BBS）和新闻跟帖，对跟帖内容的管理比较严格，信息发布者要对所发布的信息内容负法律责任。德国《信息与通讯服务法》严厉禁止利用互联网传播有关纳粹的言论、思想和图片，规定在网上传播恶意言论、谣言、反犹太人等宣扬种族主义的言论均为非法。新加坡从互联网准入、渠道管理和法制建设三方面从严管理互联网，《广播法》明确规定，在网络上发表极端言论将受到刑事制裁，政府有权删除网站中宣扬色情、暴力及种族仇视等内容的言论。种种情形表明，各国对互联网的管理日趋严格。

（三）网民守法方面的经验启示

1. 网络自律盛行

网络社会是开放的、多元化的，其必然需要法治管理，但是，无论是从网络执法成本还是从网络执法难度上，单靠法律来治理网络内容其效果不高，且出现法律冲突的情况，如有些网络内容、网络行为在一个地方是符合法律的，但是在另外一个地方又是非法的。在这种情况下，网络行业及网络营运商的自律以及网民素养的提高无疑是一种相对有效的管理方法。上述国家除了德国强调严格的网络执法以外，其他国家都重视网络自律在互联网管理中的作用。政府部门积极推动网络自律，互联网行业以及组织响应政府号召，制定行业操作规范并认真践行，在网络环境中自觉遵守法律，做到自我约束。如英国，对互联网的监督与管理主要由具有半官方色彩的自治组织“网络监看基金会”(Internet Watch Foundation，IWF)来进行，它制定的《安全网络：分级、检举、责任》(3R 安全规则)在其国内得到广泛认可并在世界范围内都享有盛誉①；新加坡政府和互联网行业制定《行业内容操作守则》并由三大网络巨头公司带头遵守该守则；日本具有完备的行业自律体系，民间组织在政府支持下蓬勃发展，它的行业自律规范《Internet 网络事业者伦理准则》将行业自律视为解决网络问题的重要途径。②

2. 重视网络道德教育

随着网络技术的不断更新升级，网络信息内容呈现多样化和多元化特征，网络违法犯罪行为也不断升级。为了有效提高互联网行业及网民的法治意识和网络素养，增强网络不良信息的预防和抵制能力，有必要对网络用户进行安全教育。美国通过广泛的公众教育，呼吁家长加强保障儿童不受网络不适宜内容侵害的力度；新加坡的互联网家长顾问小组为网民提供指导；韩国通过政府和媒体进行宣传教育，通过社区、学校等组织开展宣传活动以及重点加强青少年的网络伦理道德教育，如在课本中增加相关内容，并培育相关的教师。

第四节 全面推进网络空间法治化

一、加强网络立法

(一)坚持网络立法的原则

1. 顶层规划原则

一是以宪法为依据和准绳。《宪法》是一个国家的根本大法，统率一个

① 张恒山：《英国网络管制的内容及其手段探析》，《重庆工商大学学报》(社会科学版)2010 年第 3 期。

② 陈纯柱，王露：《我国网络立法的发展、特点与政策建议》，《重庆邮电大学学报》2014 年第 1 期。

国家所有法律、法规和规章制度。我国《宪法》第五条规定："一切法律、行政法规和地方性法规，不得同宪法相抵触。"因此，网络立法必须具有合宪性，要以符合宪法精神为重要的立法原则，并紧紧依靠宪法的原则性和概括性指导；二是从我国现实社会和虚拟社会发展的实际出发，根据网络自身的特点和规律，融合文化传统、时代精神与未来规划，借鉴国外立法的先进经验，及时科学又保持适度的超前性地制定法律法规，以明确网络公民的权利义务，规范网络行为，严惩网络违法犯罪，维护国家网络信息安全和网络用户的合法权利，建立一个符合网络特点、适应网络发展、易对付跨国界不法行为的网络法律体系；三是在网络立法中坚持民主参与原则。互联网的开放性为网络利益相关者参与网络立法提供了便捷性和更大的参与可能性。网络立法机关应该遵循《立法法》的立法程序，就网络某一领域的立法广泛听取相关专家的意见和建议，倾听网络用户的利益诉求，并经过科学论证，以提高网络立法的质量和认同感；四是在网络内容的设计上，充分考虑网络自由、网络安全和网络利益价值的实现以及正确处理政府、网络运营商和用户之间的关系，兼顾好国家、社会、公民各种利益的平衡①，侧重于保护网民权益和政府服务性的内容和奖励性、引导性而不是禁止性、处罚性的法律条文，准确把握网络立法动因的导向与定位。

2. 重点性原则

网络发展是日新月异的，网络立法的网络规制领域与范围也在不断变化，因此，网络立法在统筹全局的同时要有重点，要针对网络社会中重要的"点"，急需的"点"和有苗头的"点"进行立法。这些"点"是网络内容建设法治化的关键，抓住这些"点"就能够在网络内容建设法治化进程中起以点带面的功效，从而推进网络空间法治化进入良性发展的轨道。我国网络立法机关在网络立法时，首先要根据《宪法》的精神，在《宪法》指导的前提下，根据《立法法》的法律制定程序制定网络立法规划及时间表，在统筹兼顾网络社会的同时抓准网络内容建设中的"点"，集中解决网络内容建设中的突

① 贾琛：《群体性事件中网络谣言的管控策略探究》，《北京人民警察学院学报》2012年第4期。

出问题。充分发挥网络内容建设重点、关键领域立法的示范试点及带动作用,使网络内容法制建设既做到统筹兼顾,又重点突出。

3. 科学性原则

科学性原则指的是网络立法应该实事求是,从我国国情及网络发展的实际情况出发;应该坚持正确的立法思想,做到理性立法;应该重视立法的程序与技术,注重提高立法质量。具体来说,一是注重网络立法的协调性。网络立法必须统筹兼顾,建立全面而又系统的网络立法体系。这要求网络立法要正确处理法律超前性、滞后性和同步性的关系,要依据实际情况考虑网络立法的先后顺序与轻重缓急,要注意与现行立法的衔接性,又要考虑与国际网络法律的协调性;二是注重网络立法的可操作性。美国社会学家庞德说:“法律的生命在于它的实行。”现阶段我国网络立法大多是原则性规定而没有强操作性,使法律成为一纸空文,虚有其表。因此,在今后网络立法过程中,应针对网络的特点和网络技术发展、运行的规律,注意网络立法的可行性和具体性,增强网络立法的可操作性,便于网络执法机关实施和相对人遵守。但是,具体情况具体分析,在强调网络法律的具体性时也要注意不能一概而论,对于某些网络法律不能规定得过于具体,要留一定的发展空间。

4. 维护网络安全原则

安全原则是指信息在网络中传输、存储、交换等整个过程不被丢失、泄露、窃听、拦截、改变等,要求网络和信息应保持可靠性、可用性、保密性、完整性、可控性和不可抵赖性。① “没有网络安全,就没有国家安全。”随着我国全面进入互联网时代,网络安全已经成为事关国家安全和社会稳定、事关经济发展和人民群众工作生活的重大问题。② 网络的安全与否直接关系到国家安全、政局稳定和社会和谐。因此,在网络法律的制定过程中必须着重考虑网络安全,遵循安全原则。网络安全主要包括物理安全、软件安全、信

---

① 杨义先:《网络信息安全与保密》,北京邮电大学出版社 1999 年版。

② 陈智敏在全国重点互联网站和服务企业安全管理工作会议上强调,网易新闻中心,见 http://news.163.com/15/0804/19/B06QKARM00014JB5.html。

息安全和运行安全，其中，信息安全是保障互联网安全最根本的目的①，是网络健康持续发展的生命力。为有效保障信息安全，在网络立法的过程中时刻保持审慎，以法制化手段保障网络信息内容的可用性、完整性和保密性。可用性是指在互联网中的各种资源根据需要都可随时使用，不会因系统故障、错误操作或人为攻击使网络资源损坏、丢失或无法使用；完整性是指网络中信息的安全、精确和有效，不因偶然或故意的因素而改变信息原有的内容、形式和流向；保密性是指网络中只限一定范围人员知悉的信息，不被该范围以外的其他人所显露或窃取。②

5. 促进网络发展原则

促进网络发展原则指的是网络立法过程中要以网络发展为立法导向，给网络的发展预留一定的空间，让网络在法制规范中发展，在发展中走向规范。现实表明，网络的健康发展关系到我国能否在网络信息技术时代掌握全球新兴科技的制高点，能否保持信息化产业健康持续地发展，能否进一步推进网络强国战略，实现"中国梦"。因此，网络立法必须从战略高度出发，在法律设计时充分考虑互联网发展的需求，为互联网发展预留空间，积极引导、支持互联网发展，主动解决互联网发展面临的问题，从而降低因网络法律规制为带来的发展成本，降低互联网行业的发展风险，从法治的角度推动网络健康向上发展。

6. 技术中立原则

"技术中立"也称"实质非侵权用途原则"，源自 1984 年美国联邦最高法院在"环球电影制片公司诉索尼公司案"中确立的"索尼标准"③，是指网络法律不得对网络信息技术采取支持或者反对的立场，即不能强制或者预设某项网络信息技术。网络的技术性和发展的快速性要求网络立法的制定对网络所涉及的相关技术和范畴必须采取开放、中立的原则。在我国现有的网络法律，如《电子签名法》中明确规定了技术中立原则。在今后的网络

① 张平：《互联网法律规制额若干问题探讨》，《知识产权》2012 年第 8 期。
② 周庆山：《信息法教程》，科学出版社 2002 年版。
③ 腾讯研究院法律研究中心，见 http://www.aiweibang.com/m/detail/18031757.html。

立法中,同样要践行技术中立原则,只有这样才能增强网络立法的适应性,促进网络自身的不断发展。

(二)增强网络立法的权威性

借鉴德国《多媒体法》,在现有法规规章基础上制定一部综合性、全国性的网络法律,解决网络内容法制建设中的上位法问题,增强网络立法的权威性和统一性。首先,鉴于立法位阶偏低、缺乏上位法统一这一现实,我国需要尽快明确清晰的网络治理战略,做好网络立法顶层设计,即由全国人大或其常委会尽快制定出一部全国性的、高度综合权威的网络法,为其他各立法主体制定和完善配套的行政法规、部门规章、地方政府规章等提供统一的立法指导。其次,网络立法还应注重采用跨学科研究的方法,特别是一些实证研究方法,如通过德尔菲法、内容分析法、系统科学、控制论等信息与传播学研究方法结合法学理论梳理网络法的一些基本原理问题。①

最终确立起一个以网络基本法为核心基础,行政法规和部门规章以及政策作补充,司法解释作为法律实施说明的网络法律体系。

(三)加强重点领域的立法

目前,我国某些重点领域的网络法律规制严重不足,存在立法空白,从而使网络社会中出现无法可依问题,致使网络成为法外之地,因而加强网络重点领域的立法势在必行。我国目前应该加快推进的互联网重点立法项目包括关键信息基础设施层面的电子证据法、电信法,加快完成、颁布和实施《中华人民共和国网络安全法》,促进互联网服务提供商发展的电子商务法,规范互联网信息活动的互联网信息服务法、个人信息保护法以及提升政府互联网治理能力的电子政务法。② 一方面,尽快发布实施《中华人民共和国网络安全法》,加快《青少年保护法》《电子证据法》等领域的立法;另一方面,对网民的网络基本权利予以法律加以明确,完善网络救济制度,合理确定网络服务提供商 ISP 的网络责任和义务,并规定在一定范围内承担网络信息内容的监管义务。此外,在网络立法过程中,为了保持法律的稳定性和

① 周庆山:《论网络法律体系的整体建构》,《河北法学》2014 年第 8 期。

② 周汉华:《论互联网法》,《中国法学》2015 年第 3 期。

连续性，优先制定基础的、立法条件比较成熟、稳定的网络法律。

（四）完善现有法律法规

在依靠法律对网络进行治理时很难针对网络问题一一专门立法，这样既费时费力又不能及时对网络行为进行法律规制，像新加坡和韩国，就是依据并修改已有法律规制网络行为。因此，立法主体自身及其立法监督部门可以借鉴国外经验，根据网络空间的特点审慎全面地审查已有的法律法规规章，以基本法和行政法规为基础对模糊性条款进行细化、量化，使其具有可操作性和适用性；在一些现有的基本法中增加有关网络内容的规定，如在《刑法》中加入网络犯罪的相关规定和《行政处罚法》明确网络违规操作的处罚等；对可能涉及网络问题的法律法规规章中有争议的不适应于网络内容建设的部分结合当地网络发展的实际情况进行修改，加入网络相关的法律规定，如及时修改《未成年人保护法》；对法律法规之间的撞车和冲突矛盾现象，各立法主体严格遵循上位法，在上位法以及其他法律的引导下对现有法律进行调整，避免出现多头立法和照搬性立法，避免出现重复性立法和冲突性立法，以增强网络法律法规的协调性、系统性，对于比较成熟的制度以及管理实践中积累的好的经验和做法，应当及时上升为法律，最终形成一个完善的、系统的法律体系。

（五）以政策法规和司法解释为补充

光靠网络法律一些原则性的规定来治理网络是不科学的，必须辅之以配套的政策法规和司法解释，以增强网络法律的灵活性、可操作性和针对性。一是要制定相应的政策法规。部门规章具有灵活性、针对性，能够适应网络社会的需求变化，是网络法律的有益补充。在制定配套的政策法规时，要严格依据网络法律和简政放权的要求，避免违法决策和随意决策。同时，遵从市场的发展规律，充分发挥市场在网络社会中的作用，坚持法无授权不可为，坚决避免违法决策、随意决策。二是重视司法解释的指导作用。中央网信网的有关数据显示，我国目前仅仅发布了五个司法解释①，这相对于网

① 中共中央网络安全和信息化领导小组办公室，见 http://www.cac.gov.cn/sfjs.htm。

络法律法规和网络社会的发展需求来说是远远不够的。目前司法解释已成为我国各级人民法院审理案件最重要的法律依据之一,借助司法解释解决网络空间中遇到的诸如新的犯罪形式的定罪量刑问题,虚拟财产保护等问题将是成本低、周期短、程序简易的立法举措。①

二、严格网络执法

(一)坚持网络执法的原则

1. 以法治网原则

依法治网是依法治国的基本要义,是维护网络秩序的根本保障。在网络执法中,网络执法部门和执法人员要形成对网络社会基本共识的基础上,在社会主义核心价值观的引领下,坚持法治的价值理念,树立法律的权威;要维持公平正义,彰显网络权利,把公平和正义作为治理网络的价值追求,把维护网民的合法权益作为网络治理的最终归宿,以增强网络用户对法理和执法主体的信任感和认同感,从而整合网上网下的各种资源,调动网民大众积极参与网络治理;主动公开网络执法的依据、程序等,设立多种途径完善网络执法监督制度,坚决摒弃那种重结果、轻过程,重实体、轻程序的旧思维,进一步增强认同感,树立执法权威,提高执法效能。

2. 立足现实原则

立足于现实是网络社会治理过程中必须遵循的一大原则。一是要立足于我国的国情。一个国家的国情是由这个国家的政治制度、经济基础、历史文化传统以及地理环境等方面的总和决定的,对国家的建设起着关键性的作用。因此,在网络执法方面,尤其是网络内容建设管理中,我国的基本国情对网络执法的内容和性质有着直接而重要的影响。在网络执法中,我国网络执法机关及执法人员必须紧紧围绕我国处于并将长期处于社会主义初级阶段这个最大的国情,着眼于客观实际的需要,一切从实际出发;二是要立足于网络的实际情况。相对于传统执法,网络执法首先必须要遵从网络本身所特有的规律和独特的方面,做到认识网络社会的规律,按照其特殊规

① 夏梦颖:《中国特色社会主义网络立法》,华东政法大学硕士毕业论文,2013年。

律并结合社会主义核心价值观来进行执法活动。同时,要掌握我国网络发展的实际情况,从网络自身发展出发,针对网络社会出现的新问题和已有的或即将发生的网络违法犯罪行为进行执法活动。

3. 协同共治原则

协同共治指的是在网络社会的治理中不再是由政府大方面进行执法,提供公共服务,而是由政府、民间组织、网络企业及网民等多元主体基于对网络共同认知价值的基础上,在社会主义核心价值观引导下,遵守宪法和网络法律法规,遵循基本网络社会准则来维护网络社会的基本秩序,提供网络公共服务,实现网络共治,形成一个多方面的网络治理体系。网络社会的开放性、高度复杂性和思维多元化等特征,使得协同共治是网络社会治理有可能形成稳定治理结构的唯一途径。① 同样,也因网络社会的上述某些特征,使得协同共治成为可能。因而,网络执法机关要摒弃以往那些单方面管制,唯政府独尊的思想观念和执法方式,要积极引导社会其他主体参与网络执法,增强与社会其他主体的互动协商。

4. 法治与德治结合原则

网络执法不仅仅要依靠法律的硬性管制作用,而且还需要借助伦理道德的软性调节作用,二者不可分割,也不能相互替代。即依法治网与以德治网二者相互结合,既发挥法律的“他律”,又辅之以伦理道德的“自律”,使法治与德智互为补充,相得益彰。因此,在网络执法中,网络执法部门要培养网络用户的法治思维和法治精神,让网络用户知法、懂法、守法和用法,依靠法律而非暴力解决网络纠纷;同时,要弘扬我国主旋律,在网上网下积极传播正能量,教育引导广大网络人民群众践行社会主义核心价值观,从国家、社会、家庭和个人层面培育良好的网络爱国主义、网络社会公德、网络职业道德和网络个人品德,在网络社会中形成崇尚道德和法治的良好氛围。

5. 法治与技术结合原则

在网络执法中,法律是基础,技术是后盾;法律是前提,技术是必要补

---

① 何哲:《网络社会治理的若干关键理论问题及治理策略》,《理论与改革》2013 年第 3 期。

充。网络社会不同于传统社会,以网络信息技术为依托,即没有网络信息技术的支撑,网络就不能谓之为网络。随着网络信息技术的更新换代,网络违法犯罪分子的犯罪手段与犯罪技术也不断升级,因此,网络执法人员必须用最新信息技术手段加强网络监管,弥补网络管理漏洞,强化侦察控制技能,开发反病毒软件等,为防范和惩处网络违法犯罪、清除垃圾信息、维护国家和公民信息安全等提供技术支持和保障。①

6. 国际合作原则

网络开放性、跨越时空性也就意味着网络社会的无国界性、无地域性。这也要求我国在网络治理中需与国际合作,而不是脱节于国际社会。因此,在网络执法中,要积极适应国际网络治理的潮流,吸取借鉴西方发达国家网络执法的经验教训,积极参与国际互联网治理规制的制定,加强交流与合作;也要主动严防西方某些国家通过网络对我国进行西方文化和意识形态以企图西化我国的文化和政治意识形态的渗透。

(二)建立健全网络执法协调机制

通过网络执法体制改革,科学设置网络执法部门,转变和整合网络执法职能,合理划分网络执法主体的权限和职责,改变目前多头执法、重复执法、推诿执法、协调不畅、执法无力的局面。首先,建立统一的网络执法管理机构。2003 年,英国为了更加有效地监管互联网,通过《英国通信法》将以前的 5 个网络监管机构进行合并整理成通信管制局(OFCOM),将互联网管理机构统一化。我国可以在借鉴国外互联网监管机构经验的基础上,充分发挥中央网信办的统一领导指挥作用。在中央网信办的统一指挥下,公安机关要发挥管理网络社会执法的主力军作用,与新闻办、工业和信息化、通信管理、国家安全、文化、教育、工商,广电、新闻出版等多个互联网执法管理部门密切合作,加强沟通,理顺关系,明确职责,积极创新网络执法方式,建议高效的联席联动工作机制和协调机制,从而共同推进网络空间法治建设。继续全面深入推进网警网上公开巡查执法,提升网上“见警率、管事率”,在

① 蒋晓龙:《我国网络社会法治化建设探析》,《中国浦东干部学院学报》2015 年第 1 期。

此基础上深入开展网站“网安警务室”建设。其次，各地方网络执法部门应以社会公共利益为宗旨，增强合作意识，积极主动地与其他地区进行合作，建立网络执法信息资源共享机制，建立超地方政府的协调机构来协调网络执法活动。

（三）加强多元主体综合执法

网络社会的复杂性、开放性决定了单单依靠政府的力量是难以治理好网络的，因而必须发挥社会各界的力量，坚持依法治网和综合治理工具，整合网上网下各种资源，实现网络社会共治。一是要树立多元化管理理念，实现管理主体由单一性向多元化转换。网络执法部门在树立多元化治理理念的基础上，积极引导网络组织、网络企业和网民参与网络执法，制定有关政策和制度明确其他社会执法主体的权责范围，形成政府、网络组织、互联网企业及网民大众四者联合的网络执法综合体系；二是发挥网络组织，尤其是重点网站和互联网企业的作用。大多西方发达国家在网络治理中积极发挥互联网组织的作用，如英国的 IMF 组织，美国的“少干预”政策，日本的“加强与民间组织合作”理念等。我国网络执法部门应借鉴国外经验，主动引导重点网站和互联网企业依法办网，落实网站安全管理的组织、人员，健全、规范安全管理制度，确保技术防范措施有效到位，新应用、新业务与安全管理同步发展；引导这些网站和企业做行业自律的标兵，坚守网站经营的道德底线、法律底线，不渲染可能诱发犯罪的敏感案事件，不登载传播低俗有害信息，引导他们做社会责任的典范，真诚对待、妥善处理网民的举报投诉，及时发现并向公安机关提供网络违法犯罪线索，主动配合做好调查取证工作①，从而充分发挥他们在政府与网民之间的纽带作用和政府政策与网络发展需求的桥梁作用，提高他们的网络自律能力和网络素养，为共同参与营造健康有序、风清气正的网络空间；三是发挥网民大众的作用。网民是网络社会中的主力军，是网络内容的主要创造者和网络信息的最大发布者和利用者。因而，做好网络内容的管理，网民的力量不可忽视。但是，据本课题

① 陈智敏在全国重点互联网站和服务企业安全管理工作会议上讲话，网易新闻中心，见 http://news.163.com/15/0804/19/B06QKARM00014JB5.html。

组进行的网民调查结果分析(图 2-2),只有 13%的网民会发挥自己的力量,遇到不良信息内容坚决抵制并向有关部门举报,而有近 70%的网民采取冷漠模式,从这可以看出,网民对于网络治理的参与度不高,大多网民遇到不良网站或者违法犯罪行为采取能避则避的冷漠态度,且有少量网民不知所措,因此,网络执法部门要积极引导网络用户遵纪守法,践行社会主义核心价值观,做一个有责任感、有道德感和公民意识的网民,一个自我管理、自我约束的中国好网民。同时,积极发挥网民的检举监督作用,设立多种渠道和方式便于广大网民群众进行监督举报。

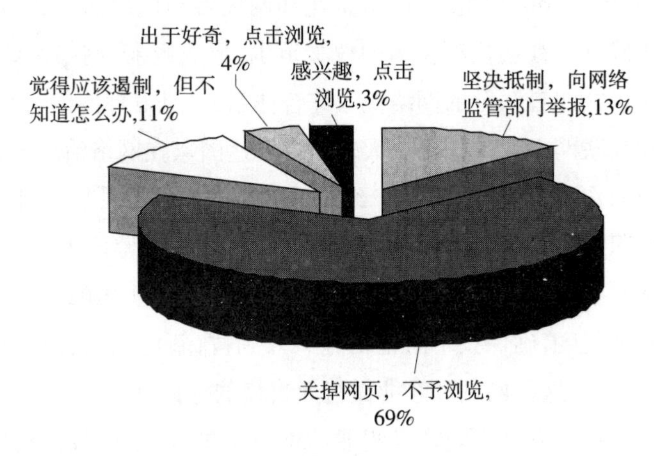

图 2-2

(四)加强网络执法队伍建设

网络执法队伍质量的高低直接关系到网络执法质量的高低。目前,我国网络执法队伍力量薄弱,执法人员素质不高,执法效能低等现状要求政府部门急需加强网络人才队伍建设。

一是加强培养提高执法人员的思想素养和业务能力。首先要加强法治思想教育。网络社会的开放性、复杂性和思维多元化要求网络执法人员具有较高的法治素养。因此,必须对网络执法人员进行网络法治思想教育,更新网络执法观念,树立网络法治意识,提高网络法治能力,做到维持公平正义和程序公开,切实维护网络大众的合法权益。定期对网络执法人员进行法律培训和法律知识的考核,使其在知法、懂法、守法的基础上学会用法,提高网络执法水平,增强网民的信任感和认同度,提高网络执法权威;其次,加强网络信息技术的学习。网络信息技术在网络执法中发挥的作用日益重要,若网络执法人员对网络信息技术一无所知,那么,网络执法活动也难以进行,甚至根本无法进行。因此,注重培训网络执法人员计算机技术能力,提高计算机信息技术的应用水平,了解并掌握最新的网络追踪、网络过滤和网络封堵技术,在攻防、解密、木马、主机入侵、访问控制、云计算等技术领域进行专门攻坚。

二是拓宽网络执法队伍建设的途径。第一,招聘网络执法人员时严格把关,坚决按照用人标准择优录用执法人员,从“入口”上保障网络执法队伍的优秀素质;第二,可以通过高校、党校、民间组织、专业网络技术企业等对现有的网络执法人员进行定期培训;第三,通过学历教育,培养专门网络执法人才,这样的执法人员具有高法治素养、高执法能力和熟练的网络信息技术能力;第四,积极吸纳记者、编辑、高校师生、网络技术员等其他社会各界人士加入,不断壮大网络执法队伍,充分发挥他们的作用。

(五)建立网络执法监督机制

阿克顿勋爵有言:权力导致腐败,绝对的权力绝对导致腐败。其中,网络执法权作为权力的一种,对它进行适当的监督是十分必要的。

在明确网络执法与传统执法二者监督存在差异的前提下,借鉴其他行政执法的监督经验,通过执法工作信息化,积极探索和研究网络执法的监督问题,建立内部与外部相结合,上级—下级—平级相结合,将定期监督改为实时监督、直接监督和全面监督,避免对执法案卷弄虚作假、包装执法卷宗和执法档案的问题,着重发挥社会监督作用的网络执法监督体系,最大限度地发挥监督体系的作用。

为了便于监督主体对网络执法的监督,发布《网络执法操作指南》,将各项执法制度和程序编入执法信息系统中,利用信息化手段保障执法的规范化。要将相关的网络执法活动在相应保密规定允许的范围内,通过网上交互平台向社会予以发布,尤其是执法办案和办事的程序、手续、时限、收费标准、监督方式等内容,从而发挥了群众对公安工作的监督作用,避免执法不公开、不透明和暗箱操作引发的权力寻租现象给群众办事带来的种种弊端。

在对网络执法进行监督时，要对网络执法质量进行动态的评估，且建立长效的质量评估制度，对网络执法质量评估结果较优的执法部门进行公开的表彰和奖励，而网络执法质量评估靠后的部门要予以批准指正并适当惩罚，实行责任倒查机制，推行“谁操作谁负责”的原则。

（六）辩证地处理冲突和矛盾

1. 实现网络法治与网络自律的统一

网络执法部门必须依靠网络法律法规维护网络秩序，网络空间才能够清朗起来；网络空间良好的秩序同样需要网民、网络运营商等的自律。政府监管是推动网站加强管理、落实责任的外部力量，关键还是网站要加强自我管理，提高主动性，坚决抵制淫秽色情和低俗信息。①

2. 实现执法公开与保护隐私的统一

执法公开意味着网络执法部门权力运行的透明性，执法依据、程序和效果的公开性。网络执法必须实现在法律的允许范围之内公开化。但在网络执法的过程中，网络执法部门要注意对隐私权的保护，对于用户的信息中某些特别的个人信息、与公共利益涉及较少的、无关的信息在公开的时候要谨慎。

3. 实现网络管制与网络自由的统一

在网络执法中，既要依法对网络信息传播进行管理，如严禁色情淫秽、恐怖主义等网络不良信息内容，又要满足网络用户对于网络信息的多样化需要。正如洛克所言，“在一切能够接受法律支配的人类状态中，哪里没有法律，哪里就没有自由。”②因此，政府在网络管理时，要松弛有度，遵循适度的原则，要给予网络用户和网络服务提供者一定的自由空间，要充分尊重网络公共领域存在和发展的自身规律，保障其自治性、多元性、平等性。③

---

① 中国网信网：《“打击淫秽色情信息是政府推着网站打”，对此现象网信办怎么看?》，见 http://www.cac.gov.cn/2015-01/19/c_1114042144.htm。

② 洛克：《政府论》（下篇），商务印书馆1964年版，第36页。

③ 李云舒：《我国公共领域政府监管制度初探——以网络公共领域的培育为目标》，中国政法大学硕士学位论文，2009年。

三、实现全网守法

对于普通网民来说，最基本的责任就是遵法守法，依法上网，不触碰法律红线，不突破道德底线；更高层次的要求是，发出中国好声音，弘扬正能量，争做“中国好网民”。互联网绝非法外之地，一个公民在互联网上同样需要时刻怀抱法律观念。每个人都有发表言论和表达看法的自由，但是同样要讲秩序，一个人的自由不能建立在别人的不自由之上。此外，网民还需要有自律意识、有担当意识，为公共利益鼓与呼，站在国家立场，热心与这个时代共舞，以更好地实现人生价值。

（一）增强法治意识

网络世界必须要有法治，必须引导全民守法，实现从“中国好公民”到“中国好网民”的身份转变。因为，作为网络社会的主体，网络公民的法治意识、法治理念和法治素养直接关系到网络社会法治化能否实现。据本项目网民调查显示（图2-3），仅有33%的网民觉得需要学习网络法律，可以看出来网民的网络法治意识不够，对网络法律的兴趣不高。这也显示了网络法治意识培育的紧迫性和重要性。

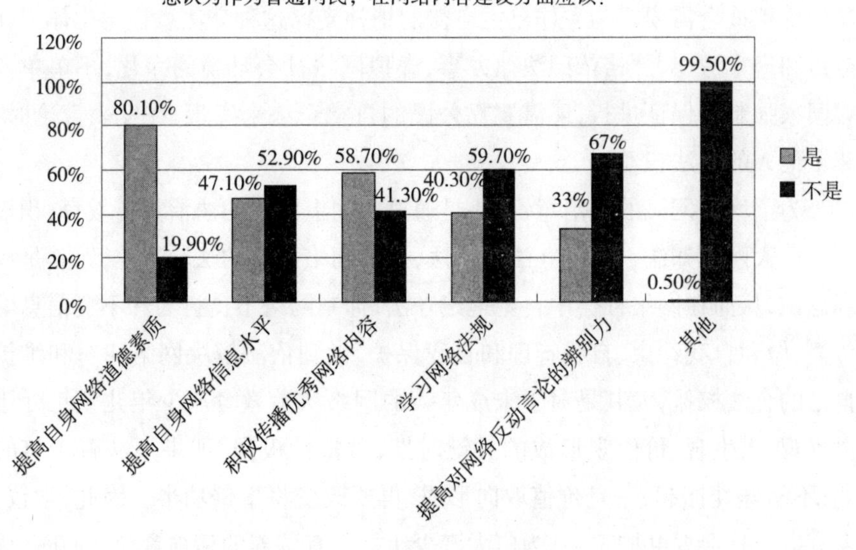

图 2-3

网络服务提供者和网站是直接对网民进行信息传播的主体,它们发布怎样的信息,它们对什么样的信息采取什么样的态度,这都直接影响着网民的对信息选择上的偏好。如何将健康的信息传播给广大网民,这就需要网络运营商充分发挥自律建设的带头作用,完善自律机制,扩大自律范围,引导业界依法、诚信、文明办网,形成安全有序的网络经营服务环境。互联网运营企业、各类网站都要切实承担社会责任,进一步加强网络安全工作,自觉接受政府部门的监督和指导,健全内部信息安全管理制度,并自觉接受公众监督;进一步增强做好网络文化建设和管理工作的责任感和使命感,采取先进技术手段将不健康的内容拒之门外和及时清除出网。作为网络把关人要恪守"客观、公正、真实"的原则,遏制虚假、色情和垃圾信息在网络中的传播流通,使信息传播沿着健康的轨道发展。

所谓正确地行使权利是指公民应该在法律法规允许的范围内合理地行使自己的权利,不得滥用权利、侵犯他人的合法权益的行为。世上没有绝对的自由,也就是说行使自身的权利也必须有一定的界限。公民在网络中行使自身的言论自由权利的时候,不得违反诚实守信原则,不得随意地散布他人的隐私,给他人名誉带来损害,如果超出了必要限度,则违反了正当性的要求。自觉守法是对虚拟社会主体行为失范治理的意识基础。一个良好秩序的虚拟社会需要行为主体自主自律的精神支撑这种守法意识集中体现在尊重和遵守法律,严格依照法律办事,虚拟网络社会环境的净化,不单单要靠国家强制力保证进行,还需要靠公民的自觉守法来实现,在发表言论时,尊重他人的合法权益。

为了增强网民的法治意识:一是通过在网上网下的法治宣传教育,积极引导广大网民知法、懂法、守法和用法,提高网络民众的法治素养,尤其是权利意识,从而在网络社会中自觉遵纪守法,抑制网络不良行为和不良信息的传播,做到自我约束、自我管理和自我保护,做到依法解决网络纠纷和维护自己的合法权益,尤其是对于未成年人的网络法治教育。少年儿童正处于世界观、人生观、价值观形成的关键时期,可塑性极强,如果不从青少年时期,不从娃娃抓起,一旦价值取向形成,再要改变将事倍功半。因此,学校、家庭以及社会要共同努力,为广大青少年提供有营养的精神食粮,为新一代

"中国好网民"的诞生打好基础①;二是运用有效的法治教育方式。对于普通群众来说,法律是枯燥的,烦琐的,难以记忆和深刻理解并掌握运用的。因此,在对网民进行网络法治教育和宣传时,要避免使用枯燥、强制的灌输手段与形式,而是要运用灵活生动、简单易懂、网民大众喜闻乐见的方式、方法与途径,从而提高网民的法律学习兴趣,进而达到网络宣传教育的目标。例如采用知识竞赛、网络动漫、电视公益广告等方式。

(二)加强网络伦理道德建设

法治与德治是密不可分,理所当然,法治意识与网络伦理道德也同样不可分割。网络法治作为外部规制手段,在维护网络秩序,建设网络健康向上信息内容方面发挥重要作用,但必须明确的是,网络法治手段并非唯一。虽然,网络伦理道德需依靠内心的道德发挥作用,并无强制效力,但是网络伦理道德却在维护网络秩序时能够发挥长远的影响,可以弥补网络法律的不足,它有时甚至起着比法律更重要的作用,这是因为网络的跨地域性、开放性和虚拟性,规范网络伦理道德往往能起自律和自我约束的作用。

据本项目网络民意调查显示,有 80.1%的民众认为必须提高自身网络道德素质(图 2-3)。在网络伦理道德建设中:一是要加强网络主阵地建设,弘扬我国主流文化。要减少有害信息对网络安全带来的负面影响,很重要的一点就是鼓励通过网络弘扬中华文化,进行传统教育,开展网络精神文明建设。因此,坚持社会主义核心价值观的引领弘扬我国主旋律,传播网络正能量,确保用科学、文明、健康内容占领网络主阵地;二是支持和鼓励广大文化工作者、理论工作者和教育工作者,在依法的前提下通过建立自己的文明网页,开设道德论坛、博客等方式,积极传播先进思想和文化,形成良好的网络文明氛围;三是注意网络伦理道德的教育方式。文化是潜移默化的,因此可以采取渗透式的隐性教育方法。即通过图片、文字、视频、电影、辩论、互动等多元化方式,让网民在娱乐中学习,在学习中享乐。

(三)引导网民行为理性化

现阶段,网络暴力处于多发期,究其缘由,多为网民的不理智行为所引

① 中国青年网:《培育中国好网民,拒绝"精神鸦片"》,见 http://qnzz.youth.cn/zhuanti/wlhm/gdxd/201506/t20150619_6771499.htm。

发的。因此,引导网民行为趋向理性化是十分必要的。一是要树立网民的社会责任意识。网络与生俱来的开放性、虚拟性,造成了网络文化、网络意识、网络思维及网络价值观的多元化、多样化,且这样的多元化在目前看来却是一种法治意识缺失、价值观下降、道德滑坡的恶性趋势。这正好体现于网络暴力多发。虚拟社会主体行为失范的产生,其深层次的原因在于网民的责任意识的欠缺,对他人的权利保护缺乏责任感①,因此要引导网民树立责任意识,从而做到自觉守法,勇于用法,敢于护法;二是引导网络舆论。在网络社会中,网络话语权和语言影响力一般掌握在网络主流媒体和网络领袖者手中。因此,为了有效引导网络舆论,积极倡导网络法治理念,传播网络正能量就必须充分发挥主流媒体和网络名人作用。对于当前的主流媒体,网民觉得其网站内容枯燥而抽象,功能单一,信息公开透明度低和贴近生活度不高等问题。因此,在主流媒体网站建设中,必须要改变以往的信息传播方式,采取生动、趣味、网民大众所喜闻乐见和贴近生活的方式传播网络法律、主流文化及其他相关信息;此外,还需发挥网络意见领袖的作用,积极引导网络公民守法,如邀请相关领域知名专家或网络评论员主动发声,或采用"微访谈"的形式来引导舆论,或精选平民精英的言论加以重点推荐②;三是实行网络实名制。韩国是实施网络实名制的典型国家。该国为了有效遏制网络谣言,增强网民在网络世界中的责任感而在2008年正式落实网络实名制,并取得很好的效果。根据本项目组调查显示(图2-4),网民对于网络实名制的呼声较高,仅约17%的网民反对。因此,我国可以借鉴韩国等实施网络实名制国家的经验,从中得到启发,并结合我国网络社会实际情况,推进网络实名制。这样就可以促使网民大众自觉遵守网络法律,更加规范和约束自己的行为,遏制网络语言暴力和谣言,从而净化网络空间,实现网络空间法治化,还网络空间以清风正气。

---

① 姚美辰:《虚拟社会管理法治建设若干问题研究》,南京师范大学硕士学位论文,2013年。

② 谭硕:《社会热点议题中网民群体非理性行为研究》,陕西师范大学硕士学位论文,2014年。

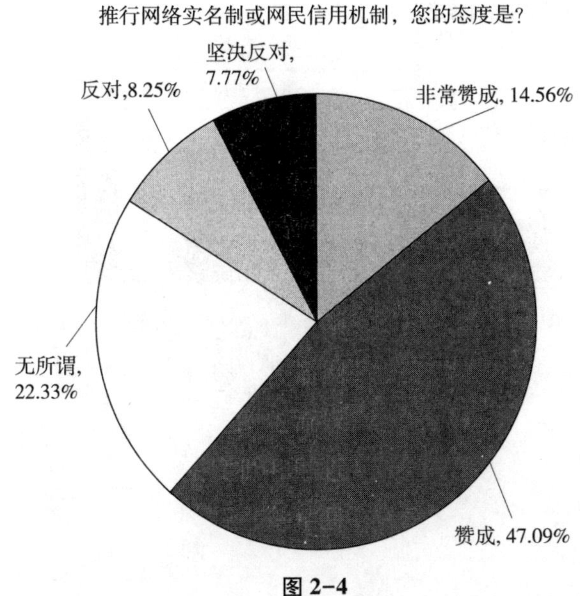

图 2-4

（四）形成网络守法的良好社会氛围

网络社会对人类的影响愈加深刻而广泛，网络环境的好坏直接关系到网络法治化的实现与否，网络空间秩序的正常与否。一个好的网络环境，能够减少网民违法犯罪的机会，能够降低诱导网民违法犯罪的可能性，对于网民守法具有重要作用。然而，我国当前的网络环境或已被污染且愈加严重，如网络低俗文化流行，网络谣言四起，西方文化和意识形态渗透加剧，等等。因此，加强网络内容建设，净化网络空间迫在眉睫。

一是整治低俗之风。据网络民意调查（图 2-5），有近 80%的网民希望通过弘扬主旋律，增加正能量作为网络内容建设方向。

因此，加强网络内容建设，实现网络空间法治化需在社会主义核心价值观的引领下，积极主动地弘扬我国主流文化，传播网络正能量，提升网民的网络文化素养，建设高雅的网络文化，从而增强网民的法治素养和守法意识，为网络空间法治化提供法治文化的保障；坚决严禁网络色情淫秽信息的传播，对网络内容分级管理，保护未成年人健康上网，对传播色情淫秽信息的网络运营商予以处罚，以降低网络犯罪的可能性，整治网络空间的低俗之

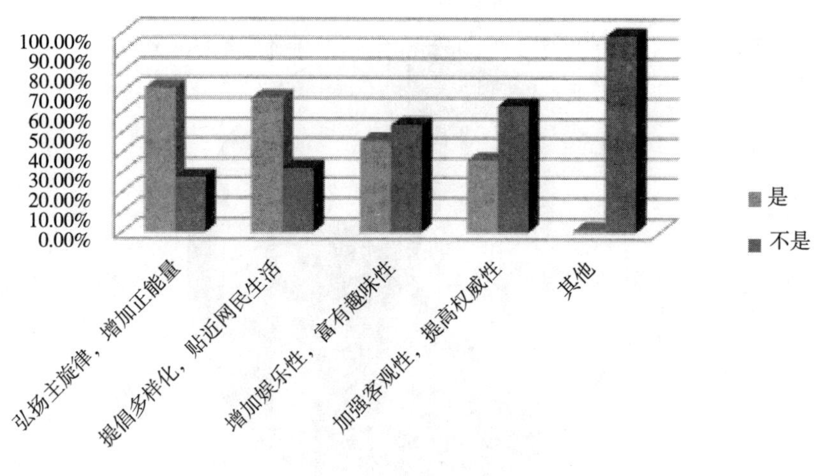

图 2-5

风,营造一个良好的网络社会氛围。

二是整治网络谣言。网络谣言、网络诽谤是不容忽视的网络暴力,是网络法治意识缺失的重要体现,其可以害人性命,夺人财物,严重者可致使国家政治、经济、社会生活等方方面面遭受惨重损失。如抢盐"风波""山西地震传言""秦火火"事件、铁道部给外籍遇难者巨额赔偿,等等。因此,增强网民大众的网络责任意识、伦理道德意识,对网络谣言散步者加强法治教育并予以相应处罚,积极引导网络主流媒体和网络领袖传播网络法治要义和网络守法精神以及网络正能量,提升网民守法意识,正确引导网络舆论倾向,遏制网络谣言,营造良好的网络守法氛围。

三是培育网络守法习惯。作为网络社会的主体,网络公民守法意识和守法习惯的形成与否直接关系到网络空间法治化进程的顺利与否。因而,培育网民的守法意识和守法习惯势在必行。一方面,政府部门要建立健全全社会网络法治宣传教育体系,促进网络法治宣传教育机制化、常态化、长效化。要加大宣传普及力度,在全社会形成人人重视网络法治、人人参与网络法治的良好氛围;加大教育培训力度,广泛运用各种教育培训机构,传授网络法律知识;要增强实践锻炼,让广大网民在互动体验中增强网络法治意识、提高网络法律素养。其中,尤其是要注重未成年人的网络法治教育,从娃娃抓起:推动网络法治意识进校园、进课堂、进教材、进头脑,开展课程教育、技能培训、安全竞赛、公益活动,使未成年人从小学法律、知法律、懂法律,养成良好的网络守法行为习惯。要开展"护苗""净网"等专项行动,铲除淫秽色情、暴力恐怖等有害信息,为青少年成长营造清朗、健康的网络空间;另一方面,网络空间不是法外之地,法律底线不可逾越,网下不能做的事网上同样不能做。在网络社会中,要用法律的尺子来衡量网上的言行,讲诚信、守秩序,自觉学法、尊法、守法、用法,实现网络全民守法,共筑网络法治屏障①。作为网络社会的主体,网民应树立网络主人翁意识,坚持从身边小事做起、从生活点滴做起,争取网上一言一行都符合网络法治要求。网民在自觉守法时还要带动家人、同事、朋友践行网络法治精神,做到网络守法。

---

① 新华网:鲁炜:《培育好网民,共筑安全网》,2015 年 6 月 1 日,http://news.xinhuanet.com/politics/2015-06/01/c_127864024.htm。

第三章　健全网络内容建设的监管保障机制

第一节　监管保障机制的含义和作用

一、监管保障机制的含义与内容构成

（一）监管保障机制的含义

监管的字面意思是管理、监察、督促。监管机制是指网络文化的监管主体对监管客体所进行管理和监督的流程、方法及规范的总和。① 监管保障机制是对网络内容的生成、传播和发挥效用的过程加以管理和监督，以便规避其可能存在的负面影响，从而使网络内容的建设和发展符合正确的目标和方向，发挥最大的正面效应的保障机制。目前，网络内容的增多和形式的日趋多样化，给网络监管带来了新的挑战，监管网络内容，净化网络环境，减少不良信息造成的危害，保证网络运行的有序正常，保障公民、法人和其他组织的合法权益，维护国家安全和社会公共利益，是网络监管保障机制的价值所在。

（二）监管保障机制的内容构成

监管保障机制的内容构成，可以从不同的角度划分，从监管的作用形式

---

① 赵惜群、翟中杰：《培育有利于中华民族共有精神家园建设之网络文化》，《湖南科技大学学报》（社会科学版）2011 年第 6 期。

来看，监管保障机制是由多个部分共同作用形成的一种网络监管系统，其中涉及了法律法规、行政监管、技术保障、行业自律、公众监督以及社会教育等；从监管的主体来划分，可以划分为公众监督机制、政府监管机制、行业自律机制。从国外做法和我国实践看，加强互联网管理，政府、行业以及公众都需要承担起相应的责任，一起创建出一个由政府监管、行业自律以及公众监督的完善的管理体系。① 从监管的过程来看，它包括事前监管、事中监管和事后监管。这里我们从主体角度分析网络内容建设的监管保障机制的内容构成。

1. 公众监督机制

所谓公众监督机制即公众通过互联网平台对网络虚拟社会中的突发事件、热点话题、网络活动、网络信息、个人或组织权益等进行监督，监督形式包括网上评论、网上举报和监督等。从 2004 年后，我国也开始建立一些网络举报平台，让公众来举报互联网违法行为与一些虚假和违反相关网络规定的网站，其中包括 12321 网络不良与垃圾信息举报受理中心以及 12390 扫黄打非新闻出版版权联合举报中心。2010 年 1 月中央推出了互联网举报的奖励制度，让举报淫秽色情网站及虚假诈骗网站的公民得到相应的奖赏，这一做法极大地提高了公众的监督热情，也使得公众监督机制得到了很大的完善。公众监督机制是我国监管保障机制的重要组成部分，是现实社会公众政治参与向网络虚拟社会的延伸，是一种民主机制。

2. 政府监管机制

政府监管机制又称为“政府规制”或“管制”，来源于英文“Regulation”，其含义是，有规定的管理或有法规条例的制约。政府监管机制，是政府部门为了加强和改进网络内容建设，依据有关的法规政策，通过法律、行政、教育、政策、技术等手段对网络的运行、内容以及网络使用人群进行监管，使网络空间能够达到一个正常的运营状态。而一个健康的网络环境要能够保障网上交易的安全和有序，以及对相关网络企业以及网站的安全性和可靠性进行调查和认证，并且使得网络信息更加地绿色化，尽量阻止相关的暴力、

① 王晨：《发展健康向上的网络文化》，《人民日报》2011 年 11 月 3 日。

色情以及不当思想在网络上的传播。在政府监管机制中,监管的主要机构是政府部门,其中也包括有政府参与或授权的各种组织及管理机构。

在诸多的网络监管方式中,政府监管起到了相当重要的作用,它可以较高效率地保证网络内容的健康传播。随着科技的进步和网络的普及,越来越多的人开始使用网络,而由于网络的不透明性,使得用户很难识别出网络信息的真实与否,这样网络上就出现了很多难以辨识的虚假信息,而普通的网络管理并不能很好地解决这个问题。因此在互联网的发展过程中,势必需要政府来对网络的安全性进行监管,政府需要合理地对网络资源进行分配和处理,使得互联网上的信息能够在大体上向着一种良性、健康的方向发展。在这个过程中,政府监管有着其他监管方式无法比拟的优势。第一,政府可以制定和执行相关的法律治理网络。政府监管一般是采取主动执法模式,当其发现该类事件所造成的影响足够深远,危害足够大,政府可以立即采取相应的执法手段来阻止更严重后果的产生,一般的监管手段很难做到这一点。所以,曾经有学者这样说过:"在大多数情况下,主动执法的出现是由于法律出现了一些漏洞,所以导致大量'负外部性'致使被动式执法无效。"①另外,政府还可以直接通过修改废相应法规来改变规则,这使得政府在对网络进行监管的过程中更加灵活有效。第二,在政府监管机制中,进行监管的领导者拥有专业知识、较高能力和丰富经验,所以他们更能做出高质量的监管决策。第三,政府掌握极为丰富的行政资源、经济资源以及其他公共管理资源,同时也为公众提供相应的公共服务,这一点也为它更好地实现网络监管,同时也为公众提供相应的公共服务,奠定了物质基础。网络监管不可能从社会管理系统中脱离出去,也可以说网络社会是现实社会在某个层面上的缩影,所以政府对网络的监管也就是对虚拟社会的治理,可以把治理现实社会的成功经验和方法应用于网络虚拟社会的治理。

目前,政府监管机制是我国监管保障机制的核心内容,要发挥政府在互

① [美]卡塔琳娜·皮斯托、许成钢:《不完备法律——一种概念性分析框架及其在金融市场监管发展中的应用》(上),《比较》第 3 辑,中信出版社 2002 年版,第 115 页。

联网管理中的主导作用。而互联网管理是一项较为复杂的管理体系，在这个系统中，政府的相关部门各有其监管的权力与职责。例如，通信部门主要负责互联网的行业管理，各大经营性的网站需要得到其许可，而非经营性的网站则要进行备案；新闻部门主要负责新闻方面的互联网信息的认证；出版、教育以及卫生等部门也负责相应方面的互联网信息的行政许可；而国家执法部门负责的则是互联网的安全问题，主要职能就是打击和处理各种网络犯罪活动。政府各部门要明确职责，分工合作，在互联网内容监管中共同依法维护公民的正当权益以及国家的安全和社会的和谐。

3. 行业自律机制

所谓自律就是自我约束和自我控制，能够让自己的行为遵守道德准则和法律要求。而行业自律又可以分为两个方面：一是行业自律不能违反国家法律以及相关的法规政策；二是行业中的成员必须按照行业规范来要求自己，两个方面都起到了对行业成员的监管作用。互联网行业自律机制，是指由互联网企业所组成的行业组织自行制定行业行为规范或标准，通过这些行为规范或标准来约束网络从业者的行为，从而实现自我管理、自我约束、互相监管、共同发展。就目前情况来看，互联网起到了一个很重要的经济载体的作用，许多行业都可以通过互联网进行一系列经济活动，而这些经济活动开展的基础是有良好的网络环境。所以，这些行业也有义务构建相应的自律机制，能够规范自身的网络行为。

通过行业自律机制以及相关的国家监管机制，可以使得网络信息以一种健康良性的状态发展，同时这种网络环境能够促进国民经济的发展和社会的进步。虽然说，政府监管对于建立完整的网络机制起到了一个很重要的作用，但是政府的精力始终有限，不可能监管所有的互联网信息，而这些网络信息还具有很高的灵活性，所以在互联网管理上需要完善的行业自律机制，使得所有的互联网企业都能够按照政府的相关规定进行自我约束和管理。网站是互联网信息传播和发布的主体，深刻影响着网络环境的清朗，无论是新闻媒体还是商业网站，作为社会整体的重要组成部分，维护网络环境的干净整洁不仅是不可或缺的社会良知，更是不可推卸的主体责任。加强行业自律，建立健全自查自纠机制，从源头上封堵有害信息内容，提高对信息内容的辨别、处置能力,有利于推动行业内部的内容建设进程和良性发展。切实有效地提高网络企业内部治理的效果,这是全面治理网络虚拟社会的基础和条件。

4. 监管主体间的协调联动机制

网络监管主体间的协调联动机制,也就是在对网络进行监管的时候,按照一个既定的目标进行,最终完成各个主体间良好的沟通和有效的信息交流,整合各种资源,从而提高网络监管的力度和效率的机制。网络监管的协调联动机制包括网络监管各主体之间的分工合作机制、网络监管主体间的资源共享机制、网络监管主体间的沟通协调机制、网络监管主体间的协同行动机制。

网络监管主体间的分工合作机制是指既明确各监管主体的职责,实行主体间的监管职能相对分工,同时又加强合作,明确合作的事项和内容,规定合作过程中各主体的权利与义务。网络监管的多元主体包括政府、网络运营商和网络信息服务单位、网络行业组织、大众传媒和公众等,它们在网络内容监管中各有优势和缺陷,各有其独特的作用和不适用的方面,从中我们可以明显看出网络监管的效率很大程度上取决于各网络监管主体之间的配合。网络监管主体间的资源共享机制是指各网络监管主体将其掌握的资源与其他网络监管主体共享,提高资源使用效率,共同加强网络内容的监管。从现实来看,对网络内容的监管,不仅需要软件的支持,还需要硬件的支撑;不仅需要政府的力量,还需要全社会的参与;不仅需要资源,更需要资源的整合和共享。网络的属性及网络活动的特点,决定了监管主体对网络内容的监管难度。对于不同的政府部门,阻碍他们之间信息分享的主要原因并不是技术问题,主要的障碍是不同部门的权限界定和利益分配因素。网络内容监管主体间的沟通协调机制是指监管主体进行沟通协调,使政府及其部门、网络运营商和网络信息服务单位、行业组织、大众传媒和公众之间相互了解,消除分歧,达成共识,在监管过程中协调一致。网络内容监管主体多元,如果没有沟通协调机制,就会形成多头管理、职能重合、力量分散、缺乏力度等问题。网络内容监管主体间的协同行动机制是指网络内容监管主体之间,为了达到共同的监管目标,在行动上相互配合、相互支持,联动处置网络事件或打击网络犯罪。建立协同行动机制，能够形成合力，提高行动效果。

可见，监管主体间的协调联动机制是把公众监督机制、政府监管机制、行业自律机制连接成一个统一的监管保障机制的桥梁和纽带，缺乏监管主体间的协调联动机制，或者这一机制不够健全，必然影响到其各自作用的发挥，更影响到整个监管保障机制作用的发挥。

二、监管保障机制的作用

（一）保障唱响网上主旋律

党的十八大报告中提到，我们要加强网络建设，改进网络管理，唱响网上主旋律，使得网络依法有序地运行。而网络内容的监管保障机制主要是保障社会主义核心价值观融入网络建设中，目的即“保障唱响网上主旋律”。就目前来说，新型网络文化层出不穷，而其质量也是参差不齐，而互联网则是各种网络文化滋长的温床，在网络上大量流传的色情、暴力以及迷信的内容对社会主义精神文明建设的进程有着严重的阻碍作用，而某些西方国家更是把网络作为文化渗透的主要工具，这使得网络上的“文化帝国主义”的扩张趋势更为加强，隐隐有一种文化侵略的势头。相关的数据表明，在世界上，全球性的数据库只有差不多三千个，而在这三千个中差不多有两千多个都设在了美国，所以在使用一些数据的时候，网民们必须借助国外的这些数据库，而运用国外的数据库时，难免会有许多外来思想的渗透，而在这种潜移默化中，人们也逐渐地接收了西方的价值观以及人生观，从而在生活方式、道德标准以及价值观念上都会发生一些改变。因此，互联网现在已经成为一些敌对组织的思想渗透方式，类似“法轮功”组织在网络上大力传播错误思想；而国外的一些敌对势力则是在网上鼓吹西方的民主、自由以及人权等，有的还对我国的“四项基本原则”进行攻击；国内的激进分子还以关心民主为由，在网络上发动一些维权活动，来激起民众的不满情绪。因此，在进行网络监管的过程中，一定要坚持正确的导向，积极地宣传和践行社会主义核心价值观，阻止西方价值观以及其他反动思想的入侵，努力使得社会主义核心价值观成为我国网络的主旋律。

(二)净化网络空间

任何社会想要健康有序地生存和发展都必须以秩序为前提,而对网络进行有效管理更是保证社会和谐稳定发展的基础①,保证网络社会的健康发展,最大限度降低互联网带来的负面效应是对虚拟社会进行管理的最直接目的。由于网络准入门槛较低,各种信息汇至其中,网络成为各种新思想、新观点的聚集地。网络空间因为网络信息生产和传播的特点,容易受污染,不免充斥淫秽色情、低俗、反动、暴力等有害信息。有通过网络进行诈骗的、有通过网络对他人进行污蔑和诽谤的、有通过网络获取他人信息的、有在网络上销售假冒商品的、有通过网络建立起盈利性的色情淫秽网站的,还有通过网络传播色情暴力思想的,更有通过网络宣传邪教或反动组织思想的,还有通过网络泄露相关国家机密而对国家产生重大影响的。如果不对这些信息进行及时的处理和抑制,而任其污浊下去,必将引起严重的社会危害。所以需要建立健全网络监管机制,进行规范和制约网络行为,同时还可以通过相应的法治手段来对网络内容激浊扬清,打击网络骗局以及网络犯罪行为,引导网民文明上网、网企文明办网,构建清朗的网络空间。

(三)维护网络秩序

有序的网络,是广大网民之福;混乱的网络,则会给网络带来很大的祸害。而造成网络混乱的直接原因是滥用网络自由。由于互联网信息发布的低成本和高效率,网民对网络行为的负责程度要远远低于对现实社会行为的负责程度。网络主体一些不正当或不合法的网络行为会破坏正常的网络秩序,甚至会在很大程度上影响到其他网络主体对网络的正常使用,而损害了他人的合法权益,破坏网络社会正常秩序。不良网络行为产生的原因不仅仅是因为主体的网络道德水平以及认知水平的偏差,最主要的是因为缺乏外部的规制与监管。网络监管保障机制可以打击破坏网络秩序的行为,将网络自由限定在法律允许的范围内,保持自由和秩序的统一和平衡。网民网络行为是自由的,但一旦违反了法律,就不自由了,因为要受到来自网络监管过程中执法的限制。每个人都有相应的权利,但又必须履行相应的

---

① 李娟芬、茹宁:《虚拟社会伦理初探》,《求是学刊》2000 年第 2 期。

义务,尊重和保护他人的权益。任何一个不正当的网络行为都会危害到他人的权益,而危害他人的权益实际上也是危害自己的权益。只有维护好网络秩序,才能实现真正的网络自由。

(四)保护网络安全

所谓的网络安全也就是网络信息安全,具体指的是网络系统中的硬件、软件及其他的数据不会由于他人的恶意攻击而受到损害、更改或泄露,并且系统还能够持续地运行,服务不中断。保护网络安全是网络内容监管的重要功能。进行网络安全监管也就是检测正在运行的互联网是否正常,并对非正常状态运行的互联网进行修复,使得互联网能够持续正常地运行。完整的网络安全包括技术和管理两个方面,就技术层面来说,也就是要保证网络不受到非法用户的入侵;而管理则是对内部进行人为的管理。就目前来说,保护重要的网络数据以及提高计算机网络系统的安全性是保证网络安全的首要问题。威胁网络安全的方式也发生了很大的改变,现在的网络攻击不仅仅是单纯的病毒攻击(例如 CIH、冲击波等),经过多次的进化,恶意网络攻击已经发展成了木马病毒、垃圾邮件、恶意软件、钓鱼软件、后门程序、勒索软件、流氓软件、间谍软件等多种方式。而曾经一段盛行的"勒索软件"就是通过相应的网络技术获得用户的私密信息,再通过这些私密信息对用户进行威胁。与之类似的还有"流氓软件",也就是在未经用户允许的情况下强行地绑定安装一些软件,有的也会偷取用户的个人信息或资料,从而获得一些经济利益。而这些网络威胁也随着科技的发展而变得越来越难以防备。①

总的来说,网络安全不仅会影响到国家的政治、经济、军事、科技以及文化安全,还在很大程度上会影响到公众的个人信息安全和社会的和谐。计算机病毒以及黑客对网络的入侵和恶意破坏在很大程度上阻碍了网络的正常运行。建立健全网络监管保障机制对维护网络的正常运行,预防信息安全威胁,确保网络安全,有着很重要的意义。

---

① 孙昌军:《网络安全问题概述》,湖南大学出版社 2002 年版,第 134—138 页。

(五)打击网络犯罪

由于网络的隐蔽性较强,涉及面广,且传播的速度较快,很多网络犯罪者的违法行为难以被追责。在刑事犯罪活动中,很多犯罪嫌疑人都利用网络的隐蔽性以及低成本性来对其他网民进行网络诈骗、赌博、传销以及网络色情等违法犯罪活动。有数据显示,近几年中,网络违法活动的发生概率以70%的增幅迅速增长,这严重影响到了社会的稳定安宁,破坏了公共秩序,对公民、社会以及国家的利益都构成严重威胁。网络已经成为犯罪分子实施犯罪的一种媒介,只有建立健全网络监管保障机制,才能对违法犯罪活动进行预防和严厉的打击,才能保证社会的安定。

2015年5月2日至10日人民论坛网对当前网络意识形态状况进行了调查。2864人填写了调查问卷,回收有效问卷2505份,近八成受访者认为,依法依规的网络管制是必不可少的。为了营造健康的网络环境,是否应该加强对网络的监管?此前,有西方媒体曾公开表示中国的互联网监管过于严格,认为高度开放的互联网是保护和实现人权的基本前提和保证。这些言论符合大众的基本判断吗?人民论坛网设计了相关问题来了解公众对于互联网管制的相关看法。调查结果显示,受访者对于维护互联网环境的重要性和互联网管制的必要性有着较高的认同,认同度得分都在4分以上,介于“比较认同”和“非常认同”之间(图3-1),而对于“西方国家的互联网管制比中国更严”这一说法的认同度稍低,得到了3.78分,倾向于比较认同。

具体来看,关于“保护个人权利,需要健康、良好的网络环境”这一说法,得到了80.6%的受访者的认同。另外,不仅有77.2%的受访者认为“不受限制和约束的互联网是最危险的”,而且还有79.2%受访者表示“依法依规的网络管制,在任何国家都是必需的”。值得注意的是,那些所谓的西方国家有着高度开放的互联网环境的言论,只是一小部分群体的片面之见。本次调查中,有61.3%的受访者都认同“很多西方国家,对互联网的管制比中国要严”。那么,社会多元化、开放化、公众价值选择多样化的背景下,网络监管究竟是该“从严”还是“从宽”?调查发现,对于这一问题,有76.0%的受访者都表示“越是多元化的时代,网络舆论的监管越重要”,且有

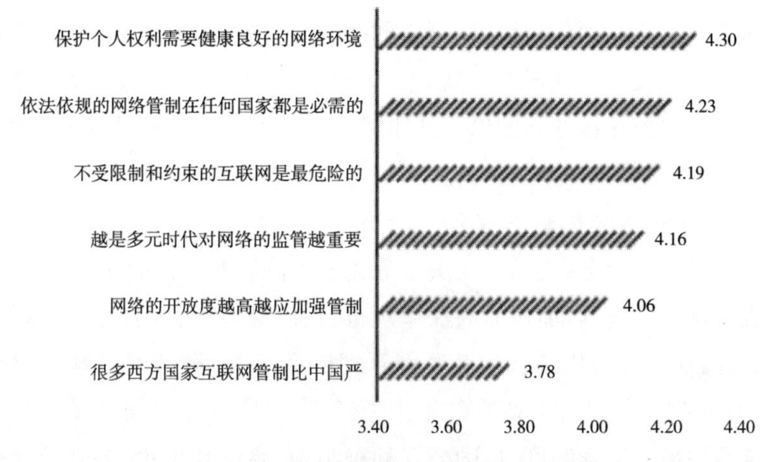

图 3-1 公众对网络监管认同度的平均得分

72.4%的受访者认为“网络的对外开放度越高,对其越应加强管制”。结果显示,80.6%的受访者认同“保护个人权利,需要健康、良好的网络环境”这一说法;79.2%的受访者认识到了监管的作用,表示“依法依规的网络管制,在任何国家都是必需的”①。在多元化的时代,网络的对外开放程度越高,对网络内容的监管就越是重要。因此需动员全社会的力量,对网络内容进行有效的监管。

第二节 网络内容建设监管保障机制存在的问题与原因

一、我国网络内容建设的监管保障机制存在的问题

我国对于网络内容建设采取了多种监管措施,能够基本保持网络社会的稳定。就目前的网络信息来说,网络上传播的时政类新闻有85%以上都是中央或地方权威的新闻网站发布的,从整体上来说,我国的新闻传播是较为有序进行的。在全国范围内开展的打击淫秽色情等低俗风气的专项行动也取得了一些成效,社会各界对该行动也给予了较好的肯定。但是,由于多

① 《国家治理》周刊2015年7月10日。

方面原因,网络上的淫秽色情和低俗的内容显得极易反弹,而其他的网络赌博和网络诈骗活动则不断地以一种新的面貌出现在网络上,网络谣言和网络暴力现象也没有得到根本遏制,人民群众对于这些问题的反映也是十分强烈。网络内容存在的问题以及其他网络问题的产生与我国网络内容建设的监管保障机制还不健全密切相关。

(一)公众监督机制不健全

十七届六中全会《中共中央关于深化文化体制改革的决定》指出“加快网络法制建设的进程,加快形成法律规范、行政监管、行业自律、技术保障、公众监督、社会教育相结合的互联网管理体系,不断提高网络管理效能”。2009年中宣部副部长,中央外宣办、国家互联网信息办主任王晨强调,“完善并落实举报的奖励制度,鼓励公众积极举报,且强化舆论、公众及社会的三方监督。”①

在网络监管中,中央及政府有关部门重视依靠群众的力量,发动公众监督网络信息内容与活动,公众日益认识到网络与社会和谐、与个人权益、与国家安危的关联性,参与的热情越来越高。国家互联网信息办公室在网络空间治理中充分发挥举报机制作用,着力加强网络举报平台建设,着力推动全国百家重点网站开展举报受理工作,加快构建全国网络举报工作体系,不断加大公众监督力量。网民对举报网上的有害信息的积极性也在不断地提高。与政府部门的单一监管相比,公众投诉对互联网的监管作用显得更为有效。在台湾,当地的终止童妓协会在1999年7月21日成立了中国第一个色情举报网站Web547,从该网站建立后八个月内就收到了近7000封检举信,该网站将这些检举信一一交给台北市的刑警大队,而经过刑警大队专家的筛选和处理,已经处理了477起类似案件,这对清理色情内容起到了很大的帮助。在举报的过程中,终止童妓协会发现,色情网页的频繁出现主要是由于搜索引擎经常为网页提供免费的空间,但很少对这些空间进行管

① 新华网:王晨:《网络媒体要担负起维护网络安全的责任——在第九届中国网络媒体论坛上的演讲》,见 http://news.xinhuanet.com/newmedia/2009-11/24/content_12530246.htm。

理。① 根据中国互联网违法和不良信息举报中心统计,2015 年举报中心直接受理网民举报 100 多万件次,其中色情低俗类举报信息占比近 65%。一些违法者通过云盘、网盘等在线存储工具,存储、叫卖淫秽视频、图片;通过论坛、微博等互动平台,微信等即时通讯工具,发布招嫖信息,从事卖淫嫖娼非法活动。2015 年 5 月,中国互联网违法和不良信息举报中心以及各地的举报部门一共收到了 174. 8 万件来自各地的举报,而经过有关部门的核实,其中有近 141. 9 万件是真实信息,而相关执法部门一共处理了 122. 8 万件,我国第一次举报处理量破百万。② 2015 年 6 月,中国互联网违法和不良信息举报中心、各地网信办举报部门以及其他的举报网站通过建立多元举报渠道、扩充公众举报队伍等措施,积极推进网络举报工作,举报受理量较 5 月大幅增长,达 247. 7 万件,涨幅 41. 7%。经审核,有效举报 152. 8 万件,较上月增长 7. 7%,共处置 127. 7 万件,处置率达 83. 6%。到 2015 年 6 月底,中国互联网违法和不良信息举报中心已发放举报奖励 571 万元。尽管我国公众参与网络监管有所发展,但公众监督机制尚不健全,主要表现在以下几方面:

1. 公众参与的主体具有局限性

公众参与网络监督主体数量及其分布情况是公众监督机制是否完善的重要体现,在很大程度上可以使公众监管的效力提升。公众在网络内容监管过程中的参与度则直接影响到了网络监管的效果。目前我国网络监管中公众参与的数量虽然迅速增加,但是仍然存在着局限性。公众参与人群的阶层分布不够全面,大多数的参与者为年轻人或者城市人口。我国幅员辽阔,各地区的经济发展也有着很大的区别,截至 2016 年 12 月,城镇地区与农村地区的互联网普及率分别为 69. 1%、33. 1%,相差 36 个百分点。城乡普及率差异较 2015 年的 34. 2%扩大为 36. 0%。截至 2016 年 12 月,我国网民以 10—39 岁年龄段为主要群体,比例达到 73. 7%。其中,20—29 岁年龄

① 严三九:《论网络内容的管理》,《广州大学学报》(社会科学版)2002 年第 5 期。
② 中国网信网:《全国互联网违法和不良信息举报受理量 5 月份首次突破百万件》,2015 年 6 月 23 日,见 http://www.cac.gov.cn/。

段网民在整个群体中所占的比例最大,其比例高达30.3%。而与2015年年底相比,10岁以下网民人数有着不小幅度的增加,互联网继续向低龄群体渗透。① 可见,受制于地区、城乡、年龄、职业等差别,公众对网络监督的参与度不同,这也相应地影响参与的代表性和可信度。

2. 部分公众监督易于非理性化、表面化和随意化

在网络环境中,公众参与网络监督都是公众按照自己的价值观和利益偏好所作出的,匿名举报途径、法不责众心态、网络谣言蛊惑,容易导致部分公众非理性化、表面化和随意化的监督行为。如,一些不法分子以监督的名号对其他人进行诽谤或人身攻击。另外,由于我国保护网络正当监督权力的法律政策还滞后或不完善,导致部分公民虽然心里想参与网络监督,但是怕惹来不必要的麻烦而放弃对网络的监督。由于网络信息的传播速度极快,可能前一秒网络上刷屏的是一个问题,而在这个问题还没有解决的情况下,又开始对另外一个问题进行刷屏,这样使得很多问题不能得到解决的结果,由此也影响了公众监督焦点的持续性和有效性。

3. 公众监督制度缺失

近年来,公众参与网络监督取得了一定的进展,但是在我国,公众参与网络监管也是新生事物,规范和保障公众参与的制度建设较为缓慢,这让很多不法分子在网络上钻了制度和法律的空子,在网络发布一系列不实言论,对公众监管产生了极大的干扰,损害公众监督的声誉。目前还没有对公众如何进行监管、怎么公开信息、什么样的言论是合法的以及如何表达正当诉求给出明确的制度规定。公众参与网络监督中没有统一的监督程序以及回馈机制。由于缺少制度约束,公民参与网络监管处于一种自发的状态,全凭个人兴趣,或涉及自身利益,仅仅是一种点性监管,形不成线性或者面性监管。而在网络上的一些偏激或极端行为会误导公众监督方向,导致网络群体性事件,更为严重的可能产生网络暴力等,严重影响社会稳定。另一方面,没有相应的制度来保护监督者,又直接影响到了公众对网络监管的积极性。

① 中国互联网信息中心:《第39次中国互联网网络发展状况统计报告》,中国网信网,2017年1月22日。

（二）政府监管机制不完善

1. 监管部门职责交叉不清

自从1994年接入国际互联网后，为防止境外网上有害信息的渗透，中国政府建立了各个部门分工负责、齐抓共管的行政管理体制，明确了多个政府主管部门作为治理主体对网络内容进行治理。中国这种网络内容治理体制划分的思路是将行政部门的职权延伸到网络上，形成了现行统筹协调、分工负责的管理格局，但是网络内容治理的实践一再表明：中国网络内容治理的现行行政体制以及与此对应的多头治理主体格局的弊端是显而易见的。随着网络内容的迅猛发展，体制设计与网络内容治理实践之间的矛盾越来越突出，治理分散、职责交叉的情况日益明显。

为了贯彻落实中共中央办公厅、国务院办公厅关于进一步加强互联网管理工作的意见精神，切实做好互联网站管理工作，加强互联网管理相关部门之间协调配合，中共中央宣传部、信息产业部、国务院新闻办公室、教育部、文化部、卫生部、公安部、国家安全部、商务部、国家广播电影电视总局、新闻出版总署、国家保密局、国家工商行政管理总局、国家食品药品监督管理局、中国科学院、总参谋部通信部联合制定互联网站管理协调工作方案（信部联电〔2006〕121号，2006年6月27日）。按照此方案的规定（见图3-2），“全国互联网站管理工作协调小组”（简称全国协调小组），成员单位包括：信息产业部、国务院新闻办公室、教育部、文化部、卫生部、公安部、国家安全部、商务部、国家广播电影电视总局、新闻出版总署、国家保密局、国家工商行政管理总局、国家食品药品监督管理局、中国科学院、总参谋部通信部。全国协调小组负责全国互联网站日常管理工作的协调，指导、协调各成员单位对互联网站实施齐抓共管。全国协调小组办公室设在信息产业部。各省（自治区、直辖市）互联网站管理工作协调小组（简称省级协调小组），成员单位包括：省（自治区、直辖市）党委宣传部、通信管理局、新闻办、教育厅（教委）、文化厅（局）、卫生厅（局）、公安厅（局）、国家安全厅（局）、广播影视局、新闻出版局、保密局、工商行政管理局、食品药品监督管理局（药品监督管理局）。省级协调小组负责本行政区互联网站日常管理工作的协调、指导。省级协调小组办公室设在省（自治区、直辖市）通信管理局。

在协调小组统一协调下,参与到管理过程的部门包括:互联网行业主管部门(信息产业部),网络专项内容主管部门(包括国务院新闻办公室、教育部、文化部、卫生部、公安部、国家安全部、商务部、国家广播电影电视总局、新闻出版总署、国家保密局等),前置审批部门(包括国务院新闻办公室、教育部、文化部、卫生部、国家广播电影电视总局、新闻出版总署、国家食品药品监督管理局等),公益性互联单位主管部门(教育部、商务部、中国科学院、总参谋部通信部等),企业登记主管部门(国家工商行政管理总局)。由上可见,在政府管理中,网络管理是最为分散的一个领域。管理部门众多,虽然各个管理部门都有各种独立的管理职责,但是在实际执行中仍会出现权责不清、多头管理、效率低下的情况,所以要建立健全网络管理协调机制。网络是一个很复杂的平台,所以传统的管理机制很难适应对网络的管理。虽然我国在互联网管理问题上成立了互联网站管理工作协调小组,但是在管理上还存在着一些纰漏,对管理主体及其职责没有一个较为清晰的规定导致管理主体职责的混淆。有这样一个事例:对于网络游戏来说,新闻出版部门将其认定为游戏出版物,而文化部却认为是文化娱乐,产业部则认为是软件产业,这就带来了很大的分歧,妨碍了对网络游戏的监管。

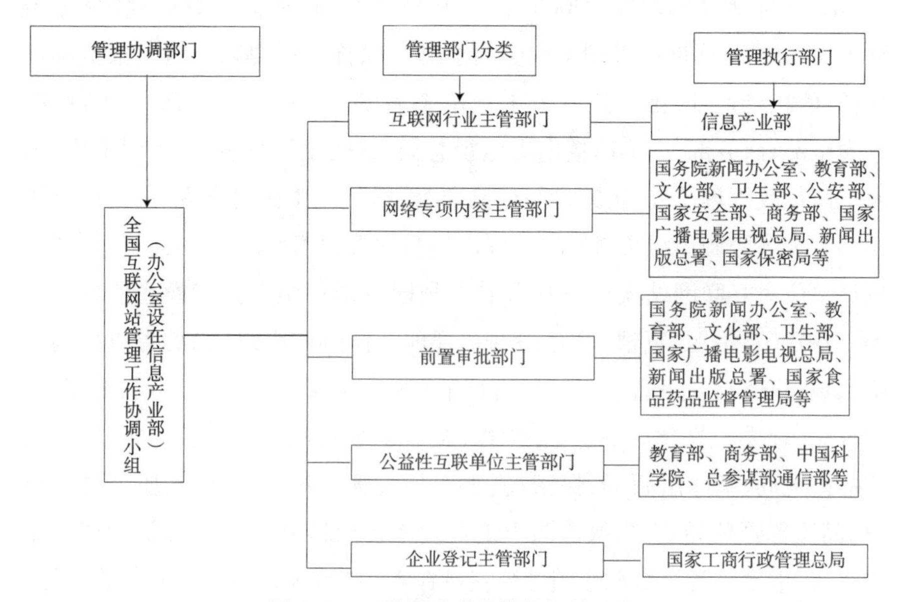

图 3-2 互联网政府监管部门关系图

2. 出现监管空白

在网络管理方面，很多部门都可以在自己的职权范围内找到相应的网络管理内容，例如通信、新闻、教育、医药、文化、安全、工商行政等部门都可以发布相应的文件来对网络进行管理。这个现象导致了网络管理部门的多和杂，所以各部门在进行网络管理的时候会在协调性上出现很大的困难。为了解决这个问题，于2006年制定了《互联网站管理协调工作方案》，同时中宣部、公安部、广电总局、新闻出版总署、工信部等16个单位在该年还成立了相应的网站管理协调组织，到了2011年，国务院正式批准互联网信息办公室挂牌。但是这个方案中并没有对网络监管部门的性质有一个明确的定义，所以导致一个部门可以在网络监管中承担不同的职责。多头网络管理中存在的较为典型的问题主要在于这三点："有利都管，无利都不管""谁都可以管"以及"看见才管"。这些问题必然带来监管空白地带，在这些空白地带不存在相应的网络监管，也就最容易滋生问题。

3. 监管措施不到位

在网络内容监管过程中，需要切实有效的监管措施对网络进行监管。

本项目的网民调查问卷显示了其对监管措施是否到位的情况（图3-3）。

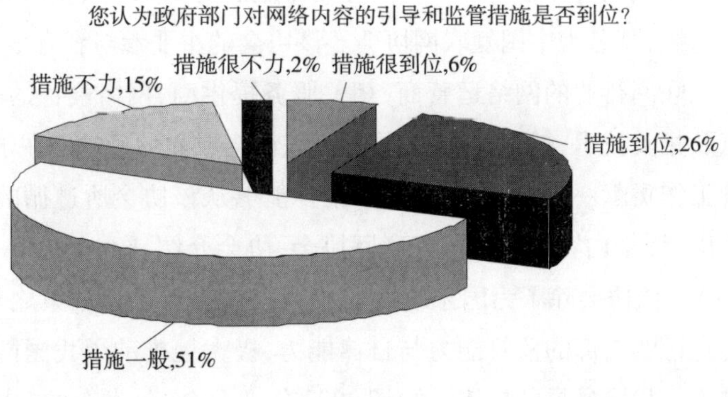

图3-3

4. 协调机制无法适应现实需要

在网络监管过程中，参与监管部门的数量较多，尽管也有相应的协调机制，但当监管涉及跨部门协调，经常会出现不同部门的争执，整体的管理和协调难度较大，工作程序较为繁杂。在江西省曾经出现过一家名叫“中国江西经济新闻网”的网站，而该网站并没有取得相关的资格认证就开始上线运营。相关部门对其进行调查却发现，该网站虽然标注为中国江西，但是该网站的服务器以及备案都在距离较远的北京。如果江西政府相关部门要对其进行查处，就需要跨越两地、跨越多个部门来对此事进行调查和协调，这样一来，就大大增加了调查与管理的难度。据相关调查显示，江西省内有多达八万网站的备案地址都不在江西本省内，而是分布于全国各地，这就占到该省全部上线网站的三分之二。在剩下的三分之一中也只有很少一部分网站的备案地址与接入点都处于江西省内。想要处理好这种事情并非易事，如果想要关闭那些备案地址不在本地而接入地址却在本地的网站，就必须按照有关法律依据，但是我国目前并没有出台与之相关的法律法规；如果想要关闭那些备案地址处于本地但接入地址不在本地的违法违规网站，相关政府部门就需要进行跨地区、跨部门的非常复杂的协调与管理工作。① 当某项工作需要进行跨省份、跨部门的管理和协调时，很容易出现分歧与争议的地方。

（三）行业自律机制还需加强

1999 年 23 家网络媒体联合制定《中国新闻界网络媒体公约》，该条约标志着中国互联网行业自律的产生。在两年之后的 2001 年，我国又成立了一家网络组织，其名为中国互联网协会。该协会的主要参与者有很多，例如国内从事互联网行业的网络运营商、相关服务提供商、网络设备的制造商、供应商以及相关技术、教育、科研人员等。该协会成立的目的就在于为我国网络监管工作贡献一份力量，这种奉献精神能够从该协会所遵循的宗旨与精神中读出（详细内容参照中国互联网协会，协会介绍：http://www.isc.org.cn/Society）。该协会除了为国家政府的相关工作进行出谋划策之外，还努力提高自身行业内部的监管能力与自律能力，极大地推动了我国网络监管事业的进步。我国最早的自律公约是 2002 年 3 月 26 日发布的《中国互联网行业自律公约》，该公约规定我国的互联网行业必须将自我管理、自我约束、相互监督以及共同发展的条款作为其行业发展的自律机制，其目的就是

① 新浪网：2012 年 3 月 13 日，见 http://news.sina.com.cn/china/。

为了提高相关行业内部的自律意识、配合政府部门的监管工作。在该公约当中还明确指出,对于那些从事网络信息服务行业的行业以及专业人士来说,必须提高其自律意识,严格遵守国家颁布的有关互联网信息服务管理条例,将严格履行互联网信息服务的工作作为自身不可推卸的义务和责任。其中,在该公约自律条款的相关规定中我们可以知道,我国互联网行业应该自觉遵守其中规定的自律规则,其主要内容为:相关行业要将谋求所有行业内部共同发展的工作作为自身应该履行的义务和责任;相关从业单位必须对网络消费者以及相关网络使用主体的隐私、信息进行尊重和保护,严格捍卫这些人群的合法权益;互联网信息服务的提供者以及接入服务的提供者需要将营造健康积极的网络环境以及规范和管理相关网络信息作为自身不可推卸的责任和义务;对于那些从事互联网上网服务的经营者以及经营单位来说,营造一种健康、文明、规范化的上网场所是其所需要自觉履行的义务;相关行业需要严格执行维护网络正常秩序与安全的工作。在 2005 年 1 月 28 日时,网络版权联盟在我国正式成立,该部门是由我国互联网协会行业自律工作委员会发起并建立的,其目的旨在加速营造健康网络环境、自律行业环境等进程。2007 年 8 月 21 日,为了适应新型网络交流工具的变化与更新,我国相关部门正式公布了《博客服务自律公约》,并强调网络实名制的重要性。该公约自颁布以来就受到了很大的欢迎和支持,在公布该公约的发布会现场就有十家国内知名博客服务提供商签署了该项协议,其目的就是为了营造一种健康、积极的网络博客环境。不久之后,即在 2008 年时,我国中国网、央视国际等 8 家中央网络媒体携手签署《中国互联网视听节目服务自律公约》,公约重点针对的自律对象是淫秽色情、暴力、低俗的视听节目和侵权盗版视听节目,提倡的是“传播健康有益、符合社会主义道德规范、体现时代发展和社会进步、弘扬民族优秀文化传统的互联网视听节目”(参见《中国互联网视听节目服务自律公约》第 3 条)。2011 年伊始,由于微博平台的兴起和流行,相关部门以及媒体行业就在微博这样一个热门平台上发起了“微博打拐”“随手拍照解救乞讨儿童”等活动,该热门话题一经发出就引起了全国上下的反响。2012 年 11 月 1 日,在中国互联网协会的组织之下,百度、奇虎 360 等多家专业搜索引擎服务企业先后签署了《互联网搜索引擎服务自律公约》，其目的旨在营造一种健康、规范的行业环境。

除此之外，在 2008 年时我国互联网协会积极建立我国互联网企业的信用等级评价体系。为了信用体系的评价公平性与专业性，我国相关部门邀请了国内互联网行业的技术专家、学者以及相关法律专家和管理专家等专业性较强的人才作为该评价体系的评委和公证人员。截至目前，该评价体系已经工作了总共五次，其效果明显。

由上我们知道，虽然我国已经先后制定出众多的互联网自律条款，但是这些规则并不具有严格法律效力和强制力，因此在这种情况之下，就难免会有一些互联网企业为获取不法利益而违背自律条款。对于互联网信息提供商以及企业来说，盈利对于整个企业与公司来说都是至关重要的。但是所有事情都应该有它的底线，对于互联网信息提供行业以及企业来说，其肩负着引导网络舆论与发展的重任，因此只有这些企业持续健康稳定的发展，才能够保证这种具有虚拟性质的网络社会健康稳定的运行下去。① 随着我国经济水平的发展和提升，我国公民的生活水平也得到了很大程度的提升，随之而来的网民数量也急剧增多。在这种情况下，容易接受的新鲜事物的青少年网民与其他类型的网民数量都在增多，这样一来就为我国的互联网行业以及相关企业带来了巨大的商机。现在如果网民们想要在某个新闻网站以及社交网站上提交自己的评论信息或者其他信息时，这些网站都会要求进行这些操作的网民们进行注册。众所周知，在注册网站用户名的同时，所有的网站都会将一些服务条款以及法律信息以网站的形式来告诉需要注册的网民。这种行为虽然看似有用，但是实际效果并不明显。就网民群体来说，这些条款可看可不看，为了方便快捷性，绝大多数网民会直接忽略这些服务条款与法律条款；就网站来说，甚至有的网站置实名制于不顾，只需要网民们在注册网页上填写昵称、用户名、邮箱、出生日期等不重要的信息就可以完成整个的注册过程，完全没有真实性可言，这样一来大大增加了相关部门的网络监管工作的难度。除此之外，还有的网站“把关人”甚至会对一

① 窦玉沛：《社会管理与社会和谐》，中国社会科学出版社 2005 年版，第 55 页。

些虚假程度较高的广告、信息、与事实相悖的新闻等把关不严，甚至为一些违法犯罪行为提供实施的机会和场所。有部分网站为了谋取更多的利益，不顾相关的法律法规，在自身网站中大肆宣扬一些真实性不强的新闻信息、不良信息，整天在网站上对一些娱乐新闻与八卦信息进行宣讲和解读，网页上也会出现一些比较低俗的文章和一些比较暴露的图片，极大地损害了网络信息内容的健康性。即便在当前处于互联网权威行业中的新浪网、搜狐、百度等网站当中，如果网民在其搜索引擎当中输入例如“一夜情”“走光”等不良词汇时，同样也会出现一些较为低俗的图片以及文字信息。同时，百度网站也经历过一场反响较为强烈的诉讼案件。为了维护自身的权益与版权，50 位作家联合起来对百度文库进行起诉。这种种事情都向我们表明，在巨大利益的驱动之下，商业性质的互联网企业都会多多少少做出一些违反规定的行为，如果仅仅依靠网站与企业的自律是不能净化网络空间的。

巨大的商业利益与较差的自律意识都是造成我国互联网行业难以自控的原因。除了行业本身之外，由于我国并没有建立明确化、通用化以及强制化的互联网行业标准，这就在一定程度上导致了我国互联网行业中不同企业、网站水平不一的内部管理能力和自律能力。这就在一定程度上导致了我国互联网行业中不同企业、网站水平不一的内部管理能力和自律能力。中国互联网协会于 2011 年 6 月 15 日在京发布我国首个互联网服务标准《互联网服务统计指标　第 1 部分：流量基本指标》。这是我国第一次对互联网统计服务提出基本规范，为互联网统计数据提供了标准化的参照体系。此次发布的“流量基本指标”，对改变过去流量统计各成一体的散乱格局、规范国内互联网行业对站点流量的统计和测量及相关指标的应用具有重要的意义。①

（四）协调联动机制有待整合优化

1. 网络监管主体间资源分割

我国在网络内容监管上，网络内容监管主体各自掌握着相关的信息资

① 新华网：《我国首个互联网服务标准发布》，2011 年 6 月 15 日，见 http://news.xinhuanet.com/2011-06/15/c_121540724.htm。

源、硬件设备、技术人员等，由于利益需求、技术限制、主观意愿等原因，政府及其部门之间、网络运营商和网络信息服务单位、网络行业组织、大众传媒和网民之间资源分割，大大降低了对网络内容监管的效率。网购问题尤为突出，例如“浙江网购枪支案”，网名为“标准件 S”和“菲拉达慕”的两名犯罪嫌疑人非法制造、买卖枪支零部件，并通过互联网平台售往全国各地。因目前尚未建成一个覆盖各省市完善的网络监管平台，只是实现部分省市工商局联网运行，各地工商机关网络商品交易监管信息化建设工作步伐仍较为缓慢、成效甚微，所以办案过程困难重重。再如：互联网电视资源的监管一直使各大监管主体竞争角逐，在我国主要的网络电视资源被众多电视厂家所分割，其中就包括 TCL、创维、海尔、长虹等。所谓的网络电视资源主要就是指相关电视厂家与互联网信息提供商将互联网中的视频资源以及信息资源通过网络途径传递到电视终端。但另一方面，各大电视台对互联网电视敌意较重，担心这样的行为会将传统电视观众更多地吸引到新型网络电视平台中去；同时我国广电总局也担心这样的行为会造成网络信息的完全暴露，担心这种信息暴露的方式会使原本混乱的网络信息变得更加复杂。除此之外，高清电影以及电视剧的无限制下载同样也涉及了版权问题，由此针对互联网电视密切关注，酝酿出台监管政策。

2. 网络监管主体间沟通不畅

如果组织内部自主提供了一项服务，那么就会有很多非正式的交流方式，而这些会给正常的交流带来更多需要处理的信息。然而由于网络传播的方式与途径产生出一些沟通障碍，会使那些内在的类似“水冷式的”沟通途径在网络传播中受到阻碍。网络内容监管主体间各监管主体缺乏强烈的沟通意识，存在官本位思想和出于自身利益的考虑，政府及其部门与其他监管主体之间缺乏主动的沟通。有效的沟通制度环境的缺乏、法律法规的不健全、监管主体间的沟通渠道单一等原因，很难使监管主体将沟通的内容、时限、方式等具体化。

我国虽然已经成立了中央网络安全和信息领导小组进行统筹协调，但网络内容的监管主要还是宣传部门。地方通信管理局负责对网站的审批，掌握着行政管理权力，但对网络内容又几乎不实施监管，且对审批过的网站没有直接有效的手段进行处罚,网站出现不良信息,这时候还需要网络信息服务部门和网络运营商的参与,才能够将这些不良信息删除。网络监管过程中的各个行业组织、大众传媒和公众之间沟通也不顺畅。

3. 网络监管主体间协同行动机制缺乏

我国在网络内容监管上,各监管主体缺乏一致性目标。在互联网行业中,由于行业组织代表着自己的根本利益,ISPs 与 ICPs 从自身利益角度出发。政府监管部门分散,也有部门利益驱动。所以很难形成网络内容监管主体间的协同行动机制。例如,在现在的网络诈骗事件中,"伪基站"是一个非常常用的手段,主要就是能够通过冒用他人的号码让其他用户发诈骗短信或广告,很常见的就是某些官方号码向用户推送的中奖信息等,这样的行为扰乱了社会秩序,并影响用户的正常使用。由于"伪基站"使用的技术高,内容涉及的管理部门多,一直未得到高效的监管,自 2014 年以来,中央宣传部、中央网信办等 9 个部门在全国范围内部署开展打击整治专项行动,协同治理已初见成效,但还未形成政府及部门与其他监管主体间的协同行动机制。

二、监管保障机制问题产生的原因

(一)监管法律缺陷

1. 监管无法可依

依法监管、依法治网的基础就是有法可依。就目前来说,我国针对网络的法律法规制定,基本都处于被动回应性的立法。网络立法只是在问题出现后的补救措施,而不能根本地解决问题,在预防上也没有一个明显的作用。① 我国网络立法滞后,使得网络监管自身缺乏法律规范和保障,监管过程法律依据不完备,甚至无法可依。在我国,到现在来说都没有制定出一部完整的网络监管法律,所以在依法网络监管的过程中,缺少所谓的"母法",缺乏对于网络监管上出现的问题的相关规定。从另外一个角度上来看,我

① 约翰·W.金登:《议程、备选方案与公共政策》,丁煌、方兴译,中国人民大学出版社 2004 年版,第 119 页。

国的网络监管法律是极为分散的，现有的一些出台的法律规章大都是政府部门为了解决某一方面或某一类型的网络问题而提出的，很难形成完整的法制体系。对于很多网络违法行为，我们都找不出相应的法律来对其进行监管，面对不断出现的新型网络违法行为，就陷入被动和尴尬的局面。所以，在进行网络立法的过程中，应该将注意力主要放在网络中的法律真空地带，在法律上对网络监管本身进行规范，并且明确网络监管过程中的监管主体、监管对象以及监管内容，使得网络监管活动在法制化、规范化的轨道上有序运行。

2. 监管有法难依

现行相关法律法规过于原则笼统和理想化，各部门颁布的法规、规章之间缺乏统筹规划，可操作性较差。同时很多关于网络内容监管方面的法律法规内容还只是框架，未细化到如何操作，导致有法难依。例如在《互联网上网服务营业场所管理条例》中的第 14 条规定：未满 14 周岁的未成年人只有在成年人的陪同下才能进入网络营业场所，而在实际生活中，这一点是非常难以实现的，所以这条规定如同虚设。而在《互联网站从事登载新闻业务管理暂行规定》中的 14 条对不同主体的新闻的登载程序也有着不同的规定，从某些方面看，这对有害新闻的流出有着较好的抑制作用，但是新闻本身是具有实时性的，而如果登载程序过于复杂，会使得新闻本身的价值大打折扣，同时也不利于新闻媒体业的发展。对于什么是网络侵权，公众网络行为的自由性的法律界定模糊，也导致执法误区。如，在《侵权责任法》的第 36 条中规定，如果网络用户利用网络作出侵害他人利益的事情，需要承担相应的责任，而如果网络服务提供商在知晓网络侵权而不加以阻止的话，也需要承担一定的法律责任。近年来在网络上经常会有用户因为言论中带有敏感词语而整个言论被屏蔽掉或删除，对于这一做法，各界的反应大不相同，有人认为这是维护了网络环境的健康，而有人则认为阻碍了公民言论自由的权利和议政的热情。

在《互联网信息服务管理法》中规定了“九不准”原则，而完全根据这些原则来判断相关言论是否违法是十分困难的。所以监管部门很难准确地判断言论的非法性，而如果将其交于司法部门判断，中间的程序过于复杂，可能导致不能在这些言论带来实际危害前删除言论。在《信息网络传播保护条例》中，对著作权侵权行为的删除和恢复都有明确的规定，通过该《条例》被侵权者可以实现依法维权。这种管理模式较为简单有效，可以将其应用到网络管理上来，在这个管理模式中，互联网服务提供商仅仅为管理提供技术支持，而不是直接的参与管理，而最终的解决部门是司法部门。这样的做法可以防止由于监管部门的理解偏差而约束了网民的言论自由权。而对于有关国家稳定、宗教信仰、民族团结以及社会稳定的言论，定性较为复杂，一旦出现过激的言论，一般都会被直接地屏蔽和删除。对于国家、社会有关言论的合法性一般是由有国家授权的相应机构进行认定的，如果是在敏感时期，涉及鼓动民族分裂、破坏国家安全的言论，需要经过有法律授权，且可以担当社会管理职责的机关进行判定的，一般来说，经这些机关判定后就算定性了，但是如果最后的司法机关不认同这种判定，司法机关是可以对其进行改动的。①

立法主体的多元化，在制定法律法规的时候很容易出现法律法规的不统一和矛盾。立法过程中会存在立法部门主义现象。2000 年 11 月的时候，国务院新闻中心以及信息产业部共同制定了《互联网站从事登载新闻业务管理暂行规定》，该规定的第 15 条对登载新闻做出了一些规定，同时强调如果违犯了该条规定中的任意情形，将由国务院新闻部或者地方的新闻办公室给予相应惩罚。② 而实际上在当年 9 月国务院也发表过《互联网信息管理办法》，但是在该文件中，国务院并未赋予其新闻办公室这样的职责，很明显可以看出，上一条规定是国务院新闻办公室基于自身权益考虑而制定的。2000 年 11 月，北京市通讯管理局发布了《通知》，该文件规定，企业以宣传为目的所设计的网站属于非经营性网站，而北京市工商行政管理局则在《经营性网站管理办法中》提出，只要是企业所建立的网络都是经营性网站。③ 从以上两个案例中我们可以发现，不同部门在立法的时候都存在着较大的差异，很多问题都反复立法，没有一个统一的规定，这极大地降

---

① 罗楚湘：《网络空间的表达自由及其限制——兼论政府对互联网内容的管理》，《法学评论》2012 年第 4 期。

② 《互联网站从事登载新闻业务管理暂行规定》，第 15 条。

③ 郑思成：《知识产权法》，法律出版社 2004 年版，第 254 页。

低了我国法律的适用性。不同的管理部门在立法的时候没有相互沟通,所以经常出现不同部门对于同一问题的立法冲突,这也很大程度上削弱了法律的执行力。

(二)利益驱动

在对网络内容的监管中,尤其是政府及其部门,往往出现多个主体部门监管职能和范围重合或交叉的现象,例如,关于网络新闻的随意转载问题,应该由文化部来监管还是公安部来处理呢?这类问题正体现着监管主体间的利益问题,如果出现的问题积极易处理,并且能给部门带来好处,网络监管相关的部门可能为了利益会积极主动争取监管权力;反之,则会出现踢皮球现象或避而不谈。在监管过程中,监管主体之间常常存在着互相推诿,或是互相争夺的现象。在利益的驱使下,监管主体对网络内容的监管会出现难以协同行动,使得监管主体间缺乏更多的沟通与合作。

随着我国经济的不断发展,其互联网行业中的竞争力同样也随之急剧加大。在这种环境之下,我国的相关网络运营商就会将更多的精力放在如何获取最大利益以及成本效益的工作上,并要能够做到在获取最大利益的基础之上为客户们提供较为优良的网络服务。与此同时,随着网络类型的不断增加、网络的不断普及,我国的 IP 网络逐渐与新兴的移动网络与固定网络进行有机结合,从而为使用相关服务的用户提供较大灵活性和自由,使其能够根据自身的需要选择接入应用的地点与手段。这种较大的灵活程度与自由程度同样也给网络运营商的监管工作带来了非常大的难度。与此同时,随着网络的普及,互联网已经成为现代人们生活中不可缺少的一部分,这对相关网络运营商以及互联网信息服务商等来说就是巨大的商机。随着相关运营商的介入,互联网在其免费使用的外表下其实暗藏着一条巨大的产业链与商业链,网络使用主体以及网民们的上网点击率、流量以及广告等就是其中的重要组成部分。如果我国相关部门要对现有的网络内容以及信息进行监管和控制,就必然在一定程度上影响该产业链与商业链的正常运行,并且还面对重新分配网络资源与利益的巨大工作。从根本上来说,相关网站的建立都是为了获取一定的利益,例如网上赌博网站等。就生活中常见的电子商务网站来说,例如淘宝、京东商城等,这些网站都是通过向个人商务收取一定费用,从而给予这些商户在该平台上发布商品信息的权力。个人商户通过网站中的商品卖出利润而获利,相关电子商务网站则通过个人商户所缴纳的费用而进行获利,由此可见商户与网站之间存在着互利共赢的关系。如果政府网络监管部门介入其中,出于保护网络健康环境的目的,必将提高相关电子商务网站中商户的准入资格,同时还要对准入资格和过程进行监管和审查。这样一来不仅会在一定程度上影响相关商户的自由经营权,还会相对减少一部分电子商务网站的盈利。在这种情况之下,相关网站以及商户一定会对政府部门的这种做法表现出不满,相关政策的实施工作也不能正常进行。

除了电子商务网站之外,互联网中的色情网站也有着其盈利的方式和手段,并且我们可以从该类型网站的获利模式中看出互联网中大多数网站的获利方式及其暗藏的商业链。根据相关调查表明,大多数网站的获利方式主要包括以下三个方面:第一个方面就是设立会员制度,通过向网民们收取会员费用的方式来提供相关服务;第二个方面就是网页中投放广告所收取的费用。广告商选择哪家网站作为投放地点的主要依据就是该网站的点击量和浏览量。在这种情况的驱使之下,为了吸引更多的广告商在自己的网站上投放广告而获取利益,相关网站就会采取不同的手段和方式来吸引网民对其进行点击和浏览,其中就包括上传一些黄色、暴力的图片以及文字信息等,其目的就是为了吸引那些经常上网的青少年们对其进行点击和浏览,从而增加该网站的点击量和浏览量;第三个方面就是利用在网站中投设电脑病毒的方式来进行获利。当某个网站中被投设了电脑病毒,如果网友对其进行浏览和点击,那么该用户的电脑就会在短时间内感染上相应的病毒,病毒的制作者就会从控制用户电脑的过程中进行获利。在这种情况之下,如果政府相关部门加大对网络的监管力度,则将会在很大程度上打击依靠上述三种方式获利的网站。另外,在互联网这一巨大产业链与商业链中还存在着一个非常重要的参与者,那就是提供用户接入服务的网络运营商。用户在手机上进行网页浏览、资源下载以及相关娱乐时,都会产生一定的流量费用,只要用户浏览的次数越多、时间越长、下载资源的数量越多,这样用户所消耗的流量就会越多,其产生的相关费用就会越大,运营商从其中获得的利益就越多。所以为了获得更多的利益,运营商行业中就会出现一些潜规则,即某些运营商会给一些不良的网站提供更多的下载与浏览服务,以此来获得更多的利益。种种现象表明,正是由于这种一味追求更高利益的行为造成了目前我国互联网混乱的局面,虽然政府已经制定了相关政策和行业准则控制了部分行为的发生,但是某些运营商还是会为了自身的利益而对某些不良网站睁一只眼闭一只眼,对于政府的检查和监管工作也只是表面附和,实则暗地进行一些违法违规的行为。我国政府部门制定的相关监管政策、法规以及开展的网络信息监管活动等行为都严重影响了那些依靠互联网生存和获利企业的正常工作,为了捍卫自身利益,某些网站肯定会对政府部门的相关监管工作进行抗议,例如著名的谷歌公司就以宣布退出中国市场的方式来对中国政府的相关行为进行抗议。对于没有道德底线的个别网络企业来说,获取利益就是它们生存经营的唯一目的。这些企业要么是默许或者是允许网民们在其平台上获取色情信息资源等,要么是打着方便相关用户的幌子来进行色情软件的强制下载。除此之外,随着社交网站以及移动网络的发展和普及,某些社交网站光明正大地在其制作开发的网络产品上进行色情淫秽内容的传播。去年5月,北京警方就查处了某知名社交网站所开发的网盘服务,因为查出的这些网盘账户均是传播色情淫秽内容的账号。这种种不良现象都会在不同程度上影响互联网的健康发展,同时还会严重影响青少年儿童的身心健康。

(三)监管技术滞后

我们始终需要相信,核心技术手段在任何时候都是非常重要的,因此在我国的网络监管工作中,技术手段同样重要。众所周知,“科学技术是第一生产力”这句话出自马克思主义基本原理,邓小平同志也提出了“科学技术是第一生产力”的论断。① 科学技术作用渗透于生产和生活领域,成为直接的生产力。新时代的伟大科技发明——网络技术的先进程度直接关系到网络内容监管能力的强弱。目前,没有先进的技术,对于网络上的丰富信息,

① 徐瑶:《我国网络信息行政监管问题研究》,中国人民解放军军事医学科学院硕士学位论文,2013年。

难以及时发现和跟踪违法信息;没有先进的技术,无法取证和制约违法行为。因此,影响网络内容监管水平的直接原因关乎网络技术,人们对网络监管中存在的各种问题往往因网络技术落后而无能为力。在网络环境中,网络监管技术的不先进与并不充分的准备都是造成网络不良行为的原因。

互联网在不断地向前发展,虽然我国在网络监管工作的基础设施建设以及开发核心技术手段的工作当中投入了相当大的财力和物力,但是这些还是不足以适应互联网的高速变化,因此我国还需要将较多的精力放到更新相关技术手段以及监管设施的建设工作上。就我国目前的互联网监管状况来看,我国主要在两个方面具有较大的缺陷和不足:第一个方面就是我国网络工作的基础设施建设工作的进程并不足以适应互联网的高速发展,其具体表现为我国只拥有少量的专业计算机的取证设备,同时我国互联网的基础数据库的建设工作并不到位等;第二个方面就是相关监管技术以及手段也不足以适应相关变化。随着网络的普及,网民们对于互联网以及相关应用软件的使用要求也越来越高,这就不断推动着相关软件向前发展和更新,对互联网的监管技术提出了新的要求。监管技术滞后,直接影响网络取证在行政执法及司法实践中的效率,影响网络各监管主体间的协作,影响监管主体间的资源共享。总体来说,我国的互联网综合监控工作并没有取得很好的效果,并且从根本上来讲该工作并没有完全满足"预防为主,打防结合"的要求。尽管我国在网络监管方面采取了一些技术手段,但是互联网上违法犯罪的瞬时性、广域性、专业性、时空分离性、电子证据的易修改、易删除及稍纵即逝的特点,让行政执法陷入困境。目前网络中又出现了一种新型的传播色情淫秽信息的功能,即"阅后即焚"功能。当一些不良网民通过借助某些手机应用软件中的该功能向其他网民传播色情图片时,这些图片会在用户浏览完毕之后自动销毁,这种现象和功能都为我国互联网监管工作带来了重重难度。种种现象都向我们表明,相关技术和功能的发展速度和变化程度是我们难以控制的,相关部门必须努力采取相关措施来解决和缩短差距。①

---

① C.J. Alexander and L. A. Pal, *Digital Democracy* : *Policy and Politics in the Wired World*, Toronto , Oxford University Press, 1998.

就我国目前的状况来说,我国的互联网监管工作仍然处于一种被动的阶段,其主要工作只有当问题发生之后才想着去解决和查处,主动出击能力不够。由于我国对新技术的自主研究不足,缺乏网络系统高端自主核心技术,无法与技术发展保持同步,网络虚拟社会监管所需要的技术手段与专业设备未能及时补充更新,且我国网络内容监管技术不成熟,监管盲区大量存在,使得监管效果大打折扣,应有的作用未能有效发挥。有资料显示,就核心技术来说,美国有近 100 项,而我国只有它的十分之一左右。而且在我国,网络信息安全的数据库也不够完善,相应的专业设备也远远比不上国际水平,这样使得网络信息的安全性得不到保证。就目前来说,公安部门在对网络信息进行侦查的时候,一般使用关键字搜索,也就是在搜索引擎上进行人工搜索,在使用搜索引擎的时候,除了使用一些专门的搜索引擎外,还需要使用类似 Google 或者百度的大中搜索引擎,这样会降低搜索效率。另外,随着科技的进步,无线网络的普及,网络的开发性和复杂性在不断地增加,这使得网络管理的难度增加了很多。同时,政府及部门和其他监管主体存在着独立且不兼容的信息系统,使得沟通不畅,协作效果很差,而且使信息在传递过程中容易失真。目前 ICP 备案存在备案流程长、效率低的问题,在没有敏感内容的前提下,一般的备案时间都会在一个月左右。现在很多服务器都放在国外,但国内会屏蔽一些科研信息网站,国内用户可能无法访问某些数据库,或者是需要“翻墙”才能访问,这种管制模式与科学技术的发展,与全球化之间已经出现矛盾。

第三节　国外健全网络内容监管保障机制的经验及其启示

一、国外健全网络内容建设的监管保障机制的经验

(一)美国健全网络内容建设的监管保障机制的经验

纵观全球,在现有的互联网络时代中,美国是所有国家当中互联网发展最早也是最成熟的国家,与此同时该国家也在尽其全力为国内的互联网监管工作制定出成熟并且实践性强的措施和手段。早在 20 世纪 70 年代,美

国就已经颁布了将近130多条关于互联网监管工作的法律和法规。① 发展到现在，美国国内关于互联网监管工作的相关法律法规已经涉及方方面面，其覆盖面广、作用范围大、可操作性强，其中既有针对互联网监管工作的宏观条款，同时也有覆盖众多细节的微观条例。这些已经颁布的法规既涵盖了该国家的互联网行业进入规则、电话通信规则、数据保护规则，同时还涵盖了该国对于相关消费者、版权的保护规则、诽谤和色情作品的抑制规则以及反欺诈与误传法规等。让我们将眼光放到更早以前的美国，在20世纪60年代，美国就已经出台《窃听法》。该法的颁布旨在授予相关调查人员与刑事人员在处理严重刑事犯罪案件中的窃听权力，该法同样也成为美国《通信正当行为法》发展史的开端。从那以后，美国国内先后通过了《隐私保护法》《电子信息隐私法》《电信法》等几部相关法典，这几部法典被世人简称为美国的《通信正当行为法》（Communications Decency Act，CDA）。CDA主要包含了以下几个重要内容：明令禁止通过网络途径或者在网络平台上向特定的人或者未成年儿童传播与性有关的信息；使为防止儿童接触到不良信息的过滤器技术成熟化，帮助需要该项服务的父母们提供技术支持和技术保障；如果相关互联网信息提供者以及网络使用主体在善意的目的下认为网络中的某个信息存在不良影响和有害影响的话，那么无论该信息是否收到美国宪法的保护，这些信息提供者或者网络使用主体均有权利对其进行限制接触或者是进行过滤处理。虽然这些法律在很大程度上改善了当前美国的互联网监管工作，但是这部法律同样存在一定的争议性，并且在该法律颁布之后不久就受到了美国公民自由联盟（American Civil Liberties Union，ACLU）的起诉，该组织认为这项法律中的相关内容违反了美国《宪法修正案》第一条中关于公民自由权的内容。美国联邦最高法院在受理了本案之后，对其中的相关违宪信息进行严格审查，在充分搜集证据以及结果之后于1997年6月正式裁定《通信正当行为法》违宪事实成立并立即将其终止。同年，美国通过了《联邦互联网隐私保护法》，在此之后的

① 罗楚湘：《网络空间的表达自由及其限制——兼论政府对互联网内容的管理》，《法学评论》2012年第4期。

1999年通过了《电子签名法》、新世纪伊始时通过了《儿童互联网保护法》、一年后又通过了《爱国者法案》、2003年通过了《网络安全国家战略》等一系列有关互联网监管工作的法律法规,正是制定的这一些具有法律效力与强制力的法律法规才奠定了美国成熟的互联网治理的法制工作基础。在这众多的法律法规当中,专门针对解决移动手机网络信息、电子邮件隐私信息等问题的法律为《电子信息隐私法》;而之后被修正完善的《通信正当行为法》的主要内容就是通过这种法律手段与强制措施在当今的互联网时代中保证青少年儿童的身心健康。当然,除了上述提到了一些已经成文的法律法规之外,美国还同时存有一些联邦以及州法院所审理的相关案件的判决案例,而这些不成文的案例同样也构成了美国互联网监管法律体系中不可缺少的一部分。

就美国目前的互联网监管工作来看,其工作的主体负责为美国联邦通信委员会(Federal Communication Commission,FCC),该组织的前身为美国联邦广播委员会(Federal Radio Commission,FRC),该前身组织的建立时间为1917年,在后来的不断发展当中美国为完善该组织中的相关制度与条例,通过了《通讯法》,自此该前身组织正式更名为联邦通信委员会。①

该组织实行的是委员会制度,其中的主席以及委员都会有美国总统亲自任命,并且还要求委员会中的成员不能同时出现3名以上的成员都处于同一个政党。该委员会中的办公室、职能局以及辅助局一共设置了19个,各司其职,协同工作。在这19个职能部门中,有10个为相关办公室,其中就包括行政法务裁决办公室、工程技术办公室以及立法事务办公室。当然这19个职能部门只是该组织固定拥有的,除此之外,该组织在美国的各个州以及首都华盛顿都设立了相应的职能办公室;有7个局包括公共安全和国土保障局、消费者和政府事务局等;有2个辅助局是公用通信企业局和有线电视服务局。

该组织中的每个职能部门都各司其职,每天都进行着明确的分工合作,并且该组织拥有相对较为集中的权力与较高的独立性。这些特点对于该组

① 孙广远、尹霞、徐璐璐:《国外如何管理互联网》,《红旗文稿》2013年第1期。

织来说是非常具有优势与意义的，下面笔者就从三个方面来介绍这些特点的好处和意义：第一，首先来说，该组织是一个独立性较强的组织，这样一来由该组织制定的一切规则和制度都具有一定的法律效应和强制力，从本质来说该组织是一个准立法机构；第二，具有法律约束力与强制力的委员会同样具有裁决权；第三，因为权力的集中，在对各个监管机构的协调和联动方面效率更高。如果该组织需要制定相关的规则和制度，就必须通过一系列不可缺少的司法程序，相关规则与制度在制定出来之后首先要进行公开性的评议工作和辩论工作，在上述过程均通过之后，最后就需要由联邦通讯委员会来对其进行裁决。由此我们可以知道，从根本意义上来说，该组织既是一个准立法机构，又是一个准行政机构。

除了上述委员会之外，美国还先后设立了一些比较著名的互联网安全行业组织，其数量有九个之多。这些组织和协会分别从不同的角度、运用不同方式、全方面地为该国家内的互联网相关领域设立了非常详细的职业道德规范。美国既成立了专门网络监管机构，又注重发展行业自律和公众监管的作用，分工明确，合作效率高。除此之外，美国政府在网络监管工作中也起到了非常重要的作用，在整个工作的运行过程当中，美国政府相关部门为了配合各互联网行业的工作以及研究，先后制定了针对性较强的行业规范以及技术标准，同时还制定了相关行业标准，以此来对相关行业的工作内容进行监管并提高其自律意识。除此之外，美国政府还制定了非常详细和针对性强的职能监管分工，其中美国的国家电讯信息管理局和联邦通信委员会这两个政府部门共同负责美国国内的互联网基础设施与通信管制任务；美国的国土安全局、联邦调查局以及中央情报局等政府职能部门共同负责网络安全与打击犯罪等任务；商务部则独自负责美国国内的电子商务发展工作。除了美国政府部门以及相关官方互联网协会之外，在该国国内的网络监管工作当中，互联网名称与数字抵制分配机构（ICANN）等民间组织与协会也起到了比较重要的作用。

美国一直把保护青少年作为网络监管的重点。20 世纪 90 年代，美国就意识到了在互联网中保护青少年儿童身心健康的重要性，于是就制定并通过了《儿童在线保护法》（Child On_Line Protection Act，COPA）。COPA 中明确指出具有商业性质的色情网站的服务对象中禁止包括17岁以下的青少年儿童,同时还明令禁止这些网站向上述对象提供“缺乏严肃文学、艺术、政治、科学价值的裸体与性行为的图像以及相关文字等”内容,同时还包括一些具有成人导向以及不利于青少年儿童身心健康发展的网络信息等。该部法律中还规定,具有商业性质的色情网站必须将拥有信用卡以及相关密码信息的用户作为服务对象,从而通过这种方式来有效抵制没有权利办理信用卡的青少年儿童对这些色情网站进行浏览,如果相关商业色情网站并不遵守该规定,一经查出就要被处以五万美元以下的罚金,同时相关责任人还将面临最高6个月的监禁。虽然该法规中的相关内容的确能够在根本上对青少年的上网环境进行保护和监管,但是该法也具有一定的争议性,并且在颁布不久就受到了美国公民自由联盟的起诉。该联盟以该法违反美国宪法的依据将其告上法庭,在1999年4月,受理该案件的法庭首先禁止了该法律的效力,并且规定在没有取得完全证据和结果之前,禁止命令将一直生效。从上文的相关阐述中我们可以知道,在美国的立法进程中,《通信正当行为法》和《儿童在线保护法》这两部法律都是因为违宪而被禁止生效。而在美国,这种因为强制性的网络监管法律在颁布之后都会先后被认定为违反美国宪法,例如影响力与争议性较强的弗吉尼亚州立图书馆电脑过滤违宪案(Maimstream Loudown v.Board of Trustee of Loudown County Library Civil Action No.97—2049—ACE、Va Nov.23,1998)中,该案件的始末如下:该州立图书馆为了保护前来使用电脑以及阅读数据的青少年儿童的身心健康,防止其受到不良网络信息的侵害,于是就在馆内所有能够上网的电脑上都安装了网络信息过滤软件。但是这一举动却引起了相关民间行业与协会的不满,他们认为这一举动严重违反了美国宪法中的相关内容,最终ACLU,People for American Way Foundation等民间自由团体将该图书馆的这一举动告上了法庭,并且图书馆最终败诉。这种种案例都告诉美国,需要改变传统的立法规则和要求,通过变通做法的方式来达到相同的目的。在此之后,美国通过制定税收优惠的政策来变相保护该国国内青少年儿童的上网环境,即规定相关商业性质的色情网站只要自主限制青少年儿童对其网站进行浏览和下载等,就可以享受相应的网络免税的优惠政策。该变法举措在之后的《网络免税法》中得以体现，其具体内容为：政府相关部门在两年时间内不对网络交易服务征收新税或者是歧视性捐税。但是如果具有商业性质的色情网站在该年限之内向 17 岁以下的青少年儿童提供了浏览与下载资源的服务，就取消其享受优惠政策的资格。

（二）英国健全网络内容建设的监管保障机制的经验

在当今世界的大多数国家中，英国的市场运行机制相对来说比较完善，一般是通过行为自律或者市场调节等途径来对网络进行监管。英国政府对互联网的监管有许多具有代表性的特点，如调动全民一起参与、非监控式的监督管理等。英国的网络监管现已朝着从严治网、管网的方向发展。

英国现在的网络监管主体主要是成立于 2003 年的通信管理局（OFCOM）。2003 年之前，电信管理局、独立电视委员会、广播局、播放标准委员会和无线电通信管理局 5 个通信管理单位分别发挥其各自的作用。网络信息产业与其市场逐渐呈现出融合的情况，为了应对这一发展状况，英国政府于 2003 年把以上 5 个独立的监管部门进行了合并，成立了一个全新的网络监管机构——通信管理局。该机构以法律为基础，通过持续有效的机制，主要负责维护电子媒体的内容标准以及对互联网中出现的非法信息严加管制。

通信管理局中设有多个机构，主要行使决策职能的是董事会，分为公平委员会、电台许可委员会、内容委员会、选举委员会 4 个顾问委员会和 9 个董事委员会。董事会的各个机构都有自己的职能，各尽其责。如内容委员会的主要职能便是负责对广播内容和媒体教育的监督管理，也处理与经济、文化等相关的广播事务。①“电子英国”的战略不断深入，在这样的潮流下，为了让通信技术推广普及社会生活的每一个细节中，通信管理局一直都在寻找在新的环境中更科学更有效地促进信息产业向前发展的途径。②

英国政府采取了一系列措施来对互联网进行监管，主要有政府指导、网

---

① ECD, *Regulatory Policies in OECD Countries: From Interventionism to Regulatory Governance*, OECD Publishing, 2002.

② C Kirkpatrick and D Parker, "Regulatory Impact Assessment and Regulatory Government in Developing Countries", *Public Administration and Development*, No.24, 2004.

民监督、立法保障以及行业自律。除了通信管理局,英国还有其他的互联网监管单位,例如网络观察基金会,1996 年 9 月,英国的网络商自发组建的半官方性质的机构,在英国贸易和工业部以及内政部等官方组织的支持下进行网络监管工作。在对互联网信息严加监管的同时,英国政府还鼓励业者规范自身的行为。英国政府于 1996 年颁布了一项法规——《三 R 互联网安全规则》,此规则的颁布意在除去互联网中的一些违法内容,尤其是色情信息。英国工商部(The Britain's Department of Trade and Industry)于 1998 年 9 月发布“新知识引导的经济结果”(The Consequences for the New Knowledge Driven Economy),此报告中提出了保护儿童不受色情或暴力信息的危害的议题,确立了政府应该做的工作,刑法在打击儿童色情网站等非法信息时仍然具有其原有的作用。英国政府对互联网的监管主要靠网络运营商和使用者自身的规范,一般只有在接到举报时才会进行干预、调查与管理。这种模式最大的好处就是鼓励了 ISP 和众多使用者广泛参与网络监管,而且也使得政府的权力能够适当参与,不仅使得人力物力和财力得到了俭省,而且也使得对网络监管的效率得到了一定提高。

1996 年,英国互联网自律协会(Internet Watch Foundation,IWF)成立,也叫做网络观察基金会。为了使从业者能够规范自身的行为,网络观察基金会与英国内政部、城市警察署等 50 个不同网络商成立的机构签署了安全网络:分级、举报及协议。通过制定一些监管的制度来确立两个要求:一是建立网络内容过滤系统,将互联网中的信息进行分级,使用户能够自主选择其想要浏览的资料。该基金会认为应当对法律明确禁止的内容以外的其他信息加以分级标注,而把是否浏览这些内容的权力交给使用者本身。二是开设公众热线,用户可以拨打热线举报一些不良内容。基金会接到电话后,会采取一系列措施对举报的信息进行评估,判断其是否违反了法律要求,如果是违法的信息,则会通过散布不良内容的互联网 IP 地址来找到这些信息的来源,并且会让专门的机构来解决,并会联系网络服务商,删除网站上的违法信息,如果服务商拒绝删除,那么就会为其违法行为承担法律责任。①

① OECD,“The OECD Report on Regulatory Redorm”,*Synthesis*, OECD, 1997,2002.

（三）澳大利亚健全网络内容建设的监管保障机制的经验

2005 年 7 月，澳大利亚政府合并了之前的广播管制局和电信管制局之后，成立了新的管理局——传播和媒体管理局，该管理局的主要工作是监管整个澳大利亚的网络内容，在堪培拉、墨尔本和悉尼等多个城市设立了办事处，组建了一个管理委员会，目前约有 700 人的管理队伍，主要负责加强政府对互联网信息的管理，不断完善网络管理机制，引领网络健康稳定发展。对于互联网犯罪的监管也有专门的机构来执行，网上的执法则是由澳大利亚联邦政府以及各州的政府与警署负责。此外，为了促进互联网有序运作和协助联邦政府，政府还批准成立了澳大利亚互联网协会，为规避各种风险和弯路，向政府提出规范互联网健康发展的合理化建议。为了应对一些恶意的网络攻击，还设立了网络安全中心来搜寻并且破坏这些进攻。

许多国家很早就制定了一系列对网络进行管理的制度与章程，澳大利亚就是最早这么做的国家之一，这就为网络的监督管理提供了法律依据。而相关的监管内容及标准则是由行业单位和管理局一起制定的。

澳大利亚传播和媒体管理局不仅与消费者和行业机构共同制定有关互联网监管的法规等，而且与警方密切协作，共同严查和处分网络各种违法行为。澳大利亚联邦设有互联网监控部门针对网络信息进行监管，并和各州政府警署联合负责网上执法，特别是监控针对儿童的网络色情信息，共同对网络违法犯罪情况实施监控。

（四）韩国健全网络内容建设的监管保障机制的经验

韩国是世界上最早设立互联网审查机构以及强行实施网络实名制的国家，也是目前网络管理水平最先进的国家，上网人口占总人口的近 70%。到目前为止，韩国采取了一系列手段如立法、监督、教育来推行邮箱、博客、论坛等社交方式的实名制。这也使韩国成为网络安全程度最高的国家之一。

韩国政府重视网络监管法律法规的制定及健全，韩国在 2001 年颁布了《不当互联网站点鉴定标准》和《互联网内容过滤法令》，根据法律法规的相关标准来判断资料筛选过滤的合法性。对于已经被韩国政府禁止的网站，《互联网内容过滤法令》不允许任何网络服务商接入，为了保护还未成年的青少年儿童,该法令规定网吧、图书馆等公众场所必须安装信息过滤系统,并且对信息进行分级管理。同年,经过长时间的严密审查,信息通信伦理委员会列出了一份黑名单,其中有 11.9 万个非法网站,该委员会要求网络服务商屏蔽这些不良网站。这些年来,韩国还颁布了《电信事业法》《信息通信基本保护法》《促进信息通信网络使用及保护信息法》《促进信息化基本法》等法律法规。这些法规的颁布使得一些监管单位有对违法的信息及行为进行管制的权力,如限制、删除,情况严重时还可对其进行经济甚至刑事处罚。除了这些,韩国还专门成立了不良信息举报中心,来处理网络运营商违法信息的扩散以及公众的检举告发。

互联网实名制的顺利施行使得韩国的互联网监管变得更加有效。自2002 年开始,韩国政府征询了社会各界的建议,并且通过法律手段来确保实名制的实施。用户必须用自己的真实信息进行登记,这样使得匿名情况下的违法行为及互联网犯罪得到了有效的控制。这样只要公民受到了不良网络信息的侵害时,就能够快速查到不法分子并对其进行法律惩罚。网络实名制有利也有弊,而韩国并没有无视其带来的不良后果,韩国实行的实名制其实是后台实名制,虽然使用者是使用自己真实的资料登录,但是在前台显示时却是代号。韩国在实行网络实名制时并没有快速全面推行,而是推崇循序渐进的谨慎实施。2005 年 10 月,韩国政府颁布了一系列法案如《促进信息化基本法》《信息通信基本保护法》,为实名制的实行构建了强有力的法律支持。两年之后,即 2007 年,《促进使用信息通信网络及信息保护关联法》则对各个网站应当履行的责任做了明确的规范,网站必须对使用者的身份证号码或者其他资料进行登记与检验,否则就会承担高额的罚款。但是由于必须要保护用户的隐私,韩国的实名制允许通过了身份验证的用户用昵称来代替姓名进行网络活动。除了这些,韩国的信息通信部成立了一个全天运作的检举中心,各个网站均可让员工到举报中心进行监管;而且为了更有效地追踪不法行为,韩国的警署专门成立了相应的应对中心来加以监管。韩国实施的这些严格的规定,让韩国的网络用户进行网络活动时不得不考虑到自己可能承担的法律责任,并且各个网站也会对网络实名制更加慎重处理,互联网上的不良信息因而能够得到有效的控制。

(五)新加坡健全网络内容建设的监管保障机制的经验

新加坡是当今世界上互联网管理最成功的几个国家之一,其经验如下:多种措施并存、立法谨慎严格、把安全放在首位。新加坡对于网络的立法及执行始终都保持很高程度的重视,一直将国家的安全稳定与公民的利益放在第一位。《煽动法》《互联网实务法则》《国内安全法》《广播法》等一系列法律法规的实施,禁止任何形式和途径的恶意攻击,维护了国家的安全与稳定。

新加坡最初把网络作为一种广播服务加以管理,新加坡于1994年10月成立了广播管理局,在1996年7月开始对网络进行监管,实施分类许可制,所有网络服务提供商必须要通过验证来申请提供信息服务的许可证。2003年1月,新加坡政府成立媒体发展局,包括电影委员会、电影与出版物管理局以及广播管理局这三家管理部门。其中新加坡媒体发展管理局最主要负责对媒体行业进行监管,处理视频、音乐、出版、游戏、动画以及数字媒体等一系列与媒体相关的行业的各种事务,也负责网络的开发及发展。①

新加坡对互联网进行监管采取了很多措施,最主要的有以下几点:(1)实施登记与许可制度,来确保网络服务商是正当且符合法律要求的。(2)实施极为严格的审查制度。1996年,为了维护互联网用户的权益,并且推动互联网的健康发展,新加坡实施分级注册制度。旨在让用户使用互联网时能够承担起相应的责任,来保护互联网信息接受者,尤其是未成年人不受不良信息的危害。依据这种制度,新加坡境内的全部互联网服务商和网络信息提供商都必须符合相应的要求才能根据分类登记制度注册。在学校、图书馆、网吧、社区等公众地方提供信息服务的单位以及网络代理商等都必须严格按照规定进行登记与注册。② 而新加坡对于网络内容的审查是由专门的检察署进行的,其制度对不同受众也有不同的规范:对未成年人网络内容的获得要比成年人更加高要求;对进入家庭的信息审查要比进入公司企业的审查严格许多;对公共消费信息的检查严于对个人消费信息的检

① 罗静:《国外互联网监管方式的比较》,《世界经济与政治论坛》2008年第6期。
② 刘振喜:《新加坡的因特网管理》,《国外社会科学》1993年第3期。

查。新加坡政府于 1997 年 10 月修订了《互联网行为准则》,其中第 4 条对应当严格禁止的网络内容进行了定义,提出了判断的标准,确立了不良内容的范围。应当严格禁止的网络内容有:(1)违反公众利益、公众道德、社会秩序、社会安全和民族团结,并为新加坡法律所禁止的信息。(2)在认定受到禁止的信息时,应考虑以下因素:1)该信息是否引起淫欲而描绘了裸体、生殖器等;2)该信息是否宣扬性暴力;3)该信息是否描绘了一人或多人明显的性交行为;4)该信息是否以性煽动或进攻性方式描绘了 16 岁或看似 16 岁以下人的性行为;5)该信息是否支持同性恋,是否描绘或宣扬乱伦、恋童癖、兽交或恋尸癖等;6)该信息是否赞同、煽动、支持种族、民族或宗教仇恨、冲突或偏见。(3)进一步考查该信息是否有内在的医学、科学、艺术或教育的价值。(4)被许可人如果对一项内容是否受到禁止不能确定的,可提请广播局作出决断。此外,《互联网产业指导原则》要求互联网服务提供者 ISP 和互联网内容提供者 ICP,也包括其他电信服务团体,如从事声像信息服务、增值网联机服务(如 BBS)的机构必须依据《分类许可通知》进行分类许可注册。其中 ISP 需要向广管局注册,ICP 一般无须注册,但政治团体或提供政治和宗教信息、销售联机报纸的 ICP 需要注册。在《分类许可通知》的第 4 条“分类许可证申请条件”中对分类许可证执照所有人的职责作了若干规定,主要有:(1)保证其不服务于游戏、博彩和违反《反赌博法》;(2)避免为赌博目的而进行有关赛马的分析、评论;(3)保证其不服务于占星术、占卜、相术或其他类型的算命术;(4)保证其不服务于卖淫引诱或其他不道德的活动;(5)保证其专业建议和专家咨询服务是由新加坡的专业机构的有资格的人士提供的;(6)应保存与其提供服务有关的所有信息、记录、文档、数据及其他材料;(7)对于广管局通知的违反《互联网行为准则》和有违公众利益、社会秩序、民族团结或良好审美观和道德观的内容,应立即删除或转移。广管局需要时,应随时向其提供。应协助广管局进行如下调查:任何违反执照规定的行为;执照持有人或其他任何人的任何被指控的违法犯罪行为。新加坡对互联网信息的监管相对来说比较严格,对不良信息的规定也很细致。而且其中的分类许可制度还是比较别具一格的,它利用服务商来对自身进行规范,明确该做的事,与不能触碰的底线,以及如果违反了规定会受到怎样的处罚。

在政府主要监管互联网的国家中，新加坡是一个典型代表，新加坡对互联网的管制始终都是很严格的，采用法规制约、行业自律和媒体素养教育“三合一”政策监管网络。1996年7月，新加坡政府依据《新加坡广播法》颁布了《网络管理办法》，并且颁布了《网络内容指导原则》。新加坡政府提倡行业自我规范，规定网络服务商能够提供价格便宜的家庭网络过滤技术支持，帮助使用者筛选过滤掉不良的内容和网络信息；与此同时也规定互联网内容提供商在其提供的网络平台上标注“标签”，遵守行业内容的规范守则。2009年新加坡成立的网络健康指导联合委员会，这代表了负责监管互联网信息的政府机构已经从之前的一个两个增加到诸多机构，也说明原本各自独立行使职能的政府机构为了互联网的健康发展而合作，说明在新加坡，互联网信息健康越来越受到重视。通过网络素养教育提高公民对网络监管的意识，加强了政府部门间对网络监管的协调，同时行业组织通过自律以及和其他监管主体间协调联动，有效提高了网络监管的效率。

二、国外健全网络内容建设的监管保障机制的启示

（一）注重依法治网

目前已经有很多国家和地区就互联网信息管理颁布了一系列相关的法律，如美国、韩国、澳大利亚、新加坡和英国等，这些法律的颁布使得政府能够通过法律来引领对互联网内容的管理。

国家	相关法律
美国	《通信内容端正法》《儿童在线保护法》《儿童网络隐私规则》《儿童互联网保护法》《儿童在线隐私保护法》《网络安全法》《反垃圾邮件法》等
欧盟	《保护未成年人和人权尊严建议》《儿童色情框架规定》《保护未成年人和人权尊严建议》《隐私和电信指令》等
日本	《未成年人色情禁止法》《交友类网站限制法》《禁止非法读取信息法》《反垃圾邮件法》等
法国	《菲勒修正案》《未成年人保护法》等

续表

国家	相关法律
韩国	《电子传播商务法》《青少年保护法》《促进信息化基本法》《信息通信基本保护法》《促进使用信息通信网络及信息保护关联法》等
瑞典	《电子通告板责任法》等
新加坡	《互联网管理办法》《互联网行为准则》《广播法》《滥用计算机法》等
德国	《联邦信息和传播服务法案》《信息和通信服务法》等
澳大利亚	1996 检查法案、广传播服务(在线)修正案、《互联网服务法案》、《垃圾邮件法案》等
英国	《3R 互联网安全规则》《信息公开法》《反恐怖主义法案》《通信监控权法》《垃圾邮件法案》等

近些年来,我国相继颁布了一系列管制互联网信息的法案,大致建立了对其运作进行管理的基础制度法规,很大程度上推动了互联网信息的健康发展。然而网络行业发展迅速,我国已有的网络管理法案还无法紧跟上互联网发展的步伐,如轰动一时的"3Q 大战"就曾面临适用法律的问题。只有通过法律手段管制才足够权威、专业。现在各个国家的立法中,网络健康早就是重中之重,而中国在网络方面立法相对其他网络监管制度完善的国家而言还不够有力。不管是高等级的立法,还是对管理网络的执法力度,都还需要更加重视,不断完善。其实和其他的立法相同,网络方面立法的目的并不是"限制""管理",而是引领用户更加规范合理、更加遵纪守法地行使自己的权利。所以,从长远角度来看,为了激发网络中的正能量,互联网管理应当发挥出"法治中国"的引领作用。

政府要对互联网进行监督管理,那么法律规章便是其必不可少的依据与前提,法律体系的完善程度是政府能否科学有效管理互联网信息的关键因素。依据其他国家对互联网管理的方式,只有不断健全互联网立法,根据法规来让政府完善其管理机制,才能将不良的网络信息带来的消极影响降到最低,从而使政府对互联网信息的管理更加合理、更加有效。

就我国目前互联网立法现状来说,仍然存在很多问题,其中就包括立法主体过多、层次较低、权威性不够,同时还缺乏一定的系统性与整体协调性。

在这一问题上,我国的立法情况与国外发达的互联网国家相比还是具有很大的差距的,因此我国可以借鉴其他发达国家的先进经验,通过加大我国网络监管立法的工作力度、提高立法的质量和效率等方式与手段来加快建设我国完善的互联网管理法制体系。与此同时,我国相关政府部门要同时进行抓管理与抓发展这两项工作,对网络内容的正面影响则要加强扶植,对网络内容负面影响要坚决管制。在进行相关制度的制定、监管、执行与修正的过程中严格按照相关法律法规来执行,在相关工作的执行当中要严格按照依法治国的基本方针,提高研究和制定互联网监管基础法律的工作效率与质量。与此同时,相关政府部门要尽快执行《互联网管理法》的立法工作,以此来尽快为我国的网络监管工作提供良好的法律保障。使政府在以法律法规为依据的前提下,主导网络监管,并依照网络立法,使网络运营商和网络信息服务单位、网络行业组织、大众传媒和网民协调一致,共同对网络实施监管。

(二)注重科学设置网监机构

政府应建构统一的管理组织体系。据有关媒体报道,在2003年时英国就已经意识到统一管理的重要性,该国政府将原有的五个独立运作的政府机构进行融合和统一,这些机构包括电信管理局、无线电通信管理局等。重组融合之后,该国政府就建立了一个统一性较强的组织——OFCOM(英国通信管理局),此举打破了原有的独立格局,将阻碍各种信息交流的屏障进行清除,并且成立了为通信管理局做决策的机构董事会。英国的互联网监管由专门的独立机构,采取网站分级管理和约束网络运营商共同监管的方式,对整个网络实行整体规划和监管,系统性地掌握网络监管实时状态。

美国同样也建立了一个统一性强的独立机构,即美国联邦通讯委员会,英文简称为FCC。该机构的显著特点,就是各部门职能分工明确,权力集中,独立性高,对政府下设各个监管机构统筹协调,并注重行业自律和公众监管,在联邦通讯委员会的统筹下,协调监管网络内容。此举一出,立即受到了广泛的欢迎和认可,因为这种统一性较强的机构不仅能够显现出美国传统通讯产业中的诸多缺陷,还能够利用自身优势对其进行有效解决;除了上述提到的两国之外,日本也同样做出了类似的举措,即通过将邮政省、自治省与总务厅这三个原本独立的机构合并为总务省的方式来共同监管国家中的电信以及广播行业。澳大利亚联邦政府也成立了传播和媒体管理局，由其统筹协调堪培拉、悉尼和墨尔本的办事处，与网络管理委员会、警察、消费者和行业机构分工协作，共同实施网络内容监管。

韩国虽然没有像上述三个国家一样建立统一职能部门，但是该国同样也采取了有效措施来进行国家的网络监管工作。该国的信息通信部为了对互联网信息进行合理监管，建立了"非法有害信息举报中心"。该中心的运作时间一天持续 24 小时之久，其中的工作人员由该国的各大网站派出，其目的就是为了对该国的互联网信息进行实时监控和管理，同时和警察厅相互协作，成立了网络犯罪应对中心，共同对网络违法犯罪进行追踪调查。

同时，新加坡也注重顶层设计。早在 2003 年 1 月，新加坡就已经着手将该国原有的电影与出版物管理局、电影委员会和广播管理局这三个官方组织进行了统一和融合，成立了一个媒体发展局，其目的就是为了统筹协调各大监管主体，协调联动监管网络内容。从上可以知道，在网络监管的工作当中，我国相关部门与行业任重而道远。吸取其他国家的成功经验，我国需要将目前职能相互交叉的各部门以及管理机构进行融合和统一，从而集中监管权力，达到统一管理、维护秩序、改变政出多门现状的目的。

（三）注重突出监管重点

对于网络监管工作而言，我国需要注意其管理范围以及方式，千万不能走进处处都管的误区，要将法律法规的强制力量作为坚强的后盾。在监管工作的运行过程中，我们需要认清的一点就是，并不是处处都管、方方面面都管，互联网的范围之广、信息之多是难以想象的，唯独依靠政府部门以及相关行业的工作来说难度很大，这就需要懂得精确抓住工作重点、信息要害的能力，该严则严，灵活处理。尤其是对于那些会产生重大危害、重大不良影响、破坏国家形象和主权、危害民族团结、危害青少年健康等内容来说，一定要严厉惩治，绝不能漏掉一丝一毫。

在所有国家的网络监管工作当中都拥有一个共同的工作重点，那就是尽全力保护未成年人以及青少年的身心健康，杜绝出现不良以及不健康的网络信息。众所周知，青少年阶段是人的价值观、世界观以及人生观形成的重要阶段,该阶段同样也是学习与吸收新知识最快的阶段。在该阶段中,青少年正在进行人生的大转型,其明辨是非的能力较成年人而言较弱,如果被暴露在不良、不健康以及违法犯罪的信息之下,则很容易出现某些不正当甚至违法行为,这会给他们的身心健康以及今后的发展带来严重的不良影响。据相关统计报道,在所有的青少年犯罪案例当中,由于网络不良信息传播以及诱惑等而引发犯罪的案例高达80%。除此之外,少年强则国强,青少年是我国未来的希望,如果没有保护好青少年的身心健康,其结果的严重性显而易见。我国相关部门可以借鉴国外先进经验,例如美国和德国为了保护该国青少年的身心健康以及安全,将"防止青少年信息污染,维护青少年网上安全"作为立法原则,共同制定了关于青少年上网的保护法律与法规。其中美国还额外制定了一部法律,其名为《通信正当行为法》,该法中明确提到:如果在儿童以及青少年能够接触并且阅览的公共计算机网络上出现了某些不健康的内容,或者是传播以及允许传播这些内容都将视为犯罪。不过该内容还是具有一定的争议性,美国的最高人民法院认为该内容有限定言论自由的意味,违反了美国《宪法》第一修正案中的相关内容。① 该法在1996年被美国国会通过之后,虽然其曾经轰动一时,但还是最终被美国最高人民法院废除,其原因就是上文中提到的"违反宪法中的言论自由"。这部法律能够说明美国早在20世纪就意识到,在网络监管工作中,保护青少年的身心健康尤为重要。为了制定出一部既符合《宪法》,又能够起到保护作用的法律法规,美国在之后的日子里开始对原有的《通信正当行为法》进行修正和完善,最终在2000年时美国正式颁布了一部专门针对少年儿童的保护法——《儿童互联网保护法》。德国同样制定了类似的青少年儿童互联网保护法律法规,即《公共场所青少年保护法》,该法中明确指出,在网络上制作与传播儿童色情内容是违法行为。同样,英国的《儿童保护法案》中明确指出,只要拥有和保存着涉及儿童色情内容的图片等就被视为违法行为,同时如果在没有合理理由以及依据的情况下,自主下载上述内容者有

① 王海英:《论政府对网络时代的信息监管》,《福建论坛·经济社会版》2003年第11期。

可能被判处10年有期徒刑。除了制定相关法律法规之外,英国政府还采取了一系列有效措施来杜绝危害青少年儿童的行为产生,例如政府部门专门成立了儿童特别保护小组、教育网站、24小时儿童保护热线等。同时,在2006年4月,英国政府还特别成立了"儿童开发与在线保护中心"。该组织的主要工作就是将广大民众、相关执法部门以及网络业主这三者进行联合,共同举报侵害青少年儿童的互联网犯罪行为。① 韩国对于青少年上网现象在《青少年保护法》中有着相关的规定,具体表现为:禁止19岁以下的和高中以下的学生在晚上10点以后出入网吧,这点规定很好地缓解了青少年在网吧包夜的现象。同时,在进入一些不适合青少年浏览的网站之前,还需要进行身份验证,以此方式防止未成年人浏览不良网站。② 在《年轻人发展法令》中还有一些额外的规定,即在年轻人使用互联网频繁的地区的计算机必须安装相应的过滤软件,像学校、图书馆以及网吧都需要遵守这样的规定。法国政府为避免青年人受到一些不良网站的影响,与各大网络运营商都签订有相关的协议,新用户在上网登录和安装上网程序之前必须填写相应的表格确认是否安装免费儿童上网保护软件,只有通过了这个表格的才能开始上网。实际上,法国是世界上第一个采取这种保护措施的国家,同时在1998年6月的时候,它还修改了本国的《未成年人保护法》,对于利用网络误导和危害青少年的行为给予严惩。在2001年11月的时候,法国还建立了"互联网与未成年人"网站,网站的主要作用在于号召公众对儿童色情网站的举报。另外,西方八国还联合建立了网络机构以及"打击儿童色情数据库",而且多次采取了打击行动,例如2003年12月的"钉子行动"、2004年2月的"奥赛罗"行动等,这些措施都有效地打击了儿童色情。

(四)注重技术支持

互联网的出现是人类计算机技术、通信技术、网络技术等发展的产物,且各种技术的集成产生巨大的效用空间,网络已然成为一个巨大的信息平

① 新华网:《英国网络管理重在保护青少年》,2006年5月22日,见http://news.xinhuanet.com/newscenter/2006-05/21/content_4578339.htm。

② 新华网:《韩国多管齐下加强网络安全管理》,2006年5月22日,见http://news.xinhuanet.com/newscenter/2006-05/21/content_4578331.htm。

台。在国外,很多国家就互联网的管理技术方面有着相应的立法,对网络的管理技术由政府或互联网服务提供商实行。在美国,如果学校或图书馆要申请“电子补贴专项资金”的话,他必须对接入互联网的计算机有技术保护措施;而在印度,《信息技术法》规定:当政府机构需要的时候,网络服务提供商必须提供一定的技术或设备协助。由此可见,在管理互联网的时候,技术支持是很有必要的,从以下两点就很容易看出:第一,政府部门可以通过技术手段对网络行为进行全天候的监测,当出现违法网络行为的时候,可以及时地解决,像韩国的“互联网响应中心”和美国的“食肉动物系统”就取得了一些不错的成效;第二,通过一些技术软件,可以屏蔽掉网上的不良信息。就目前来说,互联网在中国的发展极为迅速,越来越多的网络用户可以通过互联网知晓更多的消息,由于网络的开放性,任何人都可以在网络上发表言论和消息,网络上的信息良莠不齐,存在很多虚假或不良信息,并且这些信息还能够在网络上迅速地传播。浙江温州有线电视网系统就曾经被黑客攻击过,导致在长达五个小时的时间中,温州各地的有限电视用户都可以从电视上看到一些非法的消息,影响了群众正常收看电视,这些内容也经过网络在互联网上传播,并带来了诸多不良影响。①

由于网络的种种优势,网络逐渐成为信息传播的新平台,在这种形势下,更要求我们能够防止虚假或恶意信息在网络上的传播,确保上网用户能够有一个安全健康的网络环境,而要做到这一点,需要成熟的技术支持。

首先,在网络信息的过滤上可以采取关键字过滤的方法,也就是将提及虚假新闻、过激言论、暴力、赌博、黄色等不良信息进行关键字自定义,通过“信息安全防火墙”“信息海关”阻止网络危害数据的进入,并建立政府及其部门和涉网监管的其他监管主体配合的网络监管联动机制,共同加强网络安全防范监管。对于手机、博客、论坛等网络信息的聚集处也应该建立合适的监测系统,而且在所有的监测系统中都可以实现对接,做到资源共享,以

① 人民网:《温州有线电视网络遭攻击,播反动内容案嫌疑人被批捕》,2014 年 9 月 12 日,见 http://politics.people.com.cn/n/2014/0912/c70731-25652147.html。

此提高监管的效率。还有定时开放关闭技术,也就是在国家安全和名誉出现问题的敏感时期,相关部门会在某个时间范围内对有关网站和论坛进行关闭。

其次,加大网络监管技术研发力度。硬件方面,主要包括更新网络设备,保证网络的物理安全;加载抗辐射设备,规避电磁辐射和网络拦截等。软件方面,如通过安装防病毒软件、网络漏洞检测软件、入侵检测系统,搭建网络安全防范体系;应用数据加密技术、身份认证技术保障数据信息的安全。积极引进国际上先进的网络监管技术,并大力支持网络行业以及上网用户参与到监管技术的开发中来,最终形成由专业机构引导,各个网络运营商及开发商共同参与的网络监管技术研发系统。

最后,完善网络监管人员的技术培训制度。在经费和时间安排上确保网络监管人员能定期参与到网络监管技术培训、技术交流活动。由此提高网络监管人员的自身素质,提升自己对网络信息安全防护的认识,及时掌握一些新的监管方法和技术。

(五)注重综合监管

从现有的网络监管情况来看,要想监管有效,必须同时加强政府监管、社会监督以及行业自律,也就是三管齐下。国外形成和积累了丰富的综合监管经验。所有国家的网络管理中,单纯的政府禁止并不能完全解决网络问题,而是需要各个领域的配合,特别是行业组织的配合。现在很多国家都发现了行业自律的重要性,对行业自律的重视程度也越来越高,各国的自律组织所制定的自律约定对网络行为管理有着很大的作用。在新加坡有《行业内容操作守则》,一旦网络服务提供商和内容提供商签订了该项守则,就必须严格遵守。① 由于互联网上的信息极多,且互联网上的信息的虚拟性和自由性较高,所以只凭借政府是不可能完成对网络的监管的。各个国家都是根据本国的实际情况,在政府的主导下,协同其他组织和社会力量来进行网络监管。其中,政府的主要职责在于通过立法来规定网络管理的标准,

① 罗楚湘:《网络空间的表达自由及其限制——兼论政府对互联网内容的管理》,《法学评论》2012 年第 4 期。

同时对不良网络行为和有害网络行为有一个明确的界定,让其他监管主体在进行网络监管的时候有一个明确的依据。同时,政府还应该鼓励公众参与网络管理,实行相应的奖励措施,激发公众的积极性。在行业自律上,政府也应该给予适当引导和鼓励,使得在网络上能够形成自我管理系统。英国政府在本国的网络管理上实现的是一种监督作用而不是监控作用,在1996年9月,英国颁布了《3R安全规则》用于规范网络监管。英国的这种管理模式既可以让网络服务提供商和公众在网络管理上的参与度最大化,同时网络管理又没有完全脱离政府,这样不仅为政府节省了大量的管理资源,还使得网络监管的效率得到极大的提高。而在新加坡,政府鼓励不同的互联网连接服务商对各种网络站点范围内进行管理,这主要是因为网络站点的数量较多,政府很难对所有的站点中的内容进行监控。在韩国,除了网络实名制以外,政府还引导行业有一个正确的自律理念和网民有一个正确的网络价值观。韩国在小学、初中的德育教科书和高中的道德、市民伦理、电脑等教科书中增添了有关网络伦理的内容,把自律理念从小就灌输给本国公民。世界上最早的计算机教育机构是美国的计算机协会,它利用其巨大的影响力,大力地宣传正确的网络观念,如:尊重知识产权、尊重他人隐私、维护社会和谐以及不危害他人利益等。通过这些规范,做到行业自律并使得网络正常有序地进行。① 美国有九个典型的网络信息安全组织,在网络信息安全技术、教育培训、网络工作人员社会责任、网络信息流通等方面都制定相应的规则。法国成立了一系列的网络行业自律机构,包括"法国域名注册协会""互联网监护会""互联网用户协会""互联网理事会"等。而英国的"网络监管基金会"在网络监管上也取得了很大的成效,还有欧盟设立的"欧盟网络热线"等组织,都有很好的网络监管效果,该组织不仅有欧盟24国的支持,同时澳大利亚、韩国、美国、日本等非欧盟国家也加入该组织。②

---

① 陈德权、王爱茹、黄萌萌:《我国政府网络监管的现实困境与新路径诠释》,《东北大学学报》2014年第3期。

② 孙广远、尹霞、徐璐璐:《国外如何管理互联网》,《红旗文稿》2013年第1期。

第四节　健全网络内容建设的监管保障机制的对策

新加坡的前总理曾经提过媒体对人们价值观和行为的影响，即如果在长时间内，媒体一直宣传某种思想，那么人们就会逐渐在潜意识中认为这种思想是正确的①。而网络作为现在的一个主要媒体平台，它所传播的信息将会对社会产生极大的影响。就网络本身来说，并没有什么害处，它只是人们为了满足自身的某些需求而创造出的一个虚拟平台。但是并不是所有人都可以以一个理性的态度来对待这个虚拟平台，所以一些人就很容易被网络上的一些消极思想所影响，进而产生错误的行为而破坏虚拟社会秩序，最终危害现实社会。所以健全网络内容的监管保障机制是非常必要的。在奥巴马担任美国总统后，迅速成立了一个"白宫网络安全办公室"，还有"全国通讯与网络安全控制联合协调中心"。而法国参议院在2012年7月也发布了"伯克利报告"，将网络安全作为国家优先考虑的问题。

一、树立合作共治的理念

在现代文明社会，公民积极地行使自己的权利，希望与政府合作，一起对社会进行管理，从而形成"共识、共享、共治"的互动关系，达到善治的美好局面。② 现代社会由于网络技术的飞速发展，使公民通过网络这一工具来参与政治管理成为现实。为加强网络监管主体间对网络监管的合作，必须树立合作共治的理念。政府主导，多方参与，发挥民间组织作用，强化企业责任，加强国际交流和合作，是保障网络信息安全，促进网络内容建设健康发展的必要条件。政府是相关法律法规的制定者和执行者，政府部门拥有不可违抗的强制力，为我国的网络监管工作提供了安全、可靠、稳定的运作环境。政府在很长一段时间内是我国网络内容监管的主导力量。我国非

① 李光耀：《李光耀40年政论选》，新加坡《联合早报》编，1995年。

② 俞可平：《引论：善治和治理》，《善治与治理》，社会科学文献出版社2000年版，第172页。

官方的各种其他网络监管主体通过各自内部监管和自律措施，为我国政府的网络监管工作提供了非常重要的支持和配合，公众参与形成强大的社会监督力量。

在网络内容监管主体多元化的背景下，必须树立合作共治的理念，并外化为合作共治的治理模式。我国政府需要在合作共治中，将自身的主导引导作用和优势发挥好。除此之外，还需要在现阶段努力将我国目前的行政管理体制、社会组织的管理工作与社区自治管理进行有机结合，以此建立出一种新型的网络治理模式，从而将社会各种监管力量整合为一种合力。同时要将“合作共治”的理念贯穿到国际合作交流中去，通过资源共享与信息交流的方式，建立健全公平化、透明化、民主化的互联网治理模式。

二、完善相关法律法规

（一）制定针对网络监管的法律法规

目前我国还处于网络监管的初期阶段，网络监管体系不健全，要想对我国网络内容进行有效的监管，首先就是要从法律着手，加强网络内容监管主体地位、权限、职责、体制机制的立法，明确规定监管主体的法律地位和职能权限，保障监管主体依法对网络内容实行监管，维护监管主体对网络内容监管的权威性。用法律制度来规范网络社会的内容，使网民的行为变得规范，任何使用网络的人都应该受到法律制度的约束。

就目前来看，我国网络信息监管的立法方面还存在着许多不足之处。为了填补这些空白之处，全国人民代表大会及其常务委员会要抓紧制定出关于网络监管工作的针对性较强的法律，通过健全的法律来制约以及规范网络监管工作中出现的各种问题。国家相关部门应对网络内容监管主体在监管过程中依法执法情况进行监督，对监管主体违法失职情况进行法律责任追究。

（二）使网络监管有法可依、有法能依

实现网络空间法治化，我国需要加快立法的进程，需要完善现有法律法规及部门规章，避免模糊性、争议性、冲突性和零杂性，提高可操作性、执行性和配套性，使网络监管有法可依，有法能依。

我国立法主体自身及其立法监管部门要认真审查已有的法律法规规章，对模糊性条款进行细化、量化，使其具有可操作性和可执行性；对法律法规中有争议的不适应于网络内容监管的新形势新任务的方面进行修废；对法与法之间存在的法律冲突及零杂性问题，各立法主体要在上位法的统一引导和协调下及时作出调整完善，最终形成一个关于网络内容监管的完整法律体系。

（三）实现网络法律他律与行业自律相结合

由于互联网的发展速度十分迅速，短短十几年的时间，从局域到广域，从地区到全球，从有线到无线，其发展之快，对现有的网络法律和需要制定的法律法规来说，是不可能完全跟得上的，而且监管如此巨大的网络空间仅仅依靠政府部门，无论从理论上或是实际操作中，都是不现实的。法律法规本身所具有的滞后性显得行业自律尤为重要。在这种情况之下，对于我国的网络监管工作来说，网络使用主体的自觉性以及政府的正确引导能够在很大程度上起到维护网络正常秩序的作用，其重要性显而易见。前者提到，政府部门需要时刻对现有的网络秩序进行维护，这种效果当然是良性的。从另一方面来看，这种政府的干预维护工作实质上是一种刚性干预与外部干预，并不具有长期性和稳定性，因此在长期的网络监督维护工作当中还是需要网络使用主体内部的自觉性以及政府的引导工作。在绝大多数的情况之下，网络自律性在网络秩序的维护工作中起到了至关重要的作用，而正是这种自律性能够使网络秩序实现长久的稳定性。

其他国家统一将“少干预、重自律”的思想作为互联网管理与维护网络秩序的基本思路，该思想着重强调政府并不是作为一个直接干涉的角色，而是承担着外部引导与服务的作用。该思想有意说明政府能力在互联网管理工作中具有一定的有限性，其主要作用就是能够引导和协调工作中的各项职能。除此之外，其他国家在互联网管理工作中的职能分配上也具有一定的统一性，即将管理重点放在网络主体的自主监管上，将辅助功能放在政府的强制工作上，通过这种主辅分明的职能分配方式来实现政府与行业自身监管之间的有机结合。所以有很多国家以及著名的互联网信息公司、协会等将行业自身监管作为法律法规的辅助手段。这些行业组织通过对实际情况的了解和分析,从多角度、全方面上制定出一套操作性较强、针对性较强的自律规范,例如以"不应偷窥他人计算机文件"和"不应利用计算机去伤害他人"等为主要内容的"计算机伦理十诫"。① 英国对互联网的监管工作主要由具有半官方性质的"网络监察基金会"(Internet Watch Foundation, IWF)来主导,其成员由网络业界及业外人士共同组成,通过这种人员组成方式来提高整个委员会成员的代表性、公开程度以及权威程度。该组织的主要工作职能为搜索并且锁定互联网中出现的不良信息以及非法信息,然后将这些信息内容传递到网络服务商环节,让其及时采取有效措施进行解决。该组织制定的《安全网络:分级、检举、责任》(3R 安全规则)在英国国内以及国际上都获得了一定的认可②。

在互联网监管行业中我国与其他国家还是具有一定的差距,并且差距相对明显。我国的互联网行业虽然拥有自觉性较强的组织和协会,但是其整体的管理制度并不健全,其参与工作、发挥职能的范围非常有限。网络本身具有的自由特性为政府的监管工作带来了一定的难度,在此基础上就非常需要该行业内部出现自治性较强的管理机制。行业自律在互联网的监管工作中能够起到非常重要的作用,其优势显而易见,不仅能够及时化解产生的矛盾问题,还能够在真正意义上解决互联网监管工作中的管理与发展、规范标准与自由发挥之间的平衡,从而在一定程度上解决互联网中的信息安全问题与技术发展问题。综上所述,我国相关部门应该及时采取有效措施改变传统的互联网管理模式,培养出一批独立能力较强的组织、协会等,然后使其成为互联网监管工作中的贡献者。同时我国相关部门还需要利用一切合理合法的手段来提高我国互联网信息产业以及网民的自我管理能力,从而推进我国互联网行业的健康发展。

我国如果想要从真正意义上改善现有的网络监管工作现状,创造出一个自觉性、自律性较强的相关行业组织架构,就需要从几个方面开展相关工

① 孟威:《惩防网络谣言是国际社会共同选择》,《人民日报》2013 年 6 月 13 日。

② 张恒山:《英国网络管制的内容及其手段探析》,《重庆工商大学学报》(社会科学版)2010 年第 3 期。

作:第一个方面就是从根本上改变现有政府的管理现状,即在对我国网络信息以及内容进行监管的过程当中实行放权政策,将更多的主动权放到相关行业内部中去,这样不仅可以在一定程度上提高相关行业内部的自觉性与自律性,还能够提高他们的责任意识,从而改善社会参与与政府管理之间不平衡的状态。在上文的相关内容中我们已经分析得出,相关行业的自律程度能够在很大程度上影响着我国的网络监管工作,其内部制定的自律规则更是成为网络监管内容中不可缺少的一部分。这些行业以及相关协会等能够通过制定各种自律性较强的规章制度、投诉机制以及加强教育培训等方式,来改善我国网络监管工作的现状;第二个方面就是呼吁社会各界专业人士以及广大网民参与到该活动工作的内容当中,发掘社会中的优秀人才与力量。我国有两大非常优秀的网络组织——中国互联网协会与中国网络文化协会,如果能够将这两个组织中的优秀人才与新生力量吸引到我国目前的网络监管工作的建设中来,势必会出现非常大的积极作用。通过这种引进的方式不仅能够加强行业内部的自律程度,还能够降低政府的工作难度和工作压力。除此之外,相关行业还需要建立健全的奖惩机制、举报制度、信息交流与合作机制和相关的分支机构等,在此基础上加强行业内部的自律程度,从其自身出发,极大地支持政府等部门在网络监管方面的工作,积极配合政府部门的监管工作。从源头上防止违法行为的发生将是我国互联网自律组织发展的方向;第三个方面就是完善网络行业内部的相关制度。参与行业一旦增多,势必会出现由于内部竞争压力的增大,某些组织会在利益的趋势之下涉足雷区,向某些不法分子提供以及传播一些具有不良影响或者非法的网络信息等。建立健全相关制度,其目的就在于避免出现上述情况。众所周知,在互联网应用服务链当中,从事网络信息生产、收集以及提供工作的就是互联网服务提供商以及互联网内容提供商,这两者工作的主要内容就是为广大网民们提供便捷的互联网接入服务,为他们提供所需要信息数据以及相关服务等。对于前者来说,其工作的重点内容必须包括管理好机房以及相关网络接入点等相关事宜,从源头处杜绝有害信息的产生和传播;对于后者来说,其工作重点要放在两个方面,第一个方面就是需要重点监管网络中出现的各种内容以及行为等,其目的就是为广大网民创造出健康的互联网环境;另外一个方面就是支持政府部门的相关工作,配合政府部门开展的净化网络等活动。

三、深化监管体制改革

搞好网络监管,关键是在建设社会主义法治国家和法治政府的基础和框架内,完善和健全网络监管的体制。完善和健全网络监管的体制是提高网络虚拟社会管理科学化水平的制度保障,主要是以实现权力与权利的合理分配为目标,构建和完善网络监管的组织机构体系。只有明确了权力与权利的分配,网络监管的各主体之间才能实现合理分工。我国互联网管理还没有建立统一、高效的互联网管理机构,一直以来条块分割的行政运作方式严重制约着我国政府的管理权限和职能的发挥,特别是互联网治理中的"九龙治网"已成为低效监管的一个缩影。在这种情况之下,我国需要推进网络监管的改革工作,抛弃原有的传统模式,除了完善立法之外,还需要在现有的网络虚拟社会特点来建立新的管理机制与手段。我国需深化行政监管体制改革,顺应党的十八大提出的创建"党委领导、政府负责、公众参与、社会协同、法治保障的社会管理新格局"的要求,根据网络监管需求,理顺政府监管部门、各监管主体之间的关系,全面提升我国政府及其他监管主体对网络内容监管的整体实力。网络监管的机构应该随着社会的发展不断变革,可能会出现新的利益主体,如网络社会组织、行业网络协会、网络社区组织、网络中介机构等,要不断吸纳这些新的主体参与到网络监管当中,明确行政机关和其他主体在网络监管中的职责权限,各主体之间合理分工,相互协作,互相监督,充分发挥各自在网络监管中的功能与作用,从而提高网络监管的效率。

在 2014 年 2 月 27 日,我国专门针对互联网信息安全的中央网络安全与信息化领导小组正式成立。该小组的主要工作就是保护国家的信息安全以及互联网安全,同时还需要关注国家的宏观发展,通过分析我国政治、经济、社会、文化以及军事方面的发展动向,从而对其中的网络信息安全工作以及重要的信息安全问题进行统筹和协调,通过分析协调所得的信息以及内容来制定我国未来的网络安全与信息全面化的宏观计划,同时还需要根据上述内容制定出我国关于网络安全信息方面的发展计划、战略以及政策，以此来加强我国的信息安全建设工作，加强互联网安全与信息安全的保障能力。从一定意义上来讲，该小组的建立在很大程度上增强了组织的领导能力。同年8月26日，我国政府颁布了国办〔2014〕33号通知，其内容主要为我国国务院将授权给国家已经重新整改的互联网信息办公室，赋予其管理中国互联网信息内容以及安全的权力，同时在管理过程中负责对相关执法工作进行监督，其目的主要就是为了维护我国互联网信息安全与利益、维护我国公民、法人以及其他组织的合法权益不受到任何破坏。我国重新整改的互联网办公室拥有对管理过程中的执法工作进行监督的权力，这与三年前最初建立的国家网信办有着很大的改进。除此之外，我国互联网信息办公室同时挂有中央网络安全和信息化领导小组办公室的牌子。此项改革使网络内容管理的权力得到了集中，有利于解决我国目前对网络内容监管"九龙治水"的现状。

最后，对于现代网络虚拟社会来说，我国政府相关部门需要对其进行统一管理以及明确分工管理，并在此基础之上分清权责和协作内容，以此来达到信息数据共享、整体工作高速运转的目的。因此在这种情况之下，我国政府需要根据实际情况来建立健全新型网络监管领导机制，进而从根本上解决我国目前在网络监管工作中存在的各种难题。对于我国现有的网络监管工作来说，实现其常态化目的同样需要建立专业性强、统一性强的网络监管组织，通过这种方法来完善中央到地方政府的统一完整的管理机制，以此来对各个地方政府的网络监管工作进行协调和统一，最终形成一套完整、专业、针对性强、工作效率极高的网路监管方案。明确监管职能部门的职责权限，加强其沟通与协调，使不同且众多的职能部门形成协同配合、联合作战的监管局面，避免多头管理现象，发挥一加一大于二的整体作用，既能覆盖全方位的网络监管，又不会出现空白地段，使网络监管更为有效。并且在专门成立的综合监管部门的领导下，加大对政府及其部门的职能监管，行业组织、社会组织和大众传媒的职能划分，拥有多人的权力就应该负多大的责任。众所周知，互联网一直都是一个开放性强、透明度高的网络结构与信息交流平台，因此简单的上级管理下级的监督管理方式并不能适用于这种开放性较强的结构，而是需要一种包容性强、民主程度高、自觉性强的监管手段来对其进行管理。目前我国需要做到的工作就是建立一套从政府到民众、再由民众到政府的双向管理机制，建立一套由党委进行统一领导、政府统一负责、各类企业按照法律进行各种工作、各类行业加强自觉性并且由全社会对工作内容进行全权监督的虚拟社会综合管理格局。

四、突出抓好重点内容管理

网络文化管理头绪多任务重，因此对于这种多样性较强、复杂程度较高的人物来说，其最主要的工作就是抓住该任务的核心内容、抓住事件的要害部位、从整体方面来管理工作内容、舍大弃小。其中从整体方面来管理工作主要是指从宏观上进行管理，即管法制、管政策、管协议、管重点。第一，管法制。该任务主要是指我国相关政府法制部门需要严格做好立法工作。目前我国已经进入法制社会，任何事情都需要依据法律的范围和要求来进行，因此我们可以说对于我国的网络监管工作来说，法律是最基本也是最重要的依据。再者，网络发展之迅速是你我都知晓的事情，因此与之相关的法律法规必须具有一定的前瞻性与全面性，以免出现法律刚颁布不久就失效的事情。在这种情况之下，就需要我国相关立法部门具有长远的眼光与一定的包容性，这样才能保证法律的时效性与强制性。与立法工作相关的就是执法工作，我国目前已经出台了将近两百个关于网络监管内容的法律法规，但是其效果并不明显。究其原因，主要就是因为我国相关部门执法不严、违法不究。只有真正做到执法必严、违法必究，才能够真正建立起健康、稳定的网络监管体系；第二，管政策。该任务的主要内容就是协助管法制中的相关工作，以保证网络监管工作的顺利进行。网络虚拟社会中经常出现一些法律无法管制的信息和问题，此时就需要相关政策要求来对其进行管制；第三，管协议。该任务的主要内容就是从根源上对互联网中的信息传播进行限制和管理。究其根本，我们可以将互联网称为协议，因为互联网就是各种各样的协议互联起来的。从源头做起，管理好互联网中的协议部分，就能够在一定程度上限制和阻碍不良信息在网络虚拟社会中进行传播；第四，管重点。该任务的主要内容就是加强对与我国民生息息相关的重要行业以及领域的基本信息设施的保护工作和管理工作。西方发达国家早就已经把上述管理工作放到了重点工作领域，通过对金融设施、食品方面、能源方面、交通民生方面、通信交流方面以及国防建设等方面进行保护和管理，实现对国家基本命脉与生存的保护工作。除此之外，还需要对网络犯罪进行严厉打击，同时还需要在最大程度上保护国家的未成年与青少年人群。

本项目进行的网民调查问卷显示（图 3-4）：

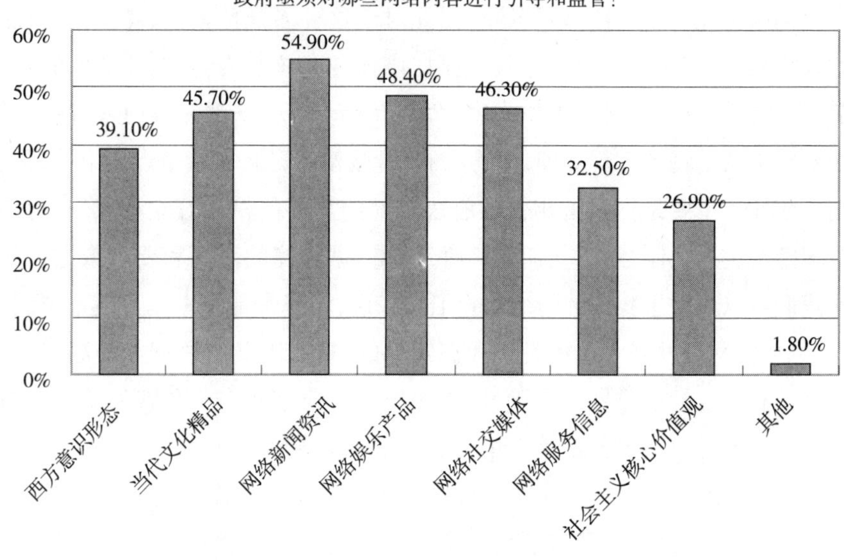

图 3-4

五、健全网络监管主体间协调联动机制

（一）打造资源共享平台

在建立的综合监管部门的前提下，发挥综合监管部门对资源的统筹作用，实现网络内容监管主体间资源共享。首先，要建立信息资源共享机制。中国互联网协会秘书长卢卫代表中国互联网协会发出倡议，加强行业自律，开展自查自纠，加强响应国家政府相关部门举行的“扫黄打非·净网 2014”专项行动的积极性，同时相关部门还需要推进信息交流互动平台的建立，从而在该平台上共享淫秽色情黑名单，以此来打击黄色不良

信息的传播。① 建立各监管主体将其掌握的信息资源发送到网络内容监控中心,由网络内容监控中心通过整合、分析和处理,形成网络内容监管的共享信息资源。其次,要建立人力资源共享机制。综合监管部门可以定期开展人才培训活动,使各监管主体的精英汇聚到一起,创造理论交流的平台,创造技术交流的平台创造人才交流的平台,并通过人才交流的理论与实践相结合,提高队伍的整体水平。再次,要建立技术资源共享机制。对所有网络 IP 地址实行统一的管理,像对公民身份证进行管理一样,能够使政府各职能部门充分利用和共享"网络身份"的基本信息。鼓励网络监管人员通过学历深造、业余技能培训、网络监管技术座谈会等方式及时掌握和更新网络信息防范体系的新知识和新技术,并将所在监管主体所掌握的资源共享,同时在经费和工作上确保网络监管人员能定期参与到网络监管技术培训,在技术交流学习活动中提升自己的网络监管能力。

(二)完善监管主体间协同行动的程序

推进网络治理能力与体系现代化,应加强监管协同行动的程序。作为网络内容监管主体要充分发挥各自的优势,积极主动地加强与其他主体的互动,提高对网络内容的治理能力和水平。在此过程中,政府监管部门要发挥主导、示范作用,网络运营商和网络信息服务单位积极自律,行业组织配合监管,大众传媒正面引导,公众主动投诉、举报。例如,在"扫黄打非 · 净网 2014"专项行动中,净网行动成效明显,多家涉黄互联网公司遭处罚。截至 2014 年 5 月 18 日,有关部门总共查处了 110 家涉嫌传播黄色不良信息的网站,其中就包括新浪网这样的具有一定权威性的官方网站,同时还关闭了 250 个传播黄色信息的频道栏目等,删除涉黄信息 20 余万条,关闭各类违法违规账号 3300 多个,关停广告链接 7000 多个,在此期间除了官方部门加强查处力度之外,广大网民也为政府的该项工作作出了巨大的贡献。自政府开展"扫黄打非"活动以来,相关部门就收到了来自全国各地网友发送

① 新华网:《中国互联网协会倡议建立黑名单共享机制,抵制网络淫秽色情信息》,2014 年 4 月 23 日,见 http://new.xinhuanet.com/legal/2014-04/23/c_1110375964.htm。

过来的黄色淫秽信息传播举报信息，其中 721 条重点线索已转交地方和部门查处①。由此可见，网络监管需加强完善监管主体间的协同行动的程序，建立协同行动机制，共同加强网络内容监管。

（三）加大对网络监管主体间协调联动的技术支持力度

我国应该积极应对网络新技术革命，加快网络内容监管技术的研发。据相关媒体报道，美国的媒体发展投资基金公司最近启动了一个汇集全球的互联网项目——OUTERNET。该公司承诺将于 2015 年 6 月之前向太空中的近地轨道中发射将近 150 颗迷你型卫星，其目的就是为了实现全球无线网络信号覆盖化②。对此，我们首先考虑的是个人信息安全问题，通过此 wifi 美国可以对全球信息掌握并控制，占据媒体主动权，用一只看不见的手，影响意识形态，并对国家信息安全造成极大的威胁。面对这种新趋势，我国应该及早应对，建立专门的网络内容监管技术研究机构。第一，建立更强、更广的防火墙，使其覆盖我国版图整个范围，屏蔽 OUTERNET 信号。第二，发送强大的无线电波干扰信号，直接破坏美国外联网信号发送到我国网民手中。这两种策略同时也存在一定的弊端，实现的技术成本高，对我国网民的便利性和经济利益会造成影响，容易引发民众反对等。第三，加快网络监管技术研发，使其既能预防并保护我国的网络信息安全，又能维护公民利益，还能提高我国网络监管效率，这将是一个值得重视和研究的重大课题。

（四）规范合作的内容与合作方式

为加强网络监管主体间协调联动机制的应用，应规范主体间合作的内容与合作的方式。第一，网络信息数据共享。大数据时代的来临，信息资源尤为重要，各监管主体的监测系统和数据库应从技术上达到兼容，使网络数据能够及时更新，并加以分析应用。第二，网络人力资源共享。习近平在讲话中强调，建设网络强国，要把人力资源汇集起来，只要是与网络监管相关

---

① 大众网：《打黄扫非·净网 2014 专项行动》，2014 年 5 月 18 日，见 http://www.dzwww.com/2014/jw2014/。

② 中国产业信息网：《2015 年免费 wifi 或将实现全球覆盖，隐私门引发网民极大关注》，2014 年 2 月 10 日，见 http://www.chyxx.com/news/2014/0210/228379.html。

的人才都应共享并合作，对网络实行全面监管。第三，合作方式采取自愿和强制结合的形式。如监管主体中的网民，对网络上传播的正面或者中性的，对经济发展、社会进步等有利的信息，采取鼓励传播；但对国家安全、社会稳定、公共良俗、他人合法权益等带来潜在危害的信息，将采取强制措施，必须合作监管；其他监管主体对网络内容实施监管合作同样采取这种方式。通过合作共同创造良好的网络空间，共同使我国的“网络大国”尽早成为“网络强国”。

第四章　健全网络内容建设的教育保障机制

第一节　网络内容建设的教育保障机制概述

一、网络内容建设的教育保障机制的含义

网络内容建设是人的活动,网络建设者、管理者、服务供应商、网络用户等一切网络活动的参与者都对网络内容建设产生或积极或消极的影响。他们基于自身的思想观念、知识水平等在加强和改进网络内容建设中担任着形象各异、作用不同的主要角色。无论网络空间多么广袤,都可以从中找到他们刻下的烙印。其中,网民是网络内容的生产者和接受者、传播者,在这里,网民所指的范围包括一切使用网络的人群。他们对网络内容建设产生最直接的影响,决定了网络空间的空气基本质量。因此,加强和改进网络内容建设,追根究底,是以网民为主体的所有网络活动参与者素质的提高作为基础的。教育活动是以培育人为目标的活动。这就决定了教育保障机制作为网络内容建设保障机制其中一部分的重要性。并且,由于现阶段我国在网络立法方面尚存在许多空白,法律保障机制尚不完善,因而伦理道德方面的教育和引导更显得尤为重要。

网络内容建设的教育保障机制是为了实现社会主义核心价值观对网络内容建设的引领,对网络相关组织与人员实施的网络内容教育活动,提高其思想认识和网络文明素养,为加强和改进网络内容建设提供思想保障和智

力支持的机制，其中包括教育主体、教育的对象和实施者、教育的内容、教育的活动场所、教育媒体以及教育辅助手段等。教育保障机制在网络内容建设中发挥保障功能的方式有三：一是提供教育经费、设备、师资等物质条件的方式；二是提供观念的导向以及教育政策支持和制度保障等精神条件的方式；三是提供教育管理或服务的方式。

二、网络内容建设教育保障机制的内容构成

关于教育要素的构成问题，学术界存在着不同的观点，有“三要素”“四要素”“六要素”等多种说法。基于网络内容建设教育保障机制的目标和特点，我们认为网络内容建设的教育保障机制包含教育主体、教育客体、教育内容、教育方法和教育环境“五要素”。

1. 教育主体

网络内容建设教育保障机制的教育主体，是指在保障网络内容建设的教育过程中具有主动教育功能的组织者、调控者和实施者。对传统意义上的教育而言，教育主体虽然有时也会成为接受培训或他人教育的客体，但总的来说还是处于主导地位，而且往往是有计划、有目标、有系统地开展教育。但是在网络内容的教育中，教育者和受教育者并没有明确的界限之分，他们都可以发表自己的见解，引起他人的关注。教育过程也没有强烈的目的性和计划性。二者通过自由的交流互动达到学习的目的，具有平等的地位。网络及网络信息内容的特点决定了所有网络内容建设的参与者既是教育的对象，又是教育的实施者。

网络内容教育的实施者，既包括网络服务供应商、网络管理者，也包括德育工作者、IT 教学科研人员，甚至所有教育工作者，还包括网络用户。教育主体综合素质和专业素养越高，网络内容建设的教育保障机制就越具实效性。可见，由于各主体的社会分工不同、网络素养和道德责任能力有差异，他们在网络内容教育中扮演的角色、承担的任务、履行的责任以及实施教育的方式也有所不同。针对互联网的特点，从教育对象的实际出发，德育工作者和 IT 教学科研人员应成为实施网络内容教育的骨干，高校的德育工作者和网络专业技术人员尤其应该在网络内容建设的教育中大有作为。网

络管理者和供应商也应发挥技术优势和政策导向作用,积极参与网络内容教育。网络用户则应加强网络主体意识和自律意识,自觉开展自我教育和互相教育。当然。随着信息技术教育在中小学的推广和普及,计算机教育和网络技术教育已经“从娃娃抓起”,网络内容教育也应及早实施。在网络内容建设的背景下,教育主体的去中心化强化了学校、家庭、社会三者的主体地位,只有实现三者的有机统一,齐抓共管,多方参与,才能真正弘扬主旋律、净化网络空间,培养健康、文明的网络文化。

2. 教育客体

网络内容建设教育保障机制的教育客体是网络内容教育的接受者和受动者,它与网络内容教育主体相对应,是其实施网络内容教育的作用对象。鉴于网络的开放性、交互性、动态性、个性化等特点,网络活动的参与者,都不可避免地以自己的活动对网络内容建设产生影响。由此可见,所有网络活动的参与者,都应该是网络内容教育的对象。但是,网络建设者、管理者以及网络服务供应商的设备、技术和内容建设一旦完成,管理办法一经确定,他们对网络内容建设的影响就基本成为一个常数,其影响方式主要是被动的。而用户的网络活动却无时无处不对网络内容建设产生影响,并且这种影响是主动的、动态的、不确定的和个性化的。据此,我们可以断言,网络内容建设的现状和水平主要取决于网络用户的网络综合素质(当然,网络建设者、管理者在其职务之外,基本上也都是网络用户)。也正是从这个意义上,我们认为网络内容教育的主要对象是网络用户。

这里需要指出的是,网络内容教育的客体不同于一般的物质客体,他们在接受教育时,是被动的,也具有主动性,甚至是主体性。① 对传统意义上的教育而言,教育活动往往是单方面的强制灌输,针对的是具有相对确定性的教育客体。网络内容建设教育保障机制的教育客体则呈现明显的“主体化”特征,其主要表现有二:第一,网络内容教育过程中,教育者的明确并不等同于网络内容教育主客体关系的完整,还需要确定网络受众来作为教育

① 骆郁廷:《论思想政治教育主体、客体及其相互关系》,《思想理论教育导刊》2002年第4期。

对象,才能开展网络内容教育。没有确定的网络受众,教育内容就无法施展,教育者也就成为"孤独的主体"。因此,网络内容建设的教育对象"主体化"决定着教育者的主导作用能否发挥,决定着网络内容建设教育保障机制的工作能否顺利开展。第二,教育对象在网络内容教育过程中的主动权,使教育对象获得了其在此过程中的主体地位。网络交互式的存在方式,有利于教育对象实现向网络内容制造者、个体价值阐述者的角色转换。教育对象通过各种网络媒介,制作、发布网络文字、图片、音频、视频,自主地将带有个人印记的思想、观点、意识和情感传递出去,当这些信息内容得到其他网络受众的信任和共鸣时,在某种程度上,受教育者就变成了教育和引导他人的"施教者"。

3. 教育内容

网络内容建设教育保障机制的教育内容是网络内容建设教育保障机制目标、任务的具体化、现实化。教育内容的构成,应紧紧围绕网络内容建设的目的,同时兼顾教育对象的特点,教育环境的现状,实现以教育引导来保障网络内容建设的目的。因此,为弘扬主旋律,凝聚正能量,净化网络空间,要形成以社会主义核心价值观为引领的内容体系,其内容构成主要包括五个部分:网络道德教育、网络素养教育、网络安全教育、网络法制教育和网络舆情引导。他们相互联系,相辅相成,共同促进,以此加强和改进网络内容建设。

(1)网络道德教育。习近平主席在第二届世界互联网大会开幕式主旨演讲中指出,"要加强网络伦理、网络文明建设,发挥道德教化引导作用,用人类文明优秀成果滋养网络空间、修复网络生态。"网络道德就是人们在网络社会中应当遵循的道德规范。它是随着国际互联网的发展而逐渐形成的,是现实社会及网络社会对网络行为提出的道德要求。网络道德教育,就是一定社会或集团在网络社会中,有计划有组织地使人们接受网络道德规范体系,并使网民将其要求内化而自觉遵守的过程。网络道德教育源起于西方,以美国、英国等发达国家为代表,美国早在 1996 年就开设了"伦理学和国际互联网络"课程。我国的网络道德教育起步较晚,2004 年才开始借助多学科开展网络思想道德教育,进入对大学生网络思想道德教育的摸索阶段。

(2)网络素养教育。网络素养是指人们依据当前自身和社会发展的需要在网络上获取特定的信息并加以处理、评估、利用、创造以协助个体解决相关问题和提升人类生活品质的能力。① 网络素养教育并不是简单地告诉人们反对什么,而是要强调“人的能力的培养”。因此,我们将网络素养教育定义为:为了指导人们正确理解、建设性地享用网络资源,通过教育培养人们健康的网络内容鉴别能力与批评能力以及运用网络信息的能力,从而确立科学的网络观,在丰富而复杂的网络内容中明晰前进目标,不断完善自我。

(3)网络法制教育。法律作为调整人们行为的重要手段,它的存在“能帮助预防不道德和破坏行为,法律作为道德规范的基准,使大部分人可以在此道德范围内进行他们的活动。没有界限,就很难确保没有影响和侵犯别人的情况”②。网络法制教育是法制教育的种概念。它是以宪法为核心,以网络法规为主要内容,规范广大网络活动主体的网络行为,培养网络法律意识、增强网络法制观念,构建良好网络环境的法制教育活动。将网络法制教育纳入网络内容建设教育保障机制的教育内容构成体系,一方面可以发挥网络法律法规的警示作用,另一方面可以对受教育者的网络行为起到引导作用。

(4)网络舆情引导。网络舆情是指通过互联网表达和传播的各种不同情绪、态度和意见交错的总和。引导本身就是一种教育方式,网络舆情决定着事件中受众意识形态的走向,对网络内容教育质量、受众线上线下言论和活动具有重大影响,因此舆情保障成为教育保障机制的重要内容。网络上的文字、图片、音像、软件等内容以及它们所包含的意识形态和思想倾向都属于网络内容建设舆情保障的范畴。舆情保障的对象是网络内容中的精神元素,这些内容具有舆论引发和导向作用,而其中的负面信息甚至虚假信息都有可能成为舆情危机和突发事件的导火索。网络上的活跃用户对这些内

① 耿益群:《我国网络素养研究现状及特点分析》,《现代传播》2013 年第 1 期。
② [英]尼尔·巴雷特:《数字化犯罪》,辽宁教育出版社 1998 年版,第 103 页。

容较为敏感,因此具有集群暴发特征的舆情动态更应加以密切关注和适当调控,发挥网络这个民间舆论场的积极作用,变“导火索”为“减压阀”,使受众的思想意识处于积极正面的状态。

4. 教育方法

网络内容建设教育保障机制的教育方法是指建立在网络平台的基础上,依据受教育者的个性特点,将教育内容内化为受教育者的素质和能力以满足网络内容建设的需要,实现教育保障机制的目标而采取的各种途径、方式和手段的总和。网络内容教育的主要目标就是弘扬主旋律,传播正能量,把教育对象培育为“中国好网民”,并辐射现实,成为满足社会发展需求、主旋律要求的社会人。具体到教育方法上,就是要以社会主义核心价值观为最高引领,运用网络信息技术开展好网络内容教育,用科学的主流意识形态建构网民的思想意识,提高网民的媒介素养,保障网民主观能动性的发挥,使其自觉接受健康、有益的网络内容,摒弃不良、错误的网络内容。因此,网络内容教育方法应将主旋律与信息技术有机结合,相辅相成,共通共融,从而使网络内容教育兼具思想性和科学性。这样,一方面加速了主旋律的网络化趋势,为社会主义核心价值观的深入人心和学习践行奠定广泛的群众基础,网络社会的日新月异则有利于凸显主旋律的时代特征,增加网络内容教育主旋律的信息技术含量;另一方面,通过科学、先进的教育方法的运用,搭建良好的网络内容教育平台,在为网络注入主流意识形态,引导教育对象趋利避害、辨别是非的同时,也能实现自身的升级更新,达到更好的教育效果。

正确的教育内容只有通过有效的方法,才能为受教育者所接受,才能最终实现网络内容教育的目标。网络内容教育方法是教育主体与教育客体相互作用的中介,是网络内容教育实践活动的纽带和桥梁。根据教育方法实施的具体程度,我们将其大致划分为基本实施方法和具体实施方法两个层次。基本实施方法是网络内容教育实施方法体系中抽象层次较高、地位较重要的部分。它们是网络内容教育规律的具体体现,是在网络内容教育实践的过程中所遵循的一般规律的反映,规定着具体方法运用的方向和要求。这一层面上的方法主要包括:网络“三育人”方法(即教学育人、管理育人、服务育人三者结合的方法)、网络自我教育方法、网络双向互动方法、网络环境优化方法和网络合力育人方法。要使基本方法更加有效地运用于网络内容教育的实践,还需将其转化为具体的实施方法。具体实施方法是方法体系中最丰富、最富有变化的部分,这一层次的方法可以说是网络内容教育中比较微观的实施方法,是实施方法体系中最具实效性的部分。第一,网络"三育人"方法有网络"把关"法、网络能动灌输法、网络榜样示范法、网络柔性管理法、网络疏导教育法等具体实施方法。第二,网络自我教育方法有网络自我修养法、网络素养提升法、网络实践法等具体实施方法。第三,网络双向互动方法有网络问题讨论法、网络心理咨询法、网络交往教育法等具体实施方法。第四,网络环境优化方法有网络陶冶教育法、网络宣传教育法、网络隐性教育法等具体实施方法。第五,网络合力育人方法有网络舆论引导法、网络全员育人法、网络冲突缓解法、网络就业指导法、网络"使用与满足"法等具体实施方法。①

5. 教育环境

所谓环境,是指有机体所生存的空间当中各种条件的总和。对网络内容教育来说,教育环境是指影响网络内容教育活动、网络内容教育对象思想及行为因素的总和。网络内容建设的教育环境包括两个部分,即教育对象所处的环境和教育活动的外部条件。其中,教育对象所处的环境一般是指网络空间,以及影响教育对象自身特征的相关因素如家庭、学校、人际关系等,此种教育环境具有虚拟化和内隐性的特点。教育活动的外部条件则包括师资队伍、法律制度、物质条件、文化环境等支撑教育活动得以开展的各个因素,具有间接性、潜藏性的特征。传统意义上的教育具有明确的现实性,而网络内容教育因虚拟的网络环境在发生转变,逐步走向虚拟性与现实性的有机统一,既在现实教育环境中融入虚拟性,又在虚拟教育环境中融入现实性,两种环境相互融合、相互影响、相互联系、相互作用。② 网络内容教

① 胡恒钊:《高校网络思想政治教育实施方法研究》,中国矿业大学(北京)博士学位论文,2012年,第46—47页。

② 赵玮:《大学生网络思想政治教育要素研究》,青岛大学硕士学位论文,2012年,第20页。

育的活动开展通过网络虚拟呈现,教育者与教育对象的交流通过网络真实进行,教育者通过网络发现现实问题,并基于客观现实对教育对象开展有针对性的教育。可以说,现实环境和虚拟环境密不可分,只有相互结合,综合考虑,创建优良的教育环境,才能使网络内容教育的效果最大化、影响最大化。

网络内容教育承担着培养合格的网络公民,加强和改进网络内容建设的教育使命。信息网络环境以其亦利亦弊的"双刃剑"特征对网络内容教育产生了深刻影响。一方面,网络信息环境为网络内容教育营造了更加完善、更加活跃的教育环境和育人氛围,使教育环境培养人的根本功能得到了增强。首先,网络使得教育环境无界限,人们能够迅速搜集、传播教育信息,进行自由、平等的交流。其次,网络教育环境的强化和感染功能更强。相对现实环境中的教育内容和教学形式来说,教育对象更易于接受网络环境里更加丰富生动的内容和活泼直观的形式,各类信息在网络上的持续传播不断强化着对受众的影响。最后,网络教育环境增强了网络内容教育培养人的影响力。由于教育对象是自主地进行选择和认可,对教育内容和教育环境的认同感更强,并且通过暗示、模仿、从众、集群、舆论等群体心理的影响和作用,教育内容更易内化为教育对象的思想特征和行为表现。另一方面,网络教育环境的复杂化程度加强,网络自身的弊端给网络受众尤其是青少年的成长带来诸多负面影响。教育主体应引导网络用户正确认识、筛选网络中的信息和内容,净化网络空间。

三、网络内容建设教育保障机制的作用

网络内容建设教育保障机制的建立健全是新时代、新实践赋予全社会教育工作的新课题。网络内容教育在继承传统教育的导向功能、育人功能、保证功能等主要功能的基础上,顺应新形势提出的挑战和要求,把握网络时代的机遇和优势特点,在弘扬主旋律,传播正能量,以及对人、学校和社会的发展等方面都具有独特而重要的作用。

1. 有利于培育和践行社会主义核心价值观

现在计算机网络方面占主导地位的还是美英等发达的资本主义国家,

他们具有很强的文化强势地位，而且这些国家从来就没有放弃过对我国进行“渗透”的图谋。所以，他们在宣传资本主义文化的同时，也带来了很多与社会主义相抵触的信息，对我国人民特别是广大的青少年的世界观、人生观、价值观的形成和发展造成了严重的负面影响。在这种情况下，我们一定要保持我国传统文化的主导地位，保证马克思主义在当代意识形态中的话语权，用马克思主义的文化去占领这个阵地。2013 年 12 月中共中央办公厅印发的《关于培育和践行社会主义核心价值观的意见》就明确指出要“把培育和践行社会主义核心价值观融入国民教育全过程”，“适应互联网快速发展形势，善于运用网络传播规律，把社会主义核心价值观体现到网络宣传、网络文化、网络服务中，用正面声音和先进文化占领网络阵地。”①另一方面，我国内部也有一些别有用心的人，在网络上传播各种反动、迷信的信息，对我们党的领导进行诋毁，造成极其恶劣的影响。有的网站充斥“黄色文化”和“黑色文化”，虚假信息满天飞，严重违背了网络内容教育的初衷，影响了人们的思想意识。

上述种种情况表明，网络这一新阵地的思想斗争日益激烈，如果网民不能坚定社会主义核心价值观和科学的世界观，就很容易在浩瀚的信息中迷失；如果我们不用先进的文化和思想去占领这个阵地，那些对社会发展不利的信息内容就会大行其道，网民们在鼓动性和诱导性的信息和说教面前就有可能产生错误的判断，甚至危害人民、背叛祖国。由于网络的开放性，仅仅靠封堵网络上各种反动的、黄色的、颓废的、消极的信息是不够的，还应该建设一个传播马克思主义思想和中华民族优秀文化的主阵地。从某种意义上讲，网络内容教育的过程就是传播先进文化的过程，是以社会主义核心价值为引领，用先进文化影响人的思想观念和精神状态、培育“四有好网民”的过程。因此，面对世界范围思想文化交流交融交锋形势下价值观较量的新态势，面对改革开放和发展社会主义市场经济条件下思想意识多元多样

---

① 新华网：《中共中央办公厅印发〈关于培育和践行社会主义核心价值观的意见〉》，2013 年 12 月 23 日，见 http://news.xinhuanet.com/politics/2013-12/23/c_118674689.htm。

多变的新特点，我们必须以马克思主义思想体系、共产主义信仰、社会主义法律、道德以及中华优秀传统文化相结合所形成的先进的社会主义主流文化，构建网络内容教育阵地，培养网民的民族精神和时代精神，使社会主义核心价值观融入人们的生产生活和精神世界。

2. 有利于培育“中国好网民”

网络内容建设教育保障机制最直接的功用就是培育合格和优秀的网民。2015 年 6 月 1 日，中宣部副部长、中央网信办主任、国家网信办主任鲁炜在第二届国家网络安全宣传周启动仪式上呼吁全社会携起手来，大力培育有高度的安全意识、有文明的网络素养、有守法的行为习惯、有必备的防护技能的新一代“四有中国好网民”。① 网络内容教育涵盖网络道德教育、网络素养教育、网络法制教育以及网络舆情引导等内容，可见，构筑起社会、学校和家庭共同参与的网络内容教育体系，对于培育“四有”网民起着毋庸置疑的重要作用。

培育新一代“四有中国好网民”的重点对象是青少年。《第 39 次中国互联网络发展状况统计报告》显示，截至 2016 年 12 月，我国网民以 10—39 岁年龄段为主要群体，比例达到 73.7%。其中，10—19 岁年龄段的网民比例达 20.2%。其中 20—29 岁年龄段的网民占比最高，达 30.3%，与 2015 年底相比，10 岁以下和 40 岁以上中高龄的占比均有所提升。互联网继续向这两部分人渗透。② 区别于“在电视机前长大的一代”，1995 年以后出生的孩子被称为“网络原住民”，他们对网络的依赖程度非常高。然而，由于网络的开放性、广泛性、虚拟性、庞杂性，对其监管力度又不够到位，因此网络信息良莠不齐，交错混杂，包含教育的、娱乐的、游戏的、色情的、暴力的、低俗的、赌博的等等内容。有些网站还推出一些直接针对青少年的游戏、影视、娱乐节目，甚至编造、夸大、传播一些不真实的信息煽动青少年的情绪，

① 鲁炜：《培育好网民　共筑安全网——在第二届国家网络安全宣传周启动仪式上的讲话》，2015 年 6 月 1 日，见 http://www.cac.gov.cn/2015-06/01/c_1115464050.htm。

② 中国互联网络信息中心：《第 39 次中国互联网络发展状况统计报告》，2017 年 1 月 22 日。

由于青少年的好奇心强、自控力差,兼之其道德素质不深厚、自身修养不够,缺乏严格的网络自律精神,若没有家长、学校和社会的正确教育和引导,帮助其“适度用网、健康用网、安全用网”,那么他们就可能在网络社会中迷失自我,甚至走向网络犯罪。但是,“国家的未来在青少年,网络的未来也在青少年。有什么样的青少年,就有什么样的网络;有什么样的青少年,就有什么样的未来。”①青少年不应成为网络空间的受害者,而应该在全社会的呵护下,成长为传播“网络空间正能量”的新兴力量。因此,清朗网络空间,建立健全网络内容建设的教育保障机制,关乎民族未来发展,关乎国家前途命运。为了培养和造就合格的网络强国的建设者、社会主义事业的接班人,必须形成全社会教育和培养新一代“中国好网民”的强大合力,将网络内容教育贯穿于有情有景、有声有色的网络环境中,和网络阵地的技术优势结合,从而使广大青年学生的网络素养潜移默化地提高,陶冶其情操,让青少年最大限度地享受网络带来的红利,使网络真正成为获取知识、交流思想、表达政治倾向、提高道德修养、了解和理解国内国际事件、提高政治素质和水平、坚定政治方向的无限空间。

3. 有利于促进学校网络内容教育的发展

学校一直是网络内容建设的主阵地,也是不良网络内容侵入的必争之地。因此教育保障机制的建立对于促进广大青少年学生和高校学生的网络内容教育,为学校打造一个纯净安全的网络空间尤其有利。早在 20 世纪,我国教育部就将开展信息技术教育写入了 21 世纪教育振兴行动纲领。2013 年,教育部、国家互联网信息办公室印发的《关于进一步加强高等学校网络建设和管理工作的意见》明确指出,“各级教育部门和高校要大力推进中国特色社会主义理论体系网络化传播,深入开展中国梦教育,引导高校师生自觉践行社会主义核心价值体系,丰富高校师生网络精神文化生活,牢牢把握网络文化育人主动权。”②2015 年“六一”国际儿童节,鲁炜提出培育

---

① 中国互联网络信息中心:《第 36 次中国互联网络发展状况统计报告》,2015 年 7 月 22 日。

② 《关于进一步加强高等学校网络建设和管理工作的意见》(教思政〔2013〕3 号)。

“四有”好网民，应做到“四要”：一要从教育入手，二要从娃娃抓起，三要从自身做起，四要全社会参与。“要推动网络安全知识进校园、进课堂、进教材、进头脑，开展课程教育、技能培训、安全竞赛、公益活动，使孩子们从小学安全、知安全、懂安全，养成良好的网络行为习惯。要开展‘护苗’、‘净网’等专项行动，铲除淫秽色情、暴力恐怖等有害信息，为青少年成长营造清朗、健康的网络空间。”①网络给学校的思想政治教育和德育工作带来了前所未有的机遇，开辟了中小学尤其是高校网络内容教育的新天地，完善了基础教育和高等教育中关于网络内容教育的新渠道和新手段。网络内容建设教育保障机制的建立健全对学校教育的改革和发展以及校园文化的建设提供了契机和保障，主要表现在以下四个方面：

（1）有利于促进学校网络内容教育施教主体的发展。整体看来，从政治立场、观点出发，我国的教师队伍都能把握好大的原则和方向，深刻理解中国特色社会主义的内涵，旗帜鲜明地站在无产阶级党性原则立场上。但是，面对网络上汪洋大海般的信息，以及复杂的政治斗争，网络内容教育的施教主体需要更好地学习并传播马列主义的基本原理和社会主义核心价值体系的思想内核，真正运用其立场、观点、方法，去发现、分析、预防、解决网络社会中的各类复杂问题，并结合网络自身的特点以及青少年、大学生不同群体的角色特征，对其进行教育和引导。此外，网络技术的日新月异也对教育主体提出了技术能力的要求。这一系列针对学校网络内容教育的理论研究和实践探索极大促进了学校网络内容教育施教主体思维方式的转化和业务能力的提升。

（2）有利于促进学校网络内容教育观念、手段和方式的发展。学校的网络内容教育要迎接互联网时代的机遇和挑战，就要转变传统的教育观念和模式，实现在一定范围内继承优良传统基础上的转型和改革。学生群体不同于价值体系相对成熟的成人网民，他们处在世界观、人生观、价值观的

---

①　鲁炜：《培育好网民　共筑安全网——在第二届国家网络安全宣传周启动仪式上的讲话》，2015 年 6 月 1 日，见 http://www.cac.gov.cn/2015-06/01/c_1115464050.htm。

逐渐形成阶段,处在探索如何实现自我和如何做人的阶段。网络空间的清朗与否,自身网络媒介素养的水平高低,对他们的成长成才都至关重要。网络社会为他们提供了一个毫无拘束地交际沟通、抒发情感、传播信息的空间,也制造出一个危机四伏的成长环境。网络内容建设教育保障机制的建立,有利于新时期学校网络内容教育由传统手段向利用信息网络技术手段和传统手段共用的工作手段的转型,有利于实现由单一的现实世界向虚拟世界与现实世界并举的工作环境的转型。

(3)有利于推进学校网络信息化进程。2015 年 1 月,中共中央办公厅、国务院办公厅印发的《关于进一步加强和改进新形势下高校宣传思想工作的意见》指出要加强校园网络安全管理,加强高校校园网站联盟建设,加强高校网络信息管理系统建设。① 党中央对新形势下高校宣传思想工作提出了系统的要求和部署,从思想政治工作层面对加强高校网络宣传教育工作,使网络成为弘扬主旋律、传播正能量的重要手段提出了要求。因此,教育保障机制的建立健全将大力促进高校以及中小学校网络基础设施建设的步伐,从而推动包括办公自动化系统、网络教学管理系统、数字化图书馆、后勤"校园一卡通""红色网站"等在内的信息化校园建设。

(4)有利于推进校园文化的建设。学生在互联网上创造和发展着属于自己的网络精神文化空间,使校园网络文化成为校园文化的重要组成部分。网络内容教育本着丰富和提升校园文化的内涵与品质为目的,加强校园网络文化的建设和管理,坚持弘扬主旋律,引导网络先进主流文化,在净化网络空间,把握网络舆情引导等方面扮演着不可替代的角色。并且,学校网络内容教育可以充分利用网络空间和技术优势,拓宽网络内容教育的途径,以丰富多彩、形式多样的正面教育吸引学生的眼球,例如利用网上党校、团校、主题教育、"红色网站"等手段和载体,增强网络内容教育的吸引力、感染力,使学生更加积极地参与其中,使校园文化建设得更加健康多彩。

---

① 人民网:《加强高校宣传思想工作的网络阵地建设》,2015 年 2 月 10 日,见 http://edu.people.com.cn/n/2015/0210/c1053-26539916.html。

4. 有利于促进社会主义和谐社会的建设

社会和谐是一个国家长治久安、不断向前发展的前提。“四有网民”无疑是维护社会安定和谐的积极力量，而非理性的网民则成为破坏和谐社会建设的潜在隐私。可见数量庞大的网民队伍对于社会主义和谐社会的建设影响极大。然而，网络的无界性、匿名性又使其成为一个酝酿不利于安定团结的危险因素，破坏和谐社会建设的场所。例如“网络黑客”在网上散布虚假信息，企图制造混乱。外来的敌对势力捕捉到一个可以制造话题的事件时，即使是正常的社会现象，也会在网上小题大做，颠倒黑白，甚至无中生有，来煽动社会情绪，破坏我国政治经济的正常运作和发展。普通网民的情绪化非理性，青少年网民的弱辨别力和控制力等因素导致网民队伍成为一个相对脆弱、敏感的群体，因此很容易被那些心怀不轨或处心积虑的反动势力所利用。而且，网络法制教育的缺位，网络法制环境的不完善，也造成极少数计算机水平高超的网民法律意识和知识薄弱，充当“黑客”，冲击国家内部网络“禁区”，给国家造成危害。因此，加强网络内容教育，能提高网民的政治觉悟，坚定政治信仰，提升法制意识，为社会主义和谐社会的构建提供强有力的保障。

从根本上讲，和谐社会是指人与自然、人与社会、人自身全面和谐的社会。在这三对和谐关系中，人自身和谐是社会和谐发展的根本前提，同时又是自然与社会和谐的产物。造就和谐的人的个体，就是要使一个人有健全的人格，有正确的世界观、人生观和价值观，能合理地处理个人与自然、个人与社会的错综复杂的关系，做到融入自然、融入社会。① 可见，个人综合素质的提升对于和谐社会的建设是相当重要的。但是，互联网时代的新形势下，网络虚拟社会对人们的思想道德素质带来了巨大的冲击，对网络内容教育带来了新机遇的同时，也提出了新的挑战。随着中国网络的全民普及，虚拟社会也成为构建社会主义和谐社会的重要阵地，对网民的教育工作因此也成为重要的工作内容。

---

① 胡绪明：《论思想政治理论课育人功能与构建和谐社会的本质关联》，《江西教育科研》2007 年第 6 期。

社会主义和谐社会是一种高水平的和谐社会,它对社会各方面的发展提出了高标准高要求。网络内容建设教育保障机制的建立是社会主义和谐社会建设题中的应有之意,是社会主义和谐社会对教育提出的必然要求。同时,以社会主义核心价值观为引领的网络内容建设教育保障机制的建立也为社会主义政治、经济、文化建设等方面提供了方向引导和重要的精神动力。社会主义和谐社会包括两层含义,一指社会生活秩序或状态的和谐平安;二指人们精神心理秩序或状态的和谐宁静。这第二层含义随即引申出一个基本的理论判断,即构建社会主义和谐社会不仅是政治和法律的事情,同时也关乎教育领域。从社会主义和谐社会的科学内涵来看,民主法治、公平正义、诚信友爱、充满活力、安定有序、人与自然和谐相处的社会,哪一项都离不开国民素质的提升。网络社会作为和谐社会建设的重要组成部分,高素质网民的培育无疑将提供极大助力,并通过和谐网络社会的构建反作用于现实社会。在这种情况下,加强网络内容教育对促进社会主义和谐社会的建设意义重大。为此,网络内容教育保障机制要充分利用网络新媒体的优势特性,科学开展网络内容教育工作,推动和谐虚拟社会的构建和治理,进而辐射和带动社会主义和谐社会的全面构建。

第二节 网络内容建设教育保障机制的现状

自1994年我国正式接入国际互联网至今,网络内容教育先后经历了三个发展阶段,即1994年至1999年的酝酿萌芽阶段、1999年至2001年的起步成长阶段和2001年至今的逐渐发展阶段。① 一方面,网络内容教育取得了从无到有的开创性成就;另一方面,在发展的过程中也涌现出许多的问题和不足,它所实际发挥的社会效用与其应有的社会重要性有所失衡。因此,客观全面地认识我国网络内容教育的现状及问题,深入分析问题原因继而科学构建集可行性与时效性于一体的网络内容教育保障机制显得尤为迫切。

---

① 杨云:《中国网络思想政治教育现状、问题及对策研究》,武汉科技大学硕士学位论文,2010年,第7页。

一、网络内容建设教育保障机制的发展情况

1994 年我国正式接入国际互联网,从此迈出了信息化社会建设的第一步。2000 年 6 月 28 日在中央思想政治工作会议上,时任中共中央总书记的江泽民强调,“要重视和充分运用信息网络技术,使思想政治工作提高时效性,扩大覆盖面,增强影响力。”其后教育部下发《关于加强高等学校思想政治教育进网络工作的若干意见》(教社政〔2000〕10 号),我国关于网络内容教育的相关研究和实践从网络思想政治教育这一内容正式开始。及至 2015 年 1 月,中共中央办公厅、国务院办公厅印发《关于进一步加强和改进新形势下高校宣传思想工作的意见》,我国对网络内容建设教育保障机制的关注度日益加深。虽然目前对网络内容教育的研究和实践时间尚短,但值得肯定的是,我国已取得了该领域发展的开创性成就。

网络内容教育是针对全社会大众的一种具有普遍性和针对性的教育活动。但是,就目前我国网络内容建设教育保障机制的发展现状来看,其主要阵地集中在高校,还未普及全社会。当前,网络已经迅速普及不同文化程度、不同职业阶层的人群,网络早已不是高学历群体的专属工具,而是全社会大众的生活化工具。7. 31 亿之巨并不断增长的网民规模对网络内容教育的发展速度和质量都提出了巨大的挑战。① 因此,我们要不断总结经验教训,分别从横向和纵向更进一步发展网络内容教育,尤其注重探索如何针对全社会建立健全网络内容建设教育保障机制的方式和途径,或者说寻找何种措施路径让网络内容教育不仅仅限于影响校园人而是影响社会人。

改革开放和发展社会主义市场经济的新形势,给政府机关的思想政治工作带来了新的机遇和挑战:公务员的利益观念、开放观念、主体意识、服务意识、竞争意识等普遍增强。现代科技和社会信息化的发展使计算机、手机、电视、广播等形成一个渗透生活各个领域的综合立体的网络,并不断扩张它的领土,增强它的影响力。现实生活中,政府机关的工作人员

① 中国互联网络信息中心:《第 39 次中国互联网络发展状况统计报告》,2017 年 1 月 22 日。

被囊括进这一网络中，各地方政府、各部门机构建立了相应的“红色网站”，开始探索网络内容教育。尽管网络社会是存在于虚拟空间，与现实社会有着不同的语言环境、思维方式和行为规范，但同样存在着信息的发布、传播和接收，人际交往中的信息互动，并对人们的思想和行为变化产生潜移默化的影响。这种影响使网络社会的虚拟性越来越转化为现实性，或许可以预见未来它的触角将伸至现实社会的每一个角落。同时，随着经济社会的不断发展，跨国企业的不断涌现，经济区域一体化和国际化，企业单位中人们的思想观念也在发生转变，他们越来越重视企业的市场竞争力以及经济效益，而愈来愈漠视自身的思想政治状态，甚至放弃了对企业思想工作的关注。例如思想政治工作部门被看作是人浮于事的部门，可有可无；思想政治工作的开展则虚有其表，乃形式主义；思想政治工作者被认为只是政治的传道士，在企业中得不到应有的尊重等。但是随着时代的变迁，体制的转变和完善，企业改革的深入，以及媒体网络的迅速发展，人们身处的环境越来越复杂，获得信息的渠道日益增多，思想意识面临着全方位的影响和冲击，必然要加强企事业单位的思想、政治和文化建设，网络则被视为思想文化教育的最有效途径。综合来讲，在政府、企业和社会团体中，网络内容教育作为时代的产物已经对传统的教育内容和方式产生了巨大的冲击。但是，相对于西方发达国家以及国内发展较快的高校来说，还有很长的路要走。

党和国家一直都非常重视大学生的网络内容教育，采取诸多有效措施，扎实推进高校网络内容建设教育保障机制的建立。2000 年 9 月，教育部下发《关于加强高等学校思想政治教育进网络工作的若干意见》（教社政〔2000〕10 号）的重要文件，高校网络内容教育进入全面成长时期，高校逐步成为全社会关于网络内容建设教育保障机制的先锋力量。这不仅是对于全社会网络内容建设教育保障机制如何构建的一种探索，更是为其最终科学和健全发展打下了良好的基础。我国高校网络内容建设的教育保障机制的建立和健全体现在以下方面：

一是政府有关部门日益重视。随着高等教育的发展，高校教育工作以其培养专业化综合型人才的重要地位，历来受到政府及相关部门的重视。

大学生网络内容教育在整个教育体系中占据着举足轻重的地位，直接关系到大学生能否树立正确的世界观、人生观、价值观。因此我国政府高度关注大学生群体成长，努力推进大学生网络内容教育工作，通过媒体舆论引导全社会高度关注大学生网络内容教育，营造良好的教育环境，从而打造全员育人、全过程育人、全方位育人的教育保障机制。

（1）政府不断完善各项法律法规。政府加强大学生网络内容教育工作制度化建设，针对网络技术迅猛发展的形势，不断完善各项法律法规，严格分类和界定网络犯罪，并提出了详细的惩罚标准，为大学生网络内容教育工作提供参照，使大学生网络内容教育保障机制的建设有法可依，不仅提高了教育教学的效率，也保障了师生的合法权益。此外，为推进高校网络文化健康有序发展，唱响网上思想文化主旋律，教育部联合国家互联网信息办公室印发《关于进一步加强高等学校网络建设和管理工作的意见》（教思政〔2013〕3号），对高校提出十点意见，为高校教育保障机制的建立指明了工作的方向和重点：高度重视高校网络建设和管理工作；加强高校网络文化供给与服务；构筑高校网络思想文化阵地；加强高校网络信息安全管理；提高高校网络舆论引导力；统筹推进队伍建设；推进激励评价机制改革；大力开展师生网络素养教育；加强组织领导；强化工作保障。

（2）政府大力支持校园网建设。校园网作为大学生网络内容教育保障机制建设的主阵地，为大学生网络内容教育的顺利开展创造了客观条件。早在1994年，就出现了中国教育和科研计算机网示范工程，简称CERNET，是我国开展现代远程教育的重要平台，CERNET的建设，加强了我国信息基础建设，缩小了与国外先进国家在信息领域的差距，也为我国计算机信息网络建设，起到了积极的示范作用。① 中国教育和科研计算机网建设全面启动，掀起了全国校园网建设高潮。并且随着高校信息化建设的不断推进，校园网的建设也有所创新和进展。政府每年投入巨资建设校园主干网，同时，提供技术和资金支持高校局域网的建设，重点致力于宽带提速，1000M以太

---

① 樊婷：《高校网络思想政治教育的实效性研究》，中北大学硕士学位论文，2014年，第9页。

网技术给校园网建设提供了新的生机，多媒体教学、办公自动化、网络图书馆等应用被广泛运用，校园网建设覆盖到教学楼、办公楼、图书馆、实验室、教职工宿舍和学生宿舍等场所。

二是高校切实推进自主建设。各高校在建立健全网络内容建设教育保障机制的工作过程中，充分考虑到自身专业特色方面的差异，发挥和利用学校自身的硬件资源，根据自己的实际情况进行自主化建设。通过主动占领网络阵地，对如何加强教育保障机制的建设进行深入的理论研究和实践探索，全面加强校园网的建设。利用网络弘扬主旋律，大力宣传马列主义、毛泽东思想、“三个代表”重要思想和科学发展观，强化社会主义核心价值观的思想引领；充分利用网络优势，运用多媒体技术将网络内容教育的各种课程搬上网络，丰富教学的内容，改善传统教学方式，增强吸引力和感染力；通过网络对学生进行全方位、多角度教育，以渗透的方式使网络内容教育的理念和精神进入学生心中。时至今日，高校网络内容建设教育保障机制建设取得的成效主要表现在以下三个方面：

(1)高校网络内容教育效果显著。从形式上来看，对高校网络内容建设教育保障机制有效性的测评是通过相关教育活动的全部效果来检验与鉴定。但是，从本质上来讲，任何教育活动都应以社会效果为中心，对其进行科学的价值评估。作为一种社会实践活动的大学生网络内容教育，它涵盖了两个方面的内容：一方面，在大学生网络内容教育不断发展和实践的过程中，大学生的主观世界得以改造和革新，其网络道德水平、网络法制意识、网络媒介素养都得到了相应的提升。高校网络内容教育的根本目的，就是以社会主义核心价值观为指导，通过培育“中国好网民”，培育全面发展的人，从而培养出一批有文化、有思想、有道德、有纪律的社会主义接班人和创新者，为实现中华民族伟大复兴的中国梦凝聚力量。另一方面，大学生网络内容教育的实践活动通过改造大学生网络受众的主观世界来改造客观世界。具体内容包括良好的网络环境、社会环境、政治环境和网络社会心理是否形成，及其扩展的程度。

长期以来，经过广大高校网络内容教育工作者的不断探索和努力，各高校为大学生网络活动提供了较好的网络环境和校园文化氛围，在大学生网络内容教育的理论研究、载体建设、队伍建设、活动开展等方面都取得了一定成绩,极大地推动了大学生自觉、主动接受网络内容教育的兴趣和能动性,为当代大学生成为高质量人才提供了首要的思想保障和环境支持,为他们在日新月异的互联网时代成为德智体美全面发展的社会主义建设者和接班人打下了坚实基础。

(2)高校网络内容教育载体建设初具规模。随着高校网络内容建设教育保障机制的不断发展,各高校为了保障机制的长期有效性,积极探索大学生网络内容教育载体,初步建成了以高校思想政治教育网站为主的一批具有影响力的大学生网络内容教育载体。目前,以"红色网站"为主的高校内容教育网站承载了大学生网络内容教育的绝大部分工作,是大学生网络内容教育最重要的载体和名副其实的主阵地。

自 1994 年第一个大学生校园网站建成后,高校对网络内容教育规律把握越来越深刻。2000 年后,各高校相关教育主题网站开始大批量建设,至 2004 年,全国高校已建成学生校园网站近万个,第一批优秀网站正式投入运营,基本上都建立了自己的"红色网站",在注重实效、突出特色上取得了一定成绩。例如北京大学"红旗在线"网站,创新性地将网上互动社区作为学生党建工作的新载体,中国人民大学在团建网站"青年"的建设中突出亲和服务的特色,天津大学"天外天"网站将虚拟学习平台建设成为网上党校的新基地,武汉大学"自强学堂"网站将显性教育与隐性教育有机结合,上海交通大学将"焦点"网站定位为学校党务工作的门户和网络宣传的品牌等。这些网站在内容上既能适合大学生的心理特点,也符合网络的传播特点,在风格上适合大学生的喜好,从细微工作着手,把灌输与疏导有效结合,切实增强了网络内容教育的说服力和有效性。

目前全国网络内容教育网站已形成以"中国大学生在线"为龙头,各高校网络内容教育网站为支撑的网站格局。"中国大学生在线"是由国家教育部主导并推动,全国大学生参与,全国高校依照"共创、共建、共管、共享"的原则,以"栏目共建、信息交互、活动联办、信息交互、服务共享"的方式建设的公益性、综合性中国大学生门户网站。通过打造校园网络资讯平台、网络社区互动平台、数字资源服务平台、校园文化活动平台、辅导员工作平台五大平台，用社会主义核心价值体系引领大学生健康成长，用丰富的教育资源、科学理念和方法服务大学生，用先进的网络文化产品和有影响力的主题活动丰富大学校园文化生活，以此提高大学生的思想道德、科学文化素养和身心健康素质。"中国大学生在线"及其各个地区分网站的广泛建立，以网站联盟的形式构建了全国大学生网络内容教育的网络工作系统，真正为全国高校教育类网站的建设和运作起到了示范和带动作用。

（3）高校网络内容教育队伍建设得到加强。根据国家互联网信息办公室提出的"各级教育部门和高校要立足全员育人，统筹推进网络建设、网络监管、网络评论队伍建设"①的意见，大多学校都建立起了一支或专职或兼职的思想水平高、网络技能强、熟悉受教育者的网络内容教育队伍。有些学校设立了校园网络管理专职岗位，制定了专门的培训规划和学习制度，将掌握相关网络知识作为网络内容教育者的一项必不可少的素质条件，使得这些教育工作者能尽快对新形势下的网络环境进行适应，熟练各种网络发展技能，及时掌握网络发展工具等。同时，部分学校还进行了学生队伍建设的尝试，制定了《校园计算机网络管理办法》《学生宿舍网络管理条例》《学生网上文明公约》等规章，组织学生监督论坛信息，鼓励学生报告网上不良信息，开展网上扫毒工作。

2001年，教育部确定上海交大为国内第一个网络思想政治教育的工作阵地，同时，上海交大在教育部的委托下成功创办了"思想政治网络"班，通过举办形式各异的培训班，训练和培育老师，为推动全国高校和社会各界的网络内容教育作出了贡献。中南大学根据"专业化、年轻化、高层次、重素质"这一基本原则，构建了人数达160余人的思想政治教育工作队伍，同时成功引进了考核激励机制，落实教职专员岗位责任制。这支队伍中89%的人具有博士、硕士学位或在职攻读研究生，36%的人具有高级职称。同时，一些地区的高校以省市为单位抱团打造网络管理和引导队伍，集体提高辅导员、班主任、导师的网络内容教育素养。例如目前浙江省已建成一支300

① 《关于进一步加强高等学校网络建设和管理工作的意见》（教思政〔2013〕3号）。

余人的高校网上评论员队伍，并连续5年组织省内高校分层次的校园网络管理培训。①

二、网络内容建设的教育保障机制存在的问题

网络内容建设的教育保障机制发展到今天取得了一系列的成绩，这是大家有目共睹的，但同时我们也应该看到它的发展还很不成熟，存在这样那样的问题，主要表现在理论研究和社会实践不理想、内容不完善、方法比较单调、教育工作者综合素质参差不齐、舆情引导机制不健全等方面，这都有待于我们在今后的工作中进一步改进和完善。

1. 理论研究缺乏系统性和针对性

网络内容教育是实践性很强的活动，广大教育工作者在工作中不但要积累实战经验，同时也要加强理论研究，发挥理论对实践的反作用。当前，各领域的教育工作者们尤其是高校教师在实践中已经摸索出一些新的工作模式和工作方法，迫切需要从理论研究上获得有益结论。近年来，许多专家学者不断进行深入的思考和探索，相继从不同的角度发表了一些关于网络教育方面的文章。但是，网络教育理论虽然具体的研究数量很多，但有的领域研究成果颇多，硕果累累，而有的领域却无人问津，出现研究空白。

此外，有些学者闭门造车，相互间缺少交流，彼此独立，造成各理论研究成果与实践脱节，彼此间也缺乏联系，甚至相悖。理论上的断位、错位、缺位将直接导致实践上的断位、错位、缺位。理论研究本应成为实践的坚强后盾，结果却是实践的发展与理论研究衔接不当，种种缺陷使得网络教育理论研究缺乏系统性和针对性。究其根源主要有两个方面：一是大多数理论工作者脱离现实。虽然是理论研究，但是要依托于现实，从现实中寻找素材，作为理论研究的支撑，不要一味地专注于网络这个虚拟的平台，进行空洞的研究，忽略了现实的重要性。任何一个事物的研究都需要从现实中寻找支撑，理论要与实践相结合是亘古不变的真理。二是网络教育的研究缺乏针

① 谢振桦：《大学生网络思想政治教育现状及对策研究》，西南大学硕士学位论文，2010年，第21页。

对性。理论研究要时时刻刻关注国家的大政方针,要与社会发展趋势相适应,根据社会要求及时进行理论的更新,对出现的具体问题提出针对性的措施。

2. 教育实践缺乏时效性

所谓时效,就是"适时""有效"。网络内容教育是以人为对象的工作,要想真正做出实效,就绝不能停留于提了多少口号、建立了多少网站、组织了多少活动、总结了多少经验等表面功夫,而必须下一番苦功夫,把准受教育者的思想脉搏,把握网络内容教育的内在特征和规律,追求教育引导工作的及时、高效。

一方面,当前网络内容教育时效的优势还未有效展现。网络内容教育的适时与否在很大程度上制约着其客观效果,不及时教育一般意味着效果要大打折扣甚至效果为零。网上教育相较于网下教育,一大优势即是快捷和即时。网络缩短了空间距离,从而大大节省了交流的时间成本。例如,在网络出现之前的"车马、邮件都慢"的时代,学校要收到中央、地方的形势报告、各类通知等教育材料,最快也得半个月左右。如今,随着网络的普及和信息高速公路建设的加快,教育者只需轻敲键盘便可知天下大事,轻点鼠标便可下载所需的教育资料,接受信息比以往更加畅通和便捷,不受时空的限制。在这样的环境中,热点、焦点问题的更新非常之快,受教育者的注意力也随之变化,这要求网络内容教育必须紧密关注当前的时政热点,并加以分析和研究,教育引导的效果才能得到保证。若在某些带倾向性的矛盾和问题尚处于萌芽状态时,就及时采取有效措施,善加引导,网络内容教育就能起到"雪中送炭"的效果。相反,如果等问题和矛盾积重难返,如网络负面舆论已经形成时,再来开展教育活动,就变成了"雨后送伞",难以取得理想的效果,甚至对问题的解决毫无帮助。

另一方面,网络内容教育出现了重"时"轻"效"的倾向。尽管网络内容教育的时效性还未得以有效发挥,但人们对其重要性的认识已日益成熟。然而,对"时"的一味追求却使网络内容教育陷入一个怪圈。只重视对上级文件精神宣传得快不快、形势跟得紧不紧,而不注重受教育者是否澄清了模糊争议,是否化解了难点疑点,是否提高了思想觉悟,是否解决了矛盾问题。

如有些学校接到教育任务后,为了表现自身紧跟上级的指示和安排,盲目追求及时性,没有在调查实践的基础上,摸清受教育者在想什么、关心什么、需要什么,在发现、分析和研究问题中寻找突破口、确定结合点,就匆忙展开工作。更有甚者,把教育内容挂到网上了事,而不关注后续效果。事实上,这是误解了时效的真正含义。时效包括及时和有效两层意思。从适时和有效二者的关系来看,适时是有效的必要条件和重要途径,有效是适时的根本目的和检验是否适时的重要标准。在网络内容教育中,注重教育是否适时是非常重要的。但不能因为强调适时,就忽视了对有效的追求。离开了有效,网络内容教育开展得再适时,也难以达到目的。任何一项工作有无价值及其价值的大小,都取决于其最终成效。可以说,是否有效,是检验网络内容教育成败的唯一标尺。如果没有效果,一切都只是在做无用功,不仅对受教育者网络素养的提高没有好处,而且浪费时间、精力、人力、物力。网络内容教育中有很多教育内容都是打基础、时间性要求不高的,比如马克思主义基本理论、共产主义理想等,这些教育内容只有不断地做深、做细、做实,才能获得长久、深远的效果。可由于其难以看到立竿见影的效果,教育主体便在追求时效的掩盖下将其弱化、边缘化。

3. 教育内容不完善

就教育内容而言,现阶段最为突出的一个问题,即网络内容建设教育保障机制的教育内容发展较为滞后,不能及时更新与时俱进,教育过程不够合理和完善。也就是说目前网络内容教育体系的内容构成不适应当前国情,无法满足和实现社会对教育的需求及要求。具体表现在:教育内容落后于市场经济的发展,落后于其他相关学科的发展,落后于信息技术的发展,并落后于国内外形势的变化和发展。即上层建筑滞后于经济基础。网络信息时代,网络受众可以通过互联网相互了解,听到的是全球的声音,熏陶的是世界文化,面对全球文化的交融与信息膨胀,往往会感到目不暇接,在接受上是非难辨。同时,网络是把“双刃剑”,在为人类社会带来巨大福利的同时,也产生了诸多问题。例如网络道德失范问题、知识产权问题、网络安全问题、网络犯罪问题、青少年网络成瘾问题、青少年心理健康问题,等等。这一系列负面影响的消弭都需要依靠教育保障机制。因此教育内容是否健全和完善,直接关系到问题的解决程度。这就要求网络内容教育与网络技术相融合,内容上更加切合当前的教育实际,教育内容从静态走向动态,平面走向立体,现时空走向超时空,适应网络信息时代的新特点、新局势,适应网络受众思想行为发展的新动向、新要求。

现行的教育保障机制内容构成主要以政治教育为主导,忽视了对网络受众德育的培养,重点围绕高校教育进行,没能融入网民的日常实际生活之中。此外,关于网络法制教育、网络素养教育、网络舆情引导的内容都还很不完善。从宏观上来讲,存在着传授内容以静态知识为主、涵盖学科范围较窄、研究不细化、信息更新较慢等问题;从微观上来讲,多是空洞的理论和说教,没有以网络受众的需求包括现实需求和心理需求为中心来安排教育内容。在教育过程中以知识为主并没有错误,但没有兼顾人的全面发展,为人一生的发展服务。教育内容具有高度的统一性和条理性导致缺乏层次性、针对性、丰富性和生动性。网络信息传播的迅速性、多元性、复杂性、开放性与资源的共享性融为一体、无法分离,因此教育保障机制的内容构成必须与时更新,结构形式必须根据内容的特点进行创新优化。教育内容构成应当以中华传统文化为基础,"中华优秀传统文化积淀着中华民族最深沉的精神追求,包含着中华民族最根本的精神基因,代表着中华民族独特的精神标识,是中华民族生生不息、发展壮大的丰厚滋养"①;同时"加强对新型文化业态、文化样式的引导,让不同类型文化产品都成为弘扬社会主流价值的生动载体"②,才能实现社会主义核心价值观对教育内容的领导。

4. 教育方法过于简单

近年来,在网络内容建设教育保障机制建设的过程中,对教育方法的运用进步很大并开始逐渐延伸,如各高校纷纷建立起自己的教育专题网站,开

① 新华网:《中共中央办公厅印发〈关于培育和践行社会主义核心价值观的意见〉》,2013 年 12 月 23 日,见 http://news.xinhuanet.com/politics/2013-12/23/c_118674689.htm。

② 新华网:《中共中央办公厅印发〈关于培育和践行社会主义核心价值观的意见〉》,2013 年 12 月 23 日,见 http://news.xinhuanet.com/politics/2013-12/23/c_118674689.htm。

办网络培训班,利用网络技术开展丰富多彩的教育活动以及对网络舆情的掌握等等。但是,这些方法远远没有跟上网络技术的发展,与网络技术提供的可以运用的方法比较起来,目前的教育方法还过于简单。现代社会不仅仅是网络社会,网络只是信息技术的一种形式,现代社会可以说是进入了日益飞速发展的新媒体时代,新媒体主要指互联网、移动网络(如手机上网)、网络电视、数字电视等及其相互之间的渗透与融合。因此,教育方法的多样化因建立在网络技术的发展之上,当运用的手段和形式过于单调,就会影响教育效果的时效性。目前,教育方法的缺陷主要体现在两个方面:其一是“单项式”的教育方式问题,其二是网上教育与网下教育方法的有机结合问题。

传统的教育方式是“单向式”,即以信息自上而下的单向传播与灌输为主,沿袭至今,这种特征显现出它的致命缺陷。教育者发布信息,被教育者接受信息。其简单的沟通模式的基本特征是,教育者居高临下,信息单向流动,信息反馈很少或没有,受教育者处于完全被动的地位。显然很难取得理想的教育效果。近年来,高校对此种缺陷反应较快,通过不断的探索和尝试,网络内容教育方式和手段有了相当的改变。比如将网络教学与课堂教学结合起来,将理论问题与课外实践结合起来,使高校网络内容教育较之传统教育多了生动即时的特点。生活中,网络内容教育的形式也发生了变化,学习、娱乐、购物等与教育有机结合,受教育者发挥主观能动性,变成了教育过程中的主体。尽管如此,在大的教育环境反应慢半拍的情况下,这些改变进行得依然很艰难。在教师专门化、教材规范化、教育对象被动化的限制化背景中,“单向式”的教育方式并未得到根本转变,简单粗暴的信息填鸭方式亟须向信息引导和信息分析方式转变。不少高校在校园门户网站上专门设置校长、书记信箱、心理咨询信箱等,试图与学生沟通。但它的弊端有二。其一,这种信箱几乎就是传统信箱的翻版,只不过将其面貌由纸质信件变成了网络邮件,并不具备实质区别。其二,在实际情况中,信箱设置徒具形式居多,因此信息传向仍以单向为主,上传的多反馈的少、拖延的多及时的少、广而告之的多针对个案的少。这种交流方式虽然在一定程度上加强了教育者和受教育者之间的双向沟通,但也存在着没有重点、问题重复、透明度低等问题。

此外,在网络内容教育具体实践中,可以发现网民的网上与网下的双重特征,面对网下——现实中的教育时,表现出了现实自我,即作为一名合格公民所应有的良好思想、行为和习惯,具有一定的自我约束能力和自我调控能力。但是在面对网上——虚拟的网络教育时,却呈现出一个网络自我,表现为自由散漫、情绪化、非理性、信口开河、不负责任等特点,与现实自我的良好品行大相径庭,甚至完全将现实自我置于脑后。这种矛盾的情形需引起教育者的重视,分析其产生原因,通过网上教育与网下教育的有机结合,引导网民正确认识现实行为和网络行为,自觉遵守网络社会的行为规范,将网下教育习得的内容有机结合到网络环境中,对网络自我的思想、行为进行自觉的教育、监控和纠错。要想使网上教育与网下教育水乳交融,促进二者间的相互影响、相互补充,就要在网络内容教育中大力弘扬社会主义核心价值观,对网民进行潜移默化的思想教育、道德教育、素养教育、法制教育等,积极组织网民开展网络讨论,通过平等交流、群体对话的相互渗透,增强网络内容教育的说服力、感染力,以此实现网民现实自我与网络自我的有机统一,实现网上教育与网下教育的有机结合。

5. 教育队伍综合素质不高

古语有云:"教不严,师之惰",这句话充分反映了教师在教育活动中的重要性。在网络内容建设的教育活动中,相较于传统教育活动,教师的重要性非但没有弱化,反而得到了加强。千变万化的网络世界提出了建设一支集专业化和综合性于一体的教师队伍的要求。教育主体不但要有深厚的理论基础,还要有灵敏快捷的应对能力,更要熟悉网络运维技术和多媒体技术。教育主体综合素质的高低,直接关系到教育效果的好坏。虽然我国的网络教育队伍建设尤其是高校的教师队伍得到了加强,但是依然存在着综合素质不高的问题,主要体现在以下三个方面:

(1)思想认识参差不齐。网络内容教育是一项知识性、技术性、专业性、综合性都很强的活动,需要教育工作者具备丰厚的知识储备。因此,网络教育工作者应该树立成为"全能型"人才的目标,在原有知识储备的基础上追求新的知识和技能,特别是网络新文化、新现象,时刻更新自身装备。

然而,现阶段我们一些教育工作者不够了解和关心网络信息技术和网络内容教育的内涵、发展和规律等方面的知识,不能及时关注和洞察网络带给学生思想道德和心理等方面的负面影响,仍然满足于过去的经验,拘泥于传统的思维模式,不能准确地把握教育对象,并充分利用网络这个有效的沟通平台,因此难以达到良好的教育效果。

(2)政治素质和敏感度不高。政治素质是教育主体素质的核心,是社会主义性质的。它要求教育主体要有坚定的共产主义信念、坚定的政治立场、较高的政治水平和政策水平。网络这把"双刃剑"既为教育活动提供了新的渠道,也埋下了隐患。一方面,互联网上的信息鱼龙混杂,并存,政治、经济和文化等方面的内容无所不包,面对精华与糟粕、真实与虚假并存的信息,网民们无所适从,辨别是非的能力面临考验;另一方面,以美国为首的西方国家,利用互联网这一平台和信息源的绝对优势,宣扬他们的价值观念、意识形态,进行文化渗透。随着时间的推进,一些政治立场不够坚定的人势必会发生思想波动,冲击着社会主义核心价值体系。部分网络教育工作者自身的信息甄别能力就比较薄弱,严重缺乏应有的警觉性和敏感度,难以从大量的信息中发现问题,更谈不上帮助和引导学生准确判别信息了。

(3)工作经验与技术能力不相匹配。对于网络教育工作者而言,提高自身对网络功能的利用能力和水平,使自身被群体内的成员所接纳,对最终达到网络内容教育的效果至关重要。网络内容教育工作者要具有接纳新鲜事物的热情和积极性,还要具有学习新鲜事物的能力和主动性,这对于年龄较大的工作者而言是难以逾越的关卡,而善于接受新事物、了解并熟练掌握网络信息技术的年轻人又往往缺乏理论素养以及教育引导等方面的经验。随着网络在社会中的地位和作用愈加突出,相较于兼具工作经验和技术能力的教育人才,拥有丰富理论知识的教育工作者其优势日益丧失。有的教育工作者不懂或稍懂计算机知识,若不经过系统专业的培训就上任,那么在工作中出现网络技术问题时将会不知所措。而工作经验与技术能力相匹配人才的稀缺也说明网络内容教育在教育者上岗准入制度、技能培训等方面存在问题。

6. 网络舆情引导机制不健全

在现实中人们缺乏充分表达自身观点、诉求的平台,缺乏充分的言论自由与新闻自由,难以真实、明确表明自身对某些社会现象的态度。因此,当网络在中国普及之后,由于它的传播特性,便自然而然成为人们发表言论、表达意见、释放情绪的便利通道。网民将对现实社会以及社会中的各种现象、问题的信念、态度、意见和情绪较为真实地表现在网上,具有相对的一致性、强烈性和持续性,混杂着理性和非理性的因素。但是,由于网络的匿名特点,网络舆论非理智成分较多,直截了当的情绪发泄、偏激的语言,甚至谩骂十分常见,而理性分析和冷静讨论则相对缺乏。这类舆情不但对解决问题于事无补,甚至会对网络内容教育效果产生反向作用。网络舆情受信息源的影响较大,新闻领袖、网络大 V 易使网民形成大规模的群体盲从。网络信息容易出现与现实不符或相悖的情况。一方面,报道不准确或观察角度的差异可能造成群体的理解偏误;另一方面,对网络留言和 BBS 言论的选择性截取或改编,将使舆论逐渐偏离事实真相。此外,由于网络的匿名性和隐藏性,部分网民将网上网下截然分开,将网络道德规范弃于一旁,随意表达情绪、发泄不满,甚至肆意披露隐私,谩骂他人,诋毁人格,进行赤裸裸的人身攻击等。

可见,网络舆情对社会的稳定和发展、教育引导的方向和方式都有着重要影响。我们应该认识到网络舆情的形成,往往是由于重要和热点的社会问题得不到有效解决时,积累不满和失望的情绪,并进行揭露问题、批判现实的情绪宣泄。可见网络舆情在民主社会中亦有积极的一面。因为主流媒体担负着舆论导向的职责,所以其主要进行正面报道、成就报道,网络则成为负面新闻、诉求表达的场所,形成了作用独特而强大的“民间舆论场”。此外,在当今多元化的大众传播环境里,信息不透明、不公开极易被认为“有猫腻”,对大众产生不良的心理暗示。一些别有用心的人抓住这个漏洞,利用网络传播虚假消息,散布不实言论,甚至雇佣网络写手、水军,对社会难点、热点和敏感问题进行炒作,误导舆情,利用群体施加压力、制造混乱。除却这种种因素,我们也应当看到,在互联网造谣传谣信谣现象的背后,折射出我国对理性公民教育和养成的不足。要切实防止网络谣言对社会带来不良影响,最终需要我们培育理性的公民和理性的网民,使网络谣言能够在不盲信盲从的受众面前不攻自破。网络舆情引导作为网络内容教育构成体系的一部分,对于确保社会主义核心价值观占据网络空间的主流地位,引领思想意识形态,发出积极向上的声音至关重要。从而,网络舆情引导机制作为教育保障机制的重要构成,从它被热点舆情或突发事件触发启动的那一刻开始,就是网络内容教育对网民开展教育和引导活动的开始。这个引导过程实际上是通过培养网民对舆情形成、处理、应对的完整的反应链条和模式,从而逐渐培育出健康、理性、自动自觉做到“四有”的中国好网民。这些都要求网络内容建设的教育保障机制建立一套行之有效的舆情汇集和分析机制,及时掌握网络舆情动态,提升网络内容教育的效力。

综上所述,网络内容教育应该肩负起培育理性网民和建立、完善舆情调控机制的重责。但目前的情况是网络舆情引导没有形成制度化,信息化成果没有得到充分利用,从而建立多层次的引导机制。舆情调控大多采用的是通过技术手段进行信息过滤。但加强对网络舆情的调控,并不是对“有害声音”的简单封杀,表达渠道的堵塞只会促使其寻找和转移到未受控制的阵地去“发声”。单向的大众传播时代已经结束,多媒体为多样化的舆论表达和传播提供了平台,极大地调动了受教育者的个体意识、公民意识、责任意识,导致其参与热情高涨。压制只会如同“治水”的故事,水满而溢。此外,网络中正面声音的话语力度、速度和可信度都不高。在教育者还没有充分适应高速发展的网络社会时,更应重视预防教育、正面引导的作用。如果主流声音缺位,不能及时准确地提供受教育者所需要的信息,就会使网络内容教育的权威性受到质疑,给网络谣言的滋生和传播提供机会,使得传闻和猜疑有更大的市场。

三、网络内容建设教育保障机制现存问题的成因

造成网络内容建设教育保障机制出现上述问题的原因很多,比如对网络内容建设教育保障机制重要性的认识程度、网络自身的性质、教育工作者对教育工作的思想认识、教育客体的特征、监管力度和制度保障、社会环境的影响等都是制约网络内容建设教育保障机制建立健全的重要因素。

1. 对教育保障机制建设的重视程度不够

态度决定高度，对网络内容建设教育保障机制建设工作重要性和紧迫性的认识深刻制约着这项工作开展的程度。总体而言，网络内容建设教育保障机制的建立健全既具有长期的战略意义，又具有紧迫的现实意义。因此，为完成这项长期、系统且复杂的工程，要高度重视，也要持之以恒。虽然近年来国家一直强调网络内容教育的重要性，但在现实生活中，作为施教主体的政府、高校、教育工作者，与作为教育实施对象的网络受众都没有给予网络内容教育应有的重视，从而影响了教育保障机制的建设效果。

（1）网络内容教育宏观管理者未能制定操作性政策规范。尽管国家领导人在讲话中多次强调网络内容教育的重要性，但是教育宏观管理者却没有及时持续地出台具有操作性规范性的政策法规，给予网络内容教育保障机制建设的具体方向和途径。2004 年中共中央出台《关于进一步加强和改进大学生思想政治教育的意见》，明确表示应该对高校的思想政治教育工作下功夫，但是国家相关部委缺乏更多更新的文件对大学生网络内容教育进行专门指导。近两年来，虽然对网络内容建设方面的工作重视程度不断加强，例如 2013 年出台的《关于进一步加强高等学校网络建设和管理工作的意见》，但是与网络的飞速发展和对网民的巨大影响相比，政策的制定和完善仍相对滞后。

（2）部分高校的重视程度相对不足。对大学生网络内容建设教育保障机制建设是否重视直接决定了该学校网络内容教育效果的好坏，当下仍有部分高校领导存在着错误的认识，认为网络内容建设教育保障机制的建设工作是一项见效慢、难操作、费时费力的教育活动，只将它作为即时应景的政治任务即可。这种只重视当前教育，忽视长远教育效果的现象，致使大学生网络内容建设教育保障机制的建设流于形式，甚至停留在口头上或者应付上级的层面上。在已建立的相关机制中，基本上采取的都是简单、粗暴的“灭火式”处理，如关闭网站、删帖、封堵媒体、追究发布人和责任单位，没有从网络内容教育的重要性和紧迫性出发认识问题，在理论研究、方法改进、队伍建设、硬件保障等方面建立保障机制。学校轻视教育保障机制建设，导致网络内容教育开展不力，对设施和硬软件的投入力度不够，忽视网络内容教育工作者等现象，而这些现象将会直接造成网络内容教育工作者缺乏积极性，责任感与使命感将会出现极大弱化，直接影响网络内容教育的长远发展。

（3）部分教育工作者的重视程度不足。与传统教育相比，从事网络内容教育的教育工作者主导地位下降，被教育者的自主性加强。部分网络内容教育工作者面对这一变化反应较迟钝，忽视网络环境中交往匿名化、信息海量化、交流双向化等重要特点，仍然将网络单纯视作一种工具和手段，没有真正理解网络内容教育的含义和要求。部分网络内容教育工作者虽逐渐认识到网络内容建设教育保障机制理论研究和社会实践的重要性和紧迫性，但受到自身信息技术相关基础理论研究不深，实践经验较少的限制，在网络内容教育的实践活动中浅尝辄止。这也造成针对网络内容教育问题的对策大多只能到达制度层面，无法深化到理论高度。缺乏理论支撑的网络内容教育实践效果自然达不到预期的目标。

（4）受教育者的重视程度普遍不足。当前，绝大部分大学生都是独生子女，成长于社会快速转型期，缺乏实际锻炼和生活经验，对许多复杂的社会问题往往缺乏分辨能力，看法简单化、片面化。在商品化社会的形势下，有些大学生错误地认为自己是大学校园的消费者，在高校也应该保证自己的消费权益，获得让自己觉得满意的校园服务；在市场经济的资源配置的导向下，大部分学生更是竭尽全力应付各种考试，而对于网络内容建设教育保障机制的建设，他们认为既空洞又没有实效。因此，当代许多大学生缺乏规范自己网络行为的意识，不知道网络内容建设教育保障机制建设的重要意义，甚至认为自己根本不需要接受网络内容教育。

2. 对网络内容教育存在认识上的偏误

无论是教育主体还是教育客体，包括整个网络教育的大环境，对网络社会的思想认识都存在一定的偏误性，因而不能很好地把握网络教育的内容和性质。现阶段，对网络教育的一些认识可以区分为三种类型，即“危害论”、“环境论”和“工具论”，这几种理论类型的存在具有一定的现实基础和较深的历史性原因。

（1）“危害论”。危害论诞生于20世纪90年代，其出现的一个历史性背景是网络出现迅速发展以及网络开始对高校大学生进行影响，从这个时候开始，各高校思政教育人员便认识到了网络教育存在的紧迫性以及重要性。“危害论”把网络教育的一些思想认识均集中在了意识形态的环境当中。

（2）“工具论”。在2000年前后“工具论”应运而生，同时也形成了一定的规模。此后，国家便开始提出并推行一些相关的信息化战略，国家领导层对有关网络教育的一些文件和讲话在很大程度上激发了国内网络研究以及网络建设和网络运用的热潮。例如，1999年中共中央颁布的《有关强化与推进网络思想政治教育的意见》中明确指出，要“不断强化网络信息分析和研究，加大网络宣传力度，提高网上的宣传质量”；2000年，江泽民指出“应关注与应用网络技术，确保网络思想政治教育的时效性，拓展网络信息的覆盖面积，强化其影响力度”，网络建设应“强化管理、积极推行、避免危害、为我所用”。

（3）“环境论”。在2007年后期，“环境论”逐渐形成并得到了初步性的发展。截至2015年6月，在全国6.68亿网民中，手机网民数量达5.94亿，占到总网民数的88.9%，手机上网已经慢慢地变成了一种时代的主流。人们已不再是以一种主观思想而对网络进行相应的“联络”，而是在任何时候、任何地点都处于网络这样一个环境当中。学者们已逐渐将研究的方向转移到了对“广义”的网络教育上来，“环境论”开始形成一定的模式，同时在一定程度上对学界产生了影响。

从网络“危害论”“工具论”“环境论”可以看出，随着互联网的发展，人们对于网络在教育实践中扮演角色的接受度越来越大。但是，由于教育主体对网络的正确认识参差不齐，教育实践的效果也好坏不一。例如，持“危害论”者，教育实践在被动的局面下开展，“防、堵、管”为主要对策；持“工具论”者可能更加注重对教育对象的技能培养而忽视有关网络道德意识、法制意识、舆情引导等内容的教育活动；“环境论”逐渐得到了越来越多人的认可，“网络空间”不再被视为“虚拟社会”，而是现实社会的一部分。思想的转变有利于网络内容教育工作者对网络社会的认识上升到网络社会的整体观念，并形成网上网下互动的全方位的教育格局。因此，教育主体在教育出发点上的思想认识偏误将直接影响到教育实践的内容和效果。

3. 监管保障不到位

目前一个新闻网站每天可以更新上千条信息,重大事件的报道以“秒”为间隔,并且这些信息将长期存在,海量信息使网络内容教育环境更加错综复杂,加大了网络舆情的管理调控难度。并且,教育网站或者主页上几乎都没有设置监督窗口,以便接受广大教育者和受教育者的监督。当前的法制环境无法对网民的网络行为实施有效监控,立法相对现实的滞后性使网络内容教育在管理上的法律法规不健全,从而不能充分发挥法律法规的教育、引导、规范、警告和惩戒作用。很多网民缺乏对网络信息内容进行科学合理判断的鉴别能力,加之认为网上传递信息、发表言论不需承担法律责任,导致一些有害、落后、低俗的信息乘虚而入,腐蚀网络受众的思想意识。因此必须加强网络教育的监管力度,设立网络内容教育的专职监控员,定岗定责,实行责任制和责任追究制。

制度建设是网络内容建设教育保障机制建设的重要组成部分。制度保障就是促进网络内容建设的教育活动逐步走向制度化。通过制定相关的网络内容教育制度,如网络责任制度、网络监管制度、网络评价制度等制定出总体规划和阶段性规划,并将其融入教学和管理中,建立健全工作责任体系,多部门联合开展网络内容教育,形成教育合力,确保网络内容建设的教育保障机制正常运转和长效发展。然而,我国关于网络内容建设的教育制度建设起步较晚,仍处于探索开发阶段。比较而言,各大高校在 2000 年国务院教育部下发《教育部关于加强高等学校思想政治教育进网络工作的若干意见》后,结合自身特色制定了一些网络管理办法和实施细则,例如中国人民大学发出的《遵守公约　文明上网　营造健康的网络道德环境》,提倡遵守文明公约。这些公约在很大程度上规范了大学生的网络行为,促进了网络内容教育制度化的发展,然而仍过于简单、笼统。一是制度建设远远落后于网络的发展速度,网络道德、网络伦理和网络法律等制度建设明显滞后,造成了网络制度的诸多真空地带。二是未制定一系列严格的管理规章,未明确违反网络道德、传播有害信息等行为的处罚措施,对学生网络行为的约束力度不够。三是这些制度主要侧重于对学生的监管,而普遍忽视了对教师乃至整个学校的考核评估。制度的欠缺或失范,容易导致网民的认识难以统一或者行为失范。

4.社会大环境的冲击和影响

社会大环境的不良影响也折射在了网络社会中,良好的教育环境对网络内容建设教育保障机制的建立健全至关重要。当前,市场经济的飞速发展在带来巨大物质财富的同时也显现出自身的缺陷,我国贫富两极分化现象日益严重,城乡二元经济结构矛盾加剧,地区差距拉大,经济社会发展失衡,精神文明发展速度跟不上物质文明,城镇下岗、失业人员大量存在,“三农”问题长期得不到解决,加之享乐主义、拜金主义、极端个人主义及丑恶腐败滋生等等,都使得社会大环境风云变幻,捉摸不定。反映在网络社会中,就是网络空间的信息良莠不齐,网络空间亟须清朗,网络环境亟须优化。

(1)社会环境的不利影响。随着我国由传统的计划经济体制向社会主义市场经济体制的转变,多种经济成分并存和分配方式的多样化,社会价值取向中拜金主义抬头。一部分人的价值观念扭曲,凡事利益高于一切,产生很多消极负面的影响。社会环境中的负面影响和有些家庭教育的错误导向,使得相当多的人都把对学生的评价放在智力因素上,忽视了学生的行为习惯、健全人格、道德品质、价值趋向、理想信念的培养。以上这些,造成了某些受教育者对网络内容教育的学习缺乏热情,不投入、不积极。

(2)网络环境的不利影响。首先,网络世界的高度自由挑战着我们的自我约束能力、对舆论导向的控制能力,以及对腐朽价值观、意识形态的防御能力。高速蔓延的色情、暴力、迷信等文化垃圾,长驱直入的西方价值观、世界观、人生观则动摇着社会主义核心价值观的作用和地位。如何在群狼环伺的网络社会中有效保护我国传统优秀文化和公共价值,防止信念动摇、道德滑坡,成为摆在建立健全网络内容建设教育保障机制面前的一项严峻课题。其次,网络促使人的思想观念日益多元化、深刻化,使网络内容教育队伍倍感知识欠缺,对很多问题难定是非,无所适从。最后,网络信息具有高度的即时性、新颖性,可网络内容教育的内容、手段、形式和方法往往缺少新意,不符合人们求新求异的心理需求。

(3)校园环境的不利影响。网络内容教育需要创造畅所欲言、自由开放、民主平等的氛围,以此推动教育活动的顺利开展,促进学生身心的健康发展。当前网络内容教育的校园环境存在两点不足。一是校园环境的学术氛围不够浓厚、热烈。表现在学生对各种理论性较强、思想价值较大的学术讨论和学术活动兴趣不够浓厚、参与不够积极,学术造假现象层出不穷。校园文化互动中的文娱活动和学术活动受追捧情况形成鲜明对比。二是校园环境的创新氛围不够活跃、积极。受传统应试教育的惯性影响,学生习惯于机械被动地学习,因此全社会极力倡导素质教育、全面发展,培养学生推陈出新、锐意进取的创新精神和实践能力,建立以学生为中心的教育教学模式,用环境和氛围促进学生主体意识的觉醒。

(4)教育环境的公信力提升问题。对网络内容教育环境来说,它的公信力是指保证教育对象对其信任的力量。教育对象只有完全信任教育环境,才会积极参与教育活动,主动进行自我教育。然而,当前教育环境的参与度还不高、指导力度还不强,教育对象并未对其充分信赖和重视。切实提高网络内容教育环境的可接受性、可参与性,应从两方面入手。一是改进教育活动,改变过去呆板生硬、一成不变的教育形式,增强教育活动的感召力、吸引力、渗透力,使教育对象主动融入教育环境中来,并逐步理解、接受和认可教育环境。二是加深对受教育者的认识和了解,教育者要时刻注意观察分析教育对象的思想行为特征、身心发展规律,将教育对象视作独一无二的社会个体,聚焦教育对象关注的社会生活重点、热点问题,把解决教育对象的实际问题作为教育的重心,提升教育环境的针对性和实效性。唯有如此,才能提升网络内容教育环境的公信力。

第三节 建立健全网络内容建设教育保障机制的措施

事实充分地证明网络是一把“双刃剑”,在给我们带来便利的同时,还给我们的网络内容教育工作带来许许多多的挑战。但是我们不能因为网络具有危害性就对网络望而却步,弃之不用。我们要在充分认识它的前提下,加强对它的管理和使用。网络内容教育工作者应该抓住时机,充分发挥网络的优势,扬长避短,为我们的网络内容教育创造新的理念、方式、手段等,建立健全网络内容建设的教育保障机制,以增强网络内容教育的时效性,为网络内容教育打造新的阵地。

一、加强网络内容教育理论研究

网络内容教育是国民教育体系的新领域,需要科学理论的系统指导。当前,网络信息技术飞速发展,网络文化愈加多元和复杂,网络社会逐渐与现实社会融为一体。面对网络内容教育的理论研究滞后于实践发展需要这一现状,我们必须加强理论研究这一基础工程的建设,从而指导教育实践,从效率和质量两方面提升网络内容教育的实际效果。

1. 提高认识水平

网络内容教育者首先是科学真理的追求者和践行者,应该具备扎实的理论基础,开阔的理论视野,以卓越的学习力、理解力、执行力吸纳和运用科学、先进的教育理念和方法,提高自身的认识水平。然后,在此基础上结合受教育者特征及实际情况富于创造性地工作,大胆打开局面,增强网络内容教育的针对性、创新性和实效性。为此,应通过收集、提炼国内外相关学科和网络内容教育最新成果,结合我国具体国情,用全面、联系、发展的方法分析和研究我国网络内容教育面临的整体环境和现实困境,综合把握网络内容建设教育保障机制的五大要素,并揭示网络内容教育的本质规律,从而找到建立健全网络内容建设教育保障机制的路径。此外,网络内容教育的原则、理念、途径、载体、方法、技巧等,都具有不同于传统教育的特点,都需要教育工作者做出理论上的创新。

2. 创新研究内容与方法

网络内容教育的复杂性、综合性,以及快速更新的时代性、受教育者的全民性等特点都使得它面目难辨、扑朔迷离,需要不断创新研究内容和方法才能满足现实需要,促进网络社会的和谐健康发展。可见,网络内容教育理论的跨学科研究变得相当紧迫和重要。计算机基础知识、网络基本原理以及传播学的基本原理,都是网络内容教育的重要理论基础。此外,教育工作者还必须掌握政治学、法学、教育学等基本理论和最新的国际国内形势、政策法规,充分吸收其他相关学科如美学、心理学、伦理学、管理学等方面的理论知识，密切关注最新的相关理论成果。由于网络信息技术的高速发展，以及受教育者学历和职业分布的广泛性、对网络的高接受性、在教育过程中的主体性等，网络内容教育还应结合最新的网络形态和网络行为方式，使网络内容教育理论研究与时俱进、不断创新，以免教育者的最新理论内容和方法落后于受教育者，从而对网络内容教育实践提供有效理论指导。

3. 完善科研保障机制

国家、各级教育行政主管部门和高校要充分认识到，加强网络内容教育的理论研究是建立健全网络内容建设教育保障机制的迫切需求，是弘扬主旋律、传播正能量，做好新形势下的宣传思想工作的必然要求。其一，各级教育行政主管部门应将重点放在总体规划以及政策导向等方面的研究上，同时，各级教育部门应大力强化网络内容教育在理论和相关政策方面的一些研究和探索，其中，应对网络内容教育的科研项目和成果进行政策倾斜，鼓励其不断革新和发展。其二，各高校要建立健全保障制度。各级教育主管部门和高校应不断改善相关科研人员的办公场地、完善图书馆和资料室的相关内容，重视相关教师和研究人员的考核评价体系、职务评聘体系、表彰奖励机制的建设与完善，为相关工作人员进行网络内容教育的理论研究创造有利条件。

二、构建完善的教育内容体系

在分析网络内容建设教育保障机制现存问题的基础上，结合现阶段国家的具体国情，笔者认为，网络内容建设教育保障机制的内容体系至少应当具备三大基本要素，即网络道德教育、网络素养教育和网络法制教育。三大要素共同构成网络内容教育的基本教育内容，相互关联相互支持，合力作用于全面促进人的发展。其中，网络道德教育是先导，渗透在其他教育之中，具有指导意义；网络素养教育是基石，对其他教育发挥着基础性作用；网络法制教育是重点，是网络内容建设的主体。

1. 加强和改进网络道德教育

“网络道德具有易失范性，由于在网络环境中的约束、监管都困难一些，使得一些道德水平不高的人很难做到慎独。”①在网络迅速发展阶段，由于传统道德难以有效约束网络活动，而调整人们网络社会行为的伦理准则即网络道德尚未成熟，导致新旧道德并存、交替、更迭阶段容易出现道德约束的真空，引发许多道德失范的行为。网络道德教育自从发展成为教育活动的一种形式，就有其独特的性质，必须紧紧围绕网络环境下主体的道德失范行为来分析其教育活动，同时还要注意道德教育本身的特性。基于网络社会的道德问题，我们认为网络道德教育应当针对以下四个方面的问题来着手：

(1)价值冲突。由于全球电信和网络发展的不平衡以及国家间技术差距的存在，很多互联网的信息源都将依赖西方发达国家的数据库，带来信息流向的不平等，网络“殖民主义扩张”变得有机可乘。发达的资本主义国家利用这些优势，在网上极力宣扬资本主义的政治、经济、文化，兜售其所谓的自由、民主、人权，全方位地渗透政治文化、道德观、价值观和人生观，通过和平演变的方式腐蚀影响社会主义国家的年轻一代。同时，由于网络传播的跨地域、超时空特性，打破了现实社会的种种束缚，各种混杂的思想观念、意识形态尤其是东西方国家的价值观念之间的冲突、碰撞将更加直接、激烈，对于网络受众尤其是判断力、选择力、是非观相对薄弱的青少年来说是一个极大的挑战。因此，网络道德教育作为社会主义道德教育的重要组成部分，其内容是有阶级性的，应以社会主义核心价值观引领，以使教育对象形成正确的世界观、人生观、价值观。

(2)网络污染。互联网上充斥着无数的信息垃圾，例如色情、虚假信息的泛滥，已成为互联网一大痼疾。据调查，87.4%的网民表示在浏览网页时，自动弹出广告、游戏、黄色暴力内容的链接。有些网民在点击、浏览有害、低俗的信息时，有意无意地将链接或内容通过电子邮件或者微信、微博、MSN、QQ 等即时通讯工具发送给联系人，或者上传至天涯、贴吧、BBS 等网络公共空间，类似这种与人“分享”的行为实际上是在传播不良信息，污染

① 邵长威：《论如何加强大学生网络道德教育》，《辽宁工业大学学报》（社会科学版）2011 年第 1 期。

网络空间。例如"7·15"北京优衣库不雅视频事件,就是当事人在将该视频传递给微信朋友时流出并被上传至互联网的。我国《刑法》规定,对制作、复制、出版、贩卖、传播淫秽电子信息等涉嫌构成犯罪的,依法追究刑事责任。国家网信办也表示,"试衣间不雅视频"在网上"病毒式"传播,突破"七条底线",严重违背社会主义核心价值观。① 这些不良网络内容严重污染了网络空间,尤其对青少年造成了恶劣的影响。国家各部门、网络、企业都应承担起相应的责任,教育机构要加强对青少年的网络道德教育,全社会、每个人都应当成为"护苗"行动的参与者,为其营造清朗的网络环境。

(3)知识产权。随着信息数字化程度的提高,从传统的作品数字化,多媒体制作,到作品和信息在网络传播,无一不涉及知识产权问题。互联网空间广阔无垠,看似没有规则,网民的通行畅通无阻,行为随意,但实际上现实世界的法律规范和道德要求同样适用于网络世界。网络上的很多作品和内容是受知识产权保护,但这些作品在网络空间的知识产权却无法得到有效保障:作品一旦被盗用就会立即失去控制,迅速在网上传播、蔓延,还有技术在网上被泄露、商标在网上被仿冒等都给受害者带来了难以估量的经济损失及精神伤痛。此外,网络主体的电子商标是企业在网络空间进行营销宣传的标识,同样具有很强的知识产权性质,但是网络域名抢注的侵权行为也屡见不鲜,严重违背了网络行为法则和道德规范。对学生群体而言,他们在网络上侵犯知识产权、剽窃他人成果和侵犯个人隐私权的现象尤为严重,如下载网上的文章来完成作业,甚至上网购买代写论文,窃取他人私密信息甚至公开兜售等有违道德甚至触犯法律的行为等等。青少年在网络上的所作所为,并不能像在现实生活中那样具有较强的责任感和清醒的法制意识,需要结合虚拟空间教育环境的特点,进行有针对性的教育和正确的引导。

(4)心理健康。互联网的普及,电子商务、电子政务、社交网络等的高速发展使广大网民足不出户而尽知天下事,蜗居室内就可完成日常的生活

① 法制网:《网信办、公安部将彻查"优衣库不雅视频"事件》,2015年7月16日,见 http://www.legaldaily.com.cn/index/content/2015-07/16/content_6174734.htm?node=20908。

需要。长此以往,网民们脱离社会,隔绝自然,长时间被屏幕和按钮所奴役,很容易导致他们内心忧郁焦虑、性格孤僻冷漠,甚至对人充满敌意,形成网络文化心理瘾癖、网络文化"海洛因"中毒等症状。例如近年来"低头族"的行为广受诟病,但这个群体却不断壮大,手机从使用的工具变成了奴役人们的主人,这不能不说是网络的畸形发展。诚然,互联网的普及尤其是微博、微信、Facebook、QQ 等社交软件的发展,使人与人之间的交流"天堑变通途",不受时空约束。但如上文所言,任何事物都有两面性,网络的虚拟性给生活带来巨大便利的同时,也丧失了当面交流的优越性,给社会的发展进步带来巨大问题。人们在网络交往中难以感受到人际接触中的情感互动,人与人之间的心理距离似乎近在咫尺、亲密无间,而空间距离又远隔天涯、形同陌路。因此可以隐匿意识形态和道德观念,可以不受任何社会制约和他人约束。长此以往,有可能造成交流者常以"非真面目"示人。重度依赖网络的网民,极容易产生现实自我与虚拟自我双重身份的错位,造成心理失衡以及性格的畸形发展,无法适应现实社会的生活。因此,要重视网络心理健康教育,特别是要注意对网民的心理健康知识、个性心理品质和心理调适能力等方面的培养和教育,帮助他们塑造健康完整的人格。

2. 加强和改进网络素养教育

网络素养内涵的演化是一个动态的过程,随着网络技术的不断发展以及网络普及程度的逐步提高,其概念内涵不断丰富,包括了网络受众对网络媒介特质的认知能力、对网络信息的批判反应意识、网络道德素养、网络安全意识、网络接触行为的自我管理能力以及利用网络发展自我意识和能力等等。① 因此网络素养教育也应涵盖这些内容。为了达到网络素养教育的目标,奠定网络内容建设教育保障的坚实基础,网络素养教育的内容包括以下几个方面:

(1)培养网络媒介认知能力和自我管理能力。认知能力和操作能力是网络素养的基础性内容。只有掌握系统的网络媒介基本知识,才能理性地利用网络。否则,只能成为网络的被动使用者,无法对自己的网络行为进行

① 李海峰:《青少年网络素养教育初论》,首届西湖媒介素养高峰论坛,2007 年。

良好的管理。很多人认为网络只是单纯对现实世界的映射,这种想法是错误的。网络由于自身的特征而相对独立于现实世界。网络的特性使得身处其中的网民的身份相较于现实世界的人也发生了变化,成为“一体两面”的个体。网络内容自身有其价值观和意识形态,并对网络受众的思想状态产生深刻的影响。网络内容是通过媒体特定的语言和美学形式表达出来的,所以,受众必须懂得媒体语言的语法、句法和修辞体系,才能提高对网络内容的认知能力、辨别能力和筛选能力。许多网民使用网络只是为了消遣娱乐,不愿花精力深入思考网络内容,不能正确有效地利用网络资源。网络素养的缺失要求网民必须掌握网络媒介和传播学的基本常识,了解传播的基本原理,改善知识结构,同时明确自己的网络内容需要,适时、适量、适度地接触网络,管理自己的上网行为,做理性的网民。

(2)培养对网络内容的创造能力和传播能力。在网络中,创造和传播自己的信息并相互交流等是最重要的网络传播内容之一。能够创造有意义的信息,善于表达自己的思想并懂得网络礼仪,熟练处理网络人际关系,是一个用户成熟的标志。网络受众尤其是大学生、网络红人、大 V 等群体在网络媒介中实际上扮演着传者与受者“合二为一”的角色。而作为传者的创制和传播信息的能力,更是网络素质修养的重要组成部分,对于弘扬主旋律,传播正能量有着非常大的作用。教育保障机制应该着力培养网民对网络内容的创造能力和传播能力,使社会主义核心价值观渗透到网络社会的每一个角落,使每一个网民都成为先进思想和文化的制作者和传播者。

(3)培养对网络内容的批判能力和对不良内容的免疫力。海量的网络信息更新频繁,良莠不齐。它们往往缺乏条理和逻辑,甚至有大量虚假、色情、暴力、种族歧视等不良内容充斥其中,以及一些貌似不具有价值倾向的“中立”信息误导网民行为。这就要求网络素养教育坚持“去伪存真”和“去粗取精”的辨别和整合原则,教导网民区分信息的真实与虚假、进步与落后,对网络内容进行客观的评价和价值总结。其中要重点教育受众科学辨别三类信息的意义:一是与中国优秀传统文化和道德规范格格不入的内容;二是反科学反人类的、假恶丑的、扭曲人性的内容;三是违背法律的内容。通过培养对网络内容的怀疑精神和批判能力,有助于受众不偏信网络内容,理性辨别虚拟空间与社会真实,提高对不良网络内容的免疫力,并在此基础上决定自己的态度和行为。

(4)培育利用网络内容提升参与能力和自我发展的能力。网络素养教育并不仅仅是教育主体对受教育者施加的教育,还包括网络受众的自我教育。受众应发挥主观能动性,通过自我教育、自我实践不断提高参与能力。教育保障是自我教育的外在环境,而觉醒的自我意识方为自我教育的内在环境。受众应自觉将外界提供的知识、技巧内化为自己的参与能力,使用所掌握的话语权、利用网络表达个体对公共事务的关心,民主参与社会进程,促进网络素养的提升。因此,要利用网络具有的信息传播速度快、范围广、信息量大,即时互动性强等优点,培育受众利用网络促进自我成长和自我发展的能力。例如,深入学习、开发和利用网络信息资源来增长知识阅历;利用网络媒介良好的沟通平台来构建自己的学习网络;等等。

3. 加强和改进网络法制教育

互联网使网民体验到了前所未有的自由,但这种自由并不是没有约束和限制的。无论在现实世界还是网络世界,"自由是相对的",都不能超出道德和法律的界限。网民在网上的自由应当"遵从道德、止于法律"。为了帮助网络用户提高懂法、守法、用法和护法水平,建设一个有序、安全、文明、健康的互联网,网络法制教育应当包括以下四项相互依存、相互促进的基本内容:

(1)网络懂法教育。网络懂法教育是以一定的网络法律、法规、条例为主要内容对人们进行教育,从而让人们增强法律意识,知道在互联网上什么可为,什么不可为,并且用法律武器来维护自己的合法权益。网络法制教育必须以一定的网络法律法规为依据和基础。我国虽然还没有一部统一的网络法,但相关的法律法规和行业自律性规范很多。行业自律性规范实际上也起到了法律规范的调整作用。如中国互联网协会的《中国互联网协会章程》《中国互联网行业自律公约》,中国计算机用户协会的《中国计算机用户协会章程》等。网络懂法教育必须针对不同教育对象的特征,因材施教,根据他们的知识背景、职业身份、学历层次等选择不同的教育内容、采取不同的教育方式进行宣传教育,让他们明确法律法规的相关规定。例如针对被称为“网吧”的信息服务场所，对其经营者就应选择《关于规范网吧经营行为加强安全管理的通知》作为主要的教育内容之一，使其理解和明白申办条件、申请登记程序、安全保护制度、经营管理责任、违法责任等。

（2）网络守法教育。网络守法教育是法的遵守在网络活动中的必然要求。网络守法教育，即教育网络活动主体学习掌握网络法的各种规定，自觉加强网络道德和法律修养，正确行使法律所赋予的权利，正确履行法律义务，做网络活动的合格守法者。网络内容建设涉及的主体多种多样、分布广泛，主要包括网络服务供应商、计算机硬件提供商、网络服务运营商、网民、网络监管职能部门、网络执法者等。要保障网络内容的建设，就必须保证这些不同的主体在网络活动中，都能遵守相应的网络法律法规。网络行为必须在法律许可的范围内，并且对各自的网络法律行为如网络对话、网络社区交往、网络合同行为、网络侵权等负责。网络活动主体依法进行网络活动，包括行使法的权利和履行法的义务两个方面。行使法的权利是指人们通过一定的行为，或者是要求他人实施或抑制一定的行为来保证自己合法权利的实现。履行法的义务就是通过消极的不作为和积极的作为的方式，满足法的规定的具体条件，保障权利人的合法利益。①

（3）网络安全教育。长期以来，社会各界都十分关注网络安全问题，并且大多数网民在网上不知道该怎么保护自己，网络安全素质较差。主要表现在四个方面：一是网络安全知识匮乏，不懂得什么是网络安全以及怎样防护；二是网络安全意识薄弱；三是自我管理能力弱；四是网络安全防范能力差。因此依法加强网络空间治理，规范网络信息传播秩序，惩治网络违法犯罪，净化网络空间变成一项重要紧迫的任务。2015 年 6 月，第十二届全国人大常委会第十五次会议初次审议了《中华人民共和国网络安全法（草案）》。网络安全教育也有了更加规范的法律渊源。网络安全教育可起到预防的作用，是加强网络法制教育的一项重要内容。它的目的主要是提高网民的思想认识，强化安全意识，使所有网络内容建设的主体都深刻感受和理解网络安全在网络应用和发展中的地位和作用，以及自身的安全责任。

---

① 李方裕：《网络法制教育的基本内容探析》，《新西部（下半月）》2008 年第 6 期。

通过学习和贯彻国家对网络安全的法律规定，熟悉操作过程，执行安全策略，从而提高安全防范能力，减少人为的因素或操作不当以及误入陷阱等带来的损失或风险。

(4)网络维权教育。网络维权教育，又称网络司法救济教育。维权就是当个人的合法权益受到不法侵害或侵犯时，依据法律法规，维护自身权益的法律或准法律行为。网络维权教育就是使网络活动参与者明白并掌握如何收集与保存自己的网络活动证据，当自己的合法权益受到侵害或侵犯时，如何依法进行权利救济的教育。① 网络维权教育是网络法制教育的重点环节，只有进行了正确的维权教育，才能使懂法教育更具有针对性，守法教育才能真正落到实处。网络维权教育的内容很广泛，涉及现实生活中的方方面面。其中涉及网络内容建设维权教育的关键内容是要对网民进行网络社区法律规范教育，使其了解与社区相关的法律规定，从而规范其网络行为。网络社区法律是在网络技术得到广泛应用之后才出现的，主要针对在网络技术应用过程中发生的社会关系和行为，例如网络域名问题、网上著作权保护、网上隐私权保护、网上名誉权保护、网络经营、电子商务、网络税收、网络广告信息等。

三、运用丰富多样的教育方法

新时代就要有新思维新方法，开展网络内容教育也不例外，广大教育工作者要注重在改进和创新网络内容教育方式方法上多下功夫，对传统教育方法取其精华去其糟粕，积极开展网络主题教育活动，加强网络阵地建设，并广泛运用新媒体，创新网络内容教育的形式和手段等，努力实现网络内容教育效果的最大化。

1. 贯彻堵、防、建、疏、变的基本方法

所谓堵，就是运用技术手段，对网络信息进行筛选，构筑信息海关，便于所有的内外网络连接通过信息海关的检查和过滤，从而最大限度地堵截各种有害信息进入通道，达到净化网络空间的目的，这种做法比较实际，能立

① 李方裕:《网络法制教育的基本内容探析》,《新西部(下半月)》2008 年第 6 期。

竿见影。目前常用的主要是防火墙过滤技术。所谓防,就是通过外在的网络立法和内在的道德教育来防止不良信息对网络受众的影响,加强预防教育,使网络法制和道德教育深入人心,尤其是对青年大学生网民的预防教育显得尤为重要。所谓建,就是加强网络内容建设,建立健全法律、监管、组织、教育、资源、技术等保障机制,例如通过建设网上内容教育阵地、教育队伍以及建立健全各项管理规章制度来加强教育和管理等。所谓疏,主要是以人为本,开通引导,因势利导,通过网上引导和网下引导的有机结合加强网络舆情的引导和治理。教育者还要把对教育对象的关怀、帮助和尊重等情感外化在教育过程中,达到情感和信息上的正常双向交流。所谓变,第一,就是要实现教育者由网络"把关人"向"网络资讯人"角色的转变。"网络资讯人"首先要对网络信息进行把关和筛选,其次要主动为受教育者选择和提供有用信息,并提高他们自身的选择和筛选能力,而后者尤为重要。第二,就是要转变教育者的工作理念和方式,坚持虚拟性与现实性相结合,主体性与主导性相结合,显性教育与隐性教育相结合的教育理念,只有这样,才能实现由传统的单向灌输式向民主平等的双向互动式转变,把握灌输的隐性化和教育的民主化,提高网络内容教育活动的有效性。

2. 开展丰富多彩的网络主题教育活动

近年来,围绕中国特色社会主义和中国梦教育,培育和践行社会主义核心价值观,全社会大力唱响主旋律,积极弘扬正能量,依托具有影响力的教育网络互动社区,组织开展网络关爱青少年活动、全国高校"我的中国梦"微电影摄影系列大赛等活动,取得了很好的成效,充分发挥了网络"第二课堂"的重要作用。国家互联网信息办公室 2015 年网上"扫黄打非"工作统筹开展"净网 2015""固边 2015""清源 2015""秋风 2015""护苗 2015"五个专项行动,全面清理和打击淫秽色情低俗、暴恐、涉藏涉疆、非法宗教、境外有害文化、港台反动有害信息、假媒体假记者假记者站、违规转载新闻、毒害少年儿童身心健康等各类违法违规有害信息。例如,2015 年 6 月 1 日,以"培育好网民,共筑安全网"为主题的第二届国家网络安全宣传周启动,为推动全社会共同维护网络安全做出了实际行动,从而增强国民的网络安全意识、普及网络安全知识、提高网络安全技能,并且掀起了全民"培育好网民，共筑安全网"的热潮。2015 年 7 月 2 日，首届全国大学生网络文化节正式启动。6 月下旬至 11 月下旬，由教育部、国家互联网信息办公室共同举办的大学生网络文化节主题教育活动将陆续在全国高校开展。这次教育活动的主题为"传递网络正能量、争做校园好网民"，旨在引导广大青年学生积极参与网络文化建设，推动社会主义核心价值观网络传播与弘扬，唱响网络主旋律，传递网上正能量。因此，我们要继续抓好高校礼敬中华优秀传统文化系列活动、校园好声音网络大赛等系列活动，以学生喜爱、能黏住学生的方式，润物无声地做好网络内容教育工作。

四、提高网络内容教育队伍的素质

网络内容教育的发展促使教师在教育中的地位和作用发生改变，提高自身素质势在必行。这是新的教育形势对网络内容教育者提出的客观要求。网络内容教育工作者的主要职能不仅仅是准备知识和讲授、灌输知识，还要加强从网络上获取信息的能力和整合网络知识、熟练运用各种资源的能力。网络环境下，他们必须要提升自己的思想政治素养、教育理论素养和网络技能等综合素质以适应教育对象的变化和社会发展的需要。

1. 提高教育队伍的思想政治素养

革命导师列宁曾说过："在任何的学术和知识里，最重要的课程就是保持正确的思想政治方向。那么这个方向由什么来决定呢？完全只能由教育人员来决定。"①网络氛围虽然是虚拟出来的情境，但是来自世界各地各种不同的文化和思想在这里相汇交融，实际上对身处其中的网民产生了具体而深刻的影响。内容得当，就会发生积极的作用，产生潜移默化的教育实效；内容不当，就会发生消极的反应，受教育者的思想可能会向与社会偏离，甚至反社会的方向转变。教育主体要培养受教育者的选择、分析和鉴赏网络纷繁复杂的信息的能力，使其自动自觉地保证思想的健康、积极、进步的状态，首先就是要提高自身的思想政治素养。一要培养教育队伍具有崇高的共产主义理想，如果失去了这个前提和基础，那么后续展开的所有教育活

① 《列宁选集》第二卷，人民教育出版社 1993 年版，第 324 页。

动也就失去了方向和意义。因此教育队伍必须坚定正确的政治信仰，理解和贯彻中国特色社会主义的理念和内容，把社会主义核心价值观传播出去，并以身示范。二要培养教育队伍的责任心，践行全心全意为人民服务的宗旨。网络内容教育的对象是广大的网络受众以及与网络活动相关的所有群体。开展网络内容教育的根本目的是强国富民，全面提升国民的综合素质，因此人民群众始终是网络内容教育的中心，教育主体在日常的教育活动中应密切联系群众，把人民群众的利益放在第一位；反之，如果脱离群众，教育活动就成了一场教育主体自导自演的独角戏。此外，还应培养教育队伍实事求是、开拓创新等良好品质。网络内容教育者只有具备了较高的思想政治素养才能全面把握和领会党的方针政策，在错综复杂、日新月异的当今世界，在波涛汹涌的风云浪潮中，坚定内心信仰，握好网络舆情导向的方向盘，抵制腐朽思想的侵蚀，保证网络内容的可用性、正确性、先进性，才能培养出合格可靠的社会主义事业接班人。

2. 提高教育队伍的教育理论素养

教育主体不但要具备较高的政治理论素养，还需具有深厚的教育理论功底，掌握教育学、教育心理学等基本理论和知识，扮演好自身在网络内容教育与受教育者之间的桥梁角色。教育理论素养的提升对于网络内容教育队伍的建立非常重要，从宏观层面来看，一方面可以使教育主体从理论出发，研究网络给广大网络用户的思维、学习、工作和生活等带来的影响与变化，在教育实践中建立和完善网络内容教育保障机制的体系与对策；另一方面使教育队伍有能力结合新情况、新动向、新思想来调整教育方法，加强教育手段的与时俱进。从微观层面来看，一方面，只有构建扎实的教育理论体系，在帮助受教育者解决现实难题时才能正确、生动、明白、透彻地讲解相应的理论知识，在分析、研究和讲解现实世界中的重大理论问题和实际问题时，才能增强教育的感染力和号召力，得到教育对象的认同和信服；另一方面，只有具备较高的教育理论素养，才能和受教育者找到更多双方感兴趣的共同话题和语言，抓住更多的切入点，使教育内容能够沿着正确的轨道传递给教育对象，感染教育对象，燃起他们的学习热情，从而使理论知识得到内化、提升，并外化为现实的具体的行为，增强网络内容教育的实际效果。

3. 提高教育队伍的网络技术能力

网络内容教育者不仅要具备理论知识，还要掌握计算机技术、网络技术等，熟悉先进的现代技术手段，深谙互联网时代网络内容教育的规律和特点。首先，要对网上各类复杂信息保持高度警惕性，提前阻止不良内容的进入，有效解决网络传播中已经出现的问题，为网络空间的健康有序提供双重技术保障。其次，要充分利用新型网络交流工具和手段，不断创新教育方法，有机结合新知识、新方式、新技术。例如，在网上开辟一些网民感兴趣的理论教育论坛，直接与大众进行在线讨论，以真实身份或虚拟身份与其进行平等交流，把握他们的思想动向，有针对性地进行引导沟通，解决实际问题。也可以利用微博、微信、QQ、MSN 等新媒体，实现与教育对象的互动，使自己既成为网络内容教育的传输者，又成为信息收集发布者和网络管理者，成为受众信赖的“网友”，从而实现网络教育和管理的目的。再次，在选择和录用网络内容教育工作者时，要把网络技术能力作为一项重要的指标进行考察。同时，还要根据不断发展的互联网环境和不断变化的现实环境，为网络内容教育工作者积极创造有利条件，建立长期的网络技术培训制度，以适应教育实践工作的需要。最后，网络内容教育者要保持开拓进取、终身学习的状态，如前文所言，有了时间和经验积淀的网络内容教育工作者的能力更显珍贵，也更具竞争性。要时刻关注网络新技术、新成果、新发展，使其为我所用，将自身掌握的教育思想和理念融入网络新技术当中，扩大教育面，挖掘教育深度，利用网络的优势来弥补固有的不足。因此，掌握网络信息技术才能使网络内容教育活动由表及里，由浅入深进行转变，让活动开展得生机勃勃，彻底脱离死板的教育方式。

五、加强和改进网络舆情引导

中共中央总书记、国家主席、中央军委主席、中央网络安全和信息化领导小组组长习近平于 2014 年 2 月 27 日主持召开中央网络安全和信息化领导小组第一次会议。在讲话中，习近平强调指出，要将网上舆论工作作为一项长期工作任务，通过创新改进网上宣传，探索运用网络传播规律，大力弘扬主旋律，持续激发正能量，深入培育和践行社会主义核心价值观，切实把握好网上舆论引导的时、度、效，使网络空间清朗起来。为了有效发挥网络舆情引导在网络内容建设中的保障作用，使主旋律、正能量占据网络阵地，就必须加强和改进网络舆情引导。

根据网络舆情的引导方式，我们可以通过因势引导、逆势引导、造势引导三种方式来加强和改进网络舆情引导。因势引导，就是按照网络舆情发展的态势或趋势相同的方向进行引导，使网络舆情在现有的基础上，通过典型宣传、深度报道、意见领袖、网络新闻评论等方式突出扩大舆情议题相关内容，增强网络受众对议题的了解程度，降低传播成本，延长舆情稳定的持续时间，提高扩散速度，提高帖子增长速度和累计发帖量，提高议题的显著度，聚集和放大有利于舆情发展的意见和观点，促进网络舆情的继续发展和放大的一种引导方式。逆势引导，就是按照网络舆情发展的态势和趋势相反的方向进行引导。一方面有效控制或阻止网络舆情继续发展和蔓延，降低舆情议题的敏感性和显著度以及删除相关信息，缩短舆情持续时间，减少发帖量。另一方面增加舆情相反方向的促发因素，增加舆情相反方向的帖子的速度和累计发帖量，聚集舆情相反方向的意见和观点，使网络舆情朝着相反方向发展。造势引导，就是有意识有目的地引导网络舆情形成的过程，也就是通过合理设置议题，有意识地安排专门人员介入议题的讨论、争论或动员活动，引导广大网络受众参与议题的讨论和辩论，使之形成网络舆论，继而发展成一种积极向上的网络舆情。我们可以通过灵活运用网络舆情的不同引导方式，将其渗透进网络舆情引导的全过程，建立健全网络舆情引导机制来加强网络内容教育。为此，我们要重点注意以下几个方面的问题。

1. 强化教育者主动担任网络把关人的意识

人们对网络信息的接收是主动选择的，浩瀚的信息海洋给了人们选择信息的极大自由。但物极必反，自由若没了边界，人们在纷繁复杂的海量信息面前就会手足无措、无从选择，太自由反而变成了没有自由，极容易出现看到什么是什么即“盲人摸象”、网络大 V 操纵网络舆情甚至引发“群体暴力”等问题。因而，强化教育者在信息选择、舆论引导方面的把关人意识至关重要。在网络内容教育对话模式中，教育者应是信息提供者、信息规范者、信息引路人和监督人。教育者设计话题或议题，引发讨论，在自由热烈的网络交互中,通过及时的新闻报道和详尽的背景材料的交代,使网民认清事实真相,在交流中引导网络舆情向正确的方向发展。这就要求教育主体不仅要具有高度的正义感和责任感,而且要重视引导艺术、说话艺术的修养,以话语本身的说服力赢得威信,动之以情、晓之以理,以清醒的分析、巧妙的提示和负责任的指点,引导教育对象走出盲区、非理性误区,对主流思想产生认同与共鸣。

2. 建立网络舆情预警机制

网络舆情调控不能停留于事后补救,要有超前意识,从而变“灭火”为“防火”,将舆情危机扼杀于摇篮。及时掌握舆情动态,积极引导网络舆论,建立健全网络舆情预警机制,是维护社会稳定和谐的重要举措。通过有效调节网络舆论内容,控制舆论方向,引导舆论力量,实现施教者与受教者之间的良性互动。建立网络舆情预警机制,就是要及时全面准确地搜集、分析受教育者的心理情绪、思想动态、愿望心声以及带倾向性的态度。因而,要将网络舆情预警机制的触角深入到受教育者当中去,加强舆情监控,汇总网络舆情动态,建模量化分析,及时发现处于“未然”状态的各种危机因素,并反馈到网络内容教育中,随时调整教育内容和方式。若网络内容教育者总是以居高临下的姿态实施教育,不能深入群众,掌握动态,则可能脱离实际,任由舆情危机的发生,最终采取封堵、管控的措施,这样既达不到处理危机的有效目标,也可能“水满而溢”,破坏人民凝聚力,不利社会和谐。因此,我们应该建立计算机智能舆情预警系统,由舆情规划、舆情收集、分析处理、舆情预警四个环节组成。根据规划的任务需求,设定主题目标,确定信息收集类型,监控贴吧、论坛、博客等网络站点,并有效进行过滤和存储,对收集到的信息素材进行分类、提取关键词,按照主题重新组织信息,并生成舆情分析报告,将其呈送给相关部门进行评估,以供决策。

3. 网上引导与网下引导相结合

除了运用因势利导、逆势引导、造势引导等网上引导方式外,网络舆情引导还应结合网下引导的方式。网下引导指当网络舆情中所蕴涵的行为倾向已经转化成现实社会中的群体性行动而采取的引导方式。一般来说,网络舆情议题来源于现实社会中的现象和问题,网络舆情所表达的观点、意见和诉求都需要通过在网下现实社会中才能得到实质性解决。一方面，根据网络舆情的状态，尽快通过网络舆情捕获议题发生的时间、地点、路线、方式等相关信息，为网下引导提供信息基础；另一方面，通过网络监控预测网络舆情议题发生的规模、程度等，为进一步加强网络舆情引导提供决策依据。此外，在网络舆情调控中，不能忽视传统媒体的作用，不能让网络与传统媒体各行其是。两者的联手，不仅有利于推动舆论共识的形成，而且传统媒体所具有的公信力、权威性和可靠性能对网络正面舆论进行选择、放大，进一步强化网络舆论的导向。

六、优化网络内容教育环境

针对网络内容教育环境面临的各种挑战，必须做到具体问题具体分析，解决发展中出现的新问题。所谓优化网络内容教育环境，就是将网络环境中的消极因素转化为积极因素，使各种网络环境因素形成合力，发挥积极作用。网络内容教育环境不是万能的，我们反对环境决定论。但是，良好的网络内容教育环境的积极作用和影响不容抹杀，良好的网络内容教育环境是一种无形的感召力量，使人在不知不觉中受到潜移默化的教育和影响；对“四有网民”的培育具有积极促进作用；对人们的行为形成一种约束力。

1. 构建有序的网络法制环境

全国人大常委会委员长吴邦国在2011年3月10日召开的十一届全国人大四次会议上宣布，中国特色社会主义法律体系已经形成，这标志着我国依法治国进入到一个新的历史时期和发展阶段。我国法律体系是以宪法相关法、民法商法等多个法律部门的法律为主干，由法律、行政法规、地方性法规等多个层次的法律规范所构成，这其中自然包括网络的相关法律法规，如《全国人民代表大会常务委员会关于维护互联网安全的决定》《中华人民共和国计算机信息系统安全保护条例》《中华人民共和国计算机信息网络国际联网管理暂行办法》《互联网著作权行政保护办法》《互联网信息服务管理办法》和《信息网络传播权保护条例》等。然而，互联网的飞速发展，使得在网上实施“有法可依、有法必依、执法必严、违法必究”的法制化管理困境重重。因此，我们要根据网络的发展状况，增强预见性，对现实问题及时做出反应,通过修改相关法律条文和出台相关司法解释,增强法律法规的应用性和导向性。此外,还要建立现实法律与网络环境的紧密连接,使现实法律法规同样适用于网络环境。网络行为要受到现实法律的保护和制约,网络违法行为也不能逃避现实法律的制裁。例如,对于网络作品的剽窃行为适用于著作权法;对于网络侵权行为适用于民法通则;对于网上购物和交易行为也适用于现实的合同法。在网络社会中,建规立制、依法管理,建立国际通行的网络法规,国内逐步构建完备的网络法律体系,明文规定被保护行为和被禁止行为,明确网民的权利和义务等。在有法可依的基础上,对网民进行网络法制教育,增强网民法律意识,使广大网络用户自觉运用法律法规指导自己的网络行为,维护法律的尊严和网络环境的洁净。

除了网络法律法规,切实可行的网络监管也是优化网络法制环境的重要手段。"网络监管从来都是必需的,没有监管的自由就是放纵,就是自我毁灭。"①网络监管在一些西方国家眼中,曾经被视为缺乏民主和缺少自由的表现。然而,在各种网络危害的侵袭下,西方国家也不得不凭借雄厚的技术实力加强网络监管,限制网络上各种极端思想、暴力色情等内容的传播。技术防范和专业监管是优化网络内容教育环境不可忽视的手段。首先,充分利用现有的监控管理技术,建立信息"海关",筑起信息防火墙,净化网络空间,进而做到技术监控管理机制的创新。其次,专业人员对网络传播的监管,在网络传播中传播者和受众的身份不再明确,每个人都可以是传播者,也可以是受众。通过强化网络内容教育施教者在网络传播中的"把关人"意识,选择规范的信息,抵制不良内容的传播,充当网络空间的"指路人",以促进网络传播的有序健康发展。

2. 营造先进的网络文化环境

建设先进的网络文化环境既是社会主义精神文明建设的重要内容,又是开展网络内容教育迫切需要的环境。要加强网络文化建设和管理,用社会主义先进文化引领教育环境的方向,充分调动教育者、教育对象、教育内

---

① [德]埃著:《多国将谷歌和 facebook 列入黑名单》,《环球时报》2010 年 7 月 22 日。

容、教育方法等各方面力量的积极性和主动性，集中智慧建设网络内容教育的文化环境。网络内容教育环境不仅要集思想性、教育性和多样性于一体，而且要面向现代化、面向世界、面向未来。一方面，要在坚持社会主义核心价值观对网络内容教育思想引领的前提下，积极探索合理、适用、现代的网络伦理准则；另一方面，面对多样性的网络资源和多元化的价值理念，应该坚持网络内容教育与变化了的环境相适应。

（1）优化网络文化环境，就要正确处理好继承、借鉴与创新的关系。既弘扬爱国主义、集体主义精神，突出传统优秀的民族文化，又要体现海纳百川、兼容并蓄的时代精神、包容精神、创新精神，广纳世界各国各民族优秀文化的成果，实现中国传统文化与世界先进文化在网络文化教育环境中的完美融合。网络本身没有善恶、美丑、姓“资”姓“社”的区别，一切有利于网络思想政治教育发展的文化环境都可以用来指导网络思想政治教育环境的建设。因此，教育者要把握文化发展的脉搏，掌握文化发展的主流方向，有目的、有计划地将健康、积极、进步的文化纳入网络文化教育环境中来，满足广大教育对象日益增长的精神文化需求。同时，还可以鼓励网民参与到创作网络文化作品的行动中来，使网络内容教育兼具教育和创新功能，并帮助教育对象端正其文化价值取向，自觉抵制不良网络文化的侵袭。如此，通过对各种先进思想文化和有创新意识的教育手段采取谦虚包容的态度，对于落后的教育理念和教育体制坚决采取摒弃的态度，使思想政治教育在新环境中与时俱进。

（2）优化网络文化环境，就要创造和谐、自由、文明的网络氛围。通过网络法制环境的建设，网络用户明确了自身网络行为的界限，并且一方面接受着来自外部的监管，另一方面又通过网络内容教育提升了内在的网络素养后，就需要营造和谐、自由、文明的网络氛围来让他们表达自己，营造健康、理性的舆论环境。因此，网络内容教育环境的建设，就要注重引导、渗透、感染、影响，而不能强制地灌输、支配、控制。真正做到以人为本的教育，让人去体验美好，感受崇高，从而自觉地提高网络道德品质和文化知识，树立积极的人生态度、鲜明的价值判断和观念，构建和谐的网络内容教育环境。网民在社会主义核心价值体系的指导下，在网络文化教育中坚持文明使用网络、文明发表网络言论、文明传播网络信息。来自各行业、各阶层的网民在各种不同的声音、对话与碰撞中不断提高网络道德素养、政治素养、文化素养，从而巩固网络内容教育的理论空间和思想阵地。

第五章　健全网络内容建设的资源保障机制

第一节　网络内容建设的资源保障机制概述

一、网络内容建设的资源保障机制的内涵

资源保障机制作为网络内容建设的保障机制系统的一个子系统，它是为加强和改进网络内容建设，实现网络内容建设目标，提供建设过程所需要的人力、财力、物力以及权威等基础条件的机制，具体包括：财政保障机制、人才资源保障机制、权威资源保障机制等，其中权威资源保障是关键、人才资源保障是重点、财政保障是基础。财政保障机制主要是指通过增加经费投入，是网络内容建设的经济基础。人才资源保障机制主要是指建设一支高水平、高素质的网络内容建设与管理的人才队伍，为网络内容建设提供人力资源。权威资源保障机制主要树立组织领导权威与法律权威，形成公众心中具有非同一般的威慑力与影响力的资源，提高网络内容建设执法效力，提高网络内容管理的领导力。

二、健全网络内容建设的资源保障机制的原则

（一）科学原则

任何有效机制，都是对事物发展内在规律的正确反映。资源保障机制的构建要为建设网络内容实施服务，为该工作的开展提供条件，使其顺利有

效开展，并取得预想效果，其构建应坚持走科学化的道路。规律即科学，首先，要认识规律。规律具有客观性，是不以人的主观意志为转移的。这就要求我们在工作中探索规律，形成理论指导，这是资源保障机制科学化的前提。其次，要遵从规律，按网络内容建设的规律来办事，应该根据规律的要求逐渐形成网络内容建设的资源保障机制。网络内容建设是大力培育和践行社会主义核心价值观的重要一环。解放思想，更新观念，遵循网络内容建设规律，建立起一套科学、完整、规范的工作体系，进而做到明确职责、理顺关系、准确定位，努力实现资源保障机制由经验型向科学型、由被动型向主动型的转变，才能保证网络内容建设有序、高效地运行。

（二）系统原则

贯彻系统原则，首先是要把资源保障机制摆在网络内容建设过程中保障机制的大系统中，要从系统论来看待它的地位与功能。从系统论的学术视阈来看，整个保障机制为一个大系统。在这个大系统内部，还有法律保障机制、教育引导保障机制、监管保障机制、技术保障机制等多个子系统，在保障机制体系中，各个子系统相对独立存在又彼此联系，相互作用，形成一个统一的有机整体。这个统一的有机整体，其整体功能是保障网络内容建设，实现网络内容建设的既定目标。各个子系统具有各自的其他子系统不可取代功能，共同作用于实现网络内容建设目标。因此，在健全资源保障机制过程中，要注重该子系统与外部环境、该子系统内部要素之间、该子系统与其他子系统的良性互动、和谐发展。

（三）效率原则

健全资源保障机制要坚持效率原则，由形式主义向讲求实效转变，由知行脱节向知行统一转变，将资源保障真正落到实处，这才是建设网络内容资源保障机制的根本出发点和最终落脚点。在实际工作中，要积极做好网络人才队伍发展状况和成才需求的调研工作，强化从业人员大局意识、法律意识、诚信意识，积极推进文明办网、文明上网，倡导社交网络公序良俗，形成社交网络文明有序的良好风貌；同时，整合相关机构职能，形成从技术到内容、从日常安全到打击犯罪的互联网管理合力，确保网络正确运行和安全；扩大资金融资，减免相关网络内容税种，加大网络内容建设的资金扶持力度。否则,一味地讲究形式,不注重工作对象的需求,资源保障机制不能达到其目的。

（四）可持续性原则

可持续性原则的核心是人类与社会经济的发展不能超越资源与环境的承载力。在网络内容建设过程中,要坚持资源保障机制的可持续原则,正确处理资源保障机制与其他保障机制的关系,相互促进,可持续发展,发挥资源保障机制的最大效能。当下,网络走入千家万户,我国网民数量世界第一,我国已成为网络大国。网络内容建设是一种连续、持久的工程,为防止各自为政,重复建设,必须从可持续性的角度把握网络内容建设的资源保障机制。同时也要看到,我们在自主创新方面还相对落后,区域和城乡差异比较明显,特别是人均带宽与国际先进水平差距较大,国内互联网发展瓶颈仍然较为突出。协调地区与地区之间的资源分配与利用,与我国国情相适应,从实际出发,坚持统筹安排,合理、节约、高效地利用资源,为网络内容建设服务。

三、健全网络内容建设的资源保障机制的意义

（一）资源保障机制提供了网络内容建设的基础条件

在网络内容建设中,资源保障机制为整个网络内容建设提供基础条件,失去了资源保障机制,网络内容建设就成为了无本之木、无源之水,成为了失去坚实基础的“空中楼阁”,成为了失去可靠依托的“水上漂萍”。我国由网络大国向网络强国迈进过程中,网络建设目标与内容不断明确,对建设提出了新的要求:既要建设网络的“硬件”设施,同时又要兼顾“软件”建设水平的提高,两种建设的投入无疑是巨大的,俗话说:“钱不是万能的,但没有钱是万万不能的。”网络建设的“硬件设备”,如交换机、处理中心、变压器等;网络建设的“软件设施”,如信息管理系统、防火墙、内容过滤系统等,都需要投入,失去了雄厚的财力资源作为保障,网络内容建设举步维艰。只有将网络内容建设经费列入公共财政常规预算之中,提高经费使用的有效性,加强经费收支的管理和监督,财力支持才能得以持续,网络内容建设才能有雄厚的经济基础。

(二)资源保障机制提供了网络内容建设的人力资源

人才队伍建设是网络内容建设的根本保障。科学、长效、规范的人才资源保障机制是网络内容建设的必要保证。随着人才市场的开放,人才标准的多样化,网络人才的需要越来越迫切,“千军易得,一将难求”,有了充足的人才,特别是领军人才储备,网络内容建设才有活力。当前我国的网络人才在数量上供大于求,在质量上却供不应求。云计算的架构体系为网络空间提供了强大的计算和存储资源。基于开源技术的大数据分析,能不断发现新的信息内容。IT 技术驱动和引领着信息时代的发展。这一时期,网络内容体系建设需要一支有相应网络技能、综合管理能力、学习能力与创新能力、有网络道德素养的网络人才队伍作为保障。人才资源保障机制将建设健全一支高水平、高素质的网络内容建设的人才队伍,为加强和改进网络内容建设提供人力资源。

(三)资源保障机制提供了网络内容建设的组织领导保障

一个行之有效、执行力强的组织对于网络内容建设具有极其重要的作用。而任何组织的运行都需要权威资源,权威可以消除无序和混乱,没有权威资源的组织不可能实现其组织目标。资源保障机制为网络内容建设提供了组织领导的权威资源保障。不可否认,网络还原了每个人最大的民主权利,但网民“群体狂欢”式的非理性力量正污染着网络社会空间。社会环境、家庭、学校教育会潜移默化地影响着互联网用户、网站从业人员的网络素养,网民“自律”,主要体现的是对权威的自觉遵守与服从。使用网络是每个人的自由与权利,遵守网络法规、维护网络秩序也应该是每个人的义务。一个网民对法律权威、领导权威认同,才能真正履行网民的义务,在网络内容建设的过程中,通过完善领导体制和工作机制,开展干部网络教育,塑造网络领导干部形象,使网络内容建设工作形成一个目标明确、关系协调、职责共尽、重任共担、齐抓共管的工作格局,树立被公众认可的领导力。在惩治网络违法违规行为的过程中,科学立法,严格执法、深入开展法制教育,使法律在人们心中处于神圣不可侵犯的地位,得到普遍认同和遵守。

第二节　建立健全财政保障机制

一、财政保障机制的功能

（一）网络基础设施建设的财力保障

资金保障是财政保障机制的最主要的职能，也最直接地体现公共财政在网络内容建设中的作用。近年来，我国财政收入持续快速增长，国家对公共服务的投入也在不断增大，初步形成了教育、文化、科技、就业、卫生、社会保障和国防等全方位公共服务体系，公共财政支出总量一直在增长。但总体而言，我国的公共服务水平仍处于中低等收入国家行列。诚如未来学家尼葛洛庞帝警告的那样，"每一种技术或科学的馈赠都有其黑暗面"。在飞速发展的过程中，尤其是成为最重要的媒体平台后，互联网的很多消极、负面影响也日益凸显。没有人愿意生活在一个谎言泛滥、谣言四起的环境下。超越公序良俗的网络谣言等失信行为的存在是诱发社会不稳定、影响经济持续发展的重要因素，具有明显的负外部性。公共财政的一个基本职能就是矫正负外部性。从这个意义上讲，国家财政有责任解决因网络而引发的负面影响问题。所以，国家财政为网民提供一个清朗的网络空间和基本的网络内容建设的财力保障是一个义不容辞的责任。

（二）公共政策支持的财力保障

公共财政是在市场经济条件下，主要为满足社会公共需要而进行的政府收支活动，它具有公共性、非盈利性和规范性的特征。网络内容建设需要公共政策强有力的支持，而政策的制定和执行需要付出政策成本，公共财政承担了政策成本的投入。目前通过专项财政拨款、财政补贴、政策性金融支持整治不良信息内容，打击网络犯罪活动的开展，例如2014年以来开展的"净网行动"、2015年进行的"护苗行动"等专项治理活动，就是治理网络，加强和改进网络内容建设的政策活动。

（三）使网络内容满足公共需求的财力保障

互联网已成为今日中国思想文化信息的集散地和社会舆论的放大器，

影响力与日俱增。截至 2016 年 12 月,我国网民规模达 7.31 亿,互联网普及率为 53.2%。① 网络公共服务是满足社会公共需求的一个重要方面,加强财政保障尤为重要。从网络内容公共服务的角度来说,要通过互联网惠民生,为人民群众提供更丰富、更快捷、更便利、更安全的信息服务,不断满足人民群众日益增长的精神文化需求。为支持中国互联网事业健康发展,关注并参与互联网相关的公益活动,2015 年 8 月,经国务院批准,民政部登记注册,由国家互联网信息办公室主管,并具有独立法人地位的中国互联网发展基金会正式挂牌,让互联网发展成果惠及 13 亿中国人民。中国互联网发展基金会主要通过整合社会资源、调动社会力量、运用网络传播规律激发正能量;弘扬社会主义核心价值观,重视开展网络公益活动,吸引网民广泛参与,让公益正能量传遍网络的每个空间,弥漫在网络每个角落。

二、我国网络内容建设中财政保障机制存在的问题

(一)财政支出力度不足

目前我国政府虽然逐渐重视对信息化、公共文化事业的投入,文化事业费支出在近几年有了显著的提升,然而,从支出总量上看依然不足。总体来看,我国文化事业费总规模和人均文化事业费在近年呈快速增长态势,但从相对规模来看,文化事业费占国家财政总支出的比重多年来一直在 0.4% 左右,并未随着国家财力的快速增长而同步增长。与教育、卫生、科技事业费等横向比较,这一比例也严重偏低,2010 年约相当于教育事业费的 1/30、卫生事业费的 1/13、科技事业费的 1/9。② 各级政府在财政支出上仍然没有把公共文化事业支出放在重要地位,相对于信息化建设来说,各级政府对网络内容事业发展的认识程度依然较低。探索是否存在保障网络内容服务体系发展和完善的最适宜的财政投入规模,采取何种方式实现最适合的财政保障标准成为目前网络服务领域的研究重点。《文化部"十二五"时期公

① 中国互联网络信息中心:CNNIC 发布第 39 次《中国互联网络发展状况统计报告》,中国网信办,2017 年 1 月 22 日。

② 李国新主编:《中国公共文化服务发展报告》,社会科学文献出版社 2012 年版,第 3 页。

共文化服务体系建设实施纲要》明确提出:“保证公共财政对文化建设投入的增长幅度高于财政经常性收入增长幅度,提高文化支出占财政支出比例”,为探讨我国网络服务的财政保障总体标准提供了方向。

（二）财政支出缺乏长效增长机制

我国的文化建设总投入是“十五”规划期的2.46倍,年均增长19.3%,在“十一五”规划期实现了五年翻一番①,但目前我国政府对网络文化服务的财政投入除总量仍显不足外,主要问题还在于财政支出缺乏长效增长机制。网络内容建设的财政采取的临时性、应急性的非常规保障方式亟须转向制度化、规范化的政府财政支出和转移支付方式。以预算和预算管理体制为依托的财政支出方式是长效增长的财政支出前提,也是网络内容建设财政制度化保障的前提。从公共财政本身的角度上看,建立规范化、制度化的长效增长财政保障机制不仅是网络内容建设和运行本身的需要,同时也是公共财政模式改革的内在要求。

（三）财政投入的约束机制不够健全

当前我国并没有对文化事业支出占财政总支出比重作出明确的立法规定,对于地方各级政府的网络文化事业支出也无硬性要求,这就导致各级地方政府对网络文化事业的支出,更多地依赖于领导者的偏好和认知。另外,较长一段时间的唯GDP政绩观,导致各级地方政府在行政决策时往往更注重对看得见摸得着的经济产业的发展,而对其收效慢,不容易体现政绩的网络内容建设方面忽视财政投入。兼之,我国公共财政资金监管的有效性不够,导致有限的资金使用效果并不佳。

（四）财政支出方式不合理

当前我国公共文化财政支出方式多以一般转移支付为主,直接投资和专项转移支付明显不足。目前,我国公共文化服务列于“文化体育与传媒(207)”类级预算科目之下,主要包括“文化(20701)”“文物(20702)”“体育(20703)”“广播影视(20704)”“新闻出版(20705)”“文化事业建设费安排

① 李国新主编:《中国公共文化服务发展报告》,社会科学文献出版社2012年版,第3页。

的支出(20706)”“其他文化体育与传媒支出(20708)”和“国家电影事业发展专项资金支出(20707)”8个款级科目。但是,目前我国网络内容建设财政保障的内容零散地涵盖在文化、信息化建设预算科目内。网络内容基础设施建设等资金主要通过临时性和应急性的信息化建设专项资金形式拨付,而在公益性、社会性的网络内容传播方面却未被列入目前公共财政的预算之中,相反某些非公益性的广播影视和新闻出版支出却被视为公共文化支出,这就导致目前各种衡量网络文化服务建设规模的预算口径存在偏差。

(五)财政投入方向不合理

要分析我国网络内容的财政保障,首先应明确网络内容的性质划分。网络信息内容是指互联网上信息的制造、传播、存储及其商业化,包括网络新闻报道、网络宣传教育、网络文件传输、网络资料存储、网络政务服务、网络商品供给、网络娱乐服务等方面,我们要加强和改进的网络信息内容,主要是能够弘扬我国主旋律、增加网民正能量的那一部分网络信息。由此看来,网络内容建设更多的属于公共文化服务内容,这也就充分说明了网络内容的财政保障更多的属于文化事业的财政项目。

近几年来,我国网络建设的财政资金大部分投到了公共互联网的基础设施硬件建设上,对于重点新闻网站、专业文化类网站的资金投入较少。就重点新闻网站而言,目前的投入水平只能维持网站日常运转,难以满足技术升级、市场推广、内容监管和高层人才引进的需要。有专家分析,中国的商业网站,远远落后于国外的商业网站,国内的新闻网站又远远落后于国内的商业网站,这“两个落后”的距离不是在缩小而是在拉大。① 造成这一现象的主要原因除专业技术人才缺乏外,更主要的还是资金投入不足,这已成为制约网络媒体应用新技术、新业务的一大瓶颈。

(六)对财政支出绩效评价欠缺

我国当前在公共文化事业的财政支出总量上持续保持增长。然而从绩效上看,我国目前财政公共文化支出的绩效评价并不合理。由于我国当前网络服务的抽象性和虚拟性,为网络内容建设的绩效评估带来一定的难度。

① 刘致福:《网络文化建设与管理》,山东人民出版社2009年版,第156页。

因此,我国政府主要关注网络服务财政保障的资金投入环节,忽视了公共财政投入后对资金使用的绩效评估,忽略了对网络服务是否满足社会公众需求的考察,从而无法为决策者提供有力的决策依据,难以发挥激励约束作用。就我国学术研究情况来看,目前并没有针对性的对关于网络文化财政资金投入效果系统评价。从国际经验来看,瑞典在内的欧盟各国均对文化财政投入采取详细的计划、执行、评估过程。日本的PDCA(计划,执行,检查,实施)循环系统正在积极筹划中,对文化财政投入评价的指标体系也已日趋成熟。

三、完善网络内容建设财政保障机制的对策建议

网络内容建设中财政保障的效率性与可持续性问题越来越凸显。财政投入是财政保障体系建设的基础保障之一。在加大公共财政对网络内容建设投入力度的同时,也需要不断创新公共财政对网络内容的投入方式和扶持机制,适当地引入市场化机制和手段,吸引社会力量参与网络内容建设,构建多元化网络内容建设财政保障机制。加大财政资金对网络内容建设的投入,探索各种融资渠道,鼓励和引导社会组织、企业、公民个人等民间资本以多种形式参与网络信息产业,逐步形成以政府投入为主导,与市场投入相结合的多元化、多渠道的网络内容建设投入机制。

(一)加大政府财政投入力度

迄今为止,无论是中央或地方,对网络内容建设的政府财政投入尚未有完整、明确的表述和规定。网络内容建设相关的政府财政投入,交错、不系统、零散地内在包含于社会主义精神文明建设投入的各个方面,如宣传教育、群众性精神文明创建活动、文化事业投入等。国务院关于进一步完善文化经济政策的规定和中共十四届六中全会《关于加强社会主义精神文明建设若干重要问题的决议》中的相关规定,对建立网络内容建设的政府财政投入机制提供了若干启示。政府财政投入是网络内容建设投入的可靠保障,必须坚持以政府投入为主导的投入方式,坚持以公有制为主体的文化产业格局。

深化文化体制改革,推进社会主义文化建设,促进社会主义文化发展,

促进现代文化产业体系的发展。只有加大国家财政投入,才能坚持以公有制为主体的网络文化产业模式,支持和加强网络文化产业,实现我国互联网文化产业的跨越式发展,使我国网络文化更加繁荣,为社会主义文化的繁荣作出新的贡献。《中共中央关于深化文化体制改革、推动社会主义文化大发展大繁荣若干重大问题的决定》提出"要构建现代文化产业体系,形成公有制为主体、多种所有制共同发展的文化产业格局",这就是一个重要的指导原则。只有加大国家财政投入力度,才能坚持以公有制为主体的网络文化产业格局,支持和加强国有或国有控股网络文化企业,实现我国网络文化产业的跨越式发展,为社会主义文化大发展大繁荣作出新的贡献,把我国互联网建设得更加繁荣、健康、安全、有序。

首先,加大财政拨款支持力度。中央和地方财政对社会主义核心价值体系建设工程的投入,应随着经济的发展逐年增加,增加幅度不低于财政收入的增长幅度。各级政府都应根据本级财政的实际情况,制定出确实可行的实施意见,做到把网络内容建设经费纳入每年的财政预算,以进一步完善网络内容建设的基础设施、基本环节的建设,保证网络内容建设活动正常开展。在制定财政预算时,应对农村、中西部地区、新型社会组织等网络体系建设相对薄弱的环节加大投入力度。

其次,设立财政专项资金。财政专项资金是指财政资金中有专门用途的那部分资金。目前各级财政部门并没有对网络内容建设设立专门的资金,在资金投入方面就不可能是充分的。考虑到网络设施初始资金庞大,持续周期较短,未纳入经常性预算,因而采用专项拨款的方式较为合适。建立网络内容建设的财政专项资金,目的是保证其全部用于网络内容建设,资金重点用于网络内容建设所涉及的项目,资金按照有关财政法规的要求健全制度、加强管理,保证专项专用,并接受财政和审计部门监督检查。财政专项资金可由各级文明委统一管理、使用,根据实际需要和财力情况,突出重点,集中财力,坚持每年办一批集中体现、宣传、推动网络内容建设的重大项目,以此调动社会各界对社会主义核心价值体系建设资金投入的积极性。从目前来看,财政专项资金应适当向以下方面倾斜。一是网络内容建设的重点项目。如网络内容建设的技术开发工程、基础设施建设工程、社会主义核心价值体系教育工程等。二是有网络内容建设的公共文化服务。如公共文化产品的创作、生产、传播;各类公共文化活动、文化遗产的保护和传承等。

(二)拓宽社会资金投入渠道

传统文化支出的资金来源主要是政府税收,但由于这个阶段的突出矛盾是网络内容服务建设战略实施要求大规模资金与政府有限财力之间的矛盾。考虑到公共文化服务领域对社会资金开放的必要性,目前迫切需要在政府财政作为主导的同时,探索适合中国公共文化服务的多元化的筹资方式。从多年的社会主义精神文明建设的经验来看,网络内容建设要开放金融投资,有效解决投入少、资金紧、效率低的问题。因此,除了建立和完善政府财政投入机制,还应充分调动社会力量,积极争取社会资本投资,并通过逐步建立多渠道的社会资金投入机制,来切实保障网络内容建设的财政需要。

值得注意的是,我们在拓宽社会资金投入渠道为网络内容建设提供资金保障的同时,我们也应该警惕出现唯市场化和西化的倾向。在我国的经济体制改革中,在构建社会主义市场经济过程中,提出要发挥市场在资源配置中的决定性作用;而在讲文化产业发展时,却提出要发挥市场在文化资源配置中的积极作用,这就是考虑到文化的产品和服务具有双重属性,特别是具有意识形态属性。市场在这个领域中可以发挥积极的作用,但和其他的经济领域不同,我们在保证对市场的调控能力的同时,要将社会效益放在首位,实现社会效益和经济效益的统一,这是对文化产业发展的一个特殊要求。

第一,财政奖补推动社会投资。各级财政部门在财政预算中安排一些奖补资金,通过财政手段对网络内容建设的重点项目进行一定比例资助,充分发挥财政奖补资金"四两拨千斤"的引导作用,有效带动社会投入,逐步形成良好的财政投入和项目运作机制。例如为建成一批移动互联网产业集聚载体,培育一批移动互联网骨干龙头企业,营造移动互联网创新发展的良好环境,2014 年湖南省颁发《湖南省人民政府关于鼓励移动互联网产业发展的意见》,旨在打造成移动互联网产业的政策洼地和产业高地。为培育龙头骨干企业,加大招商力度,吸引移动互联网国内外龙头企业在湖南设立地区总部或功能总部、研发中心、服务中心等,并在其首次缴纳税收后,给予一次性奖励;鼓励创新创业,个人在移动互联网领域的研究成果获得国家级奖项或行业内顶级奖项的,按照 1∶1 的比例给予配套奖励等。

第二,实施税收优惠政策。相关税收优惠政策可对参与或支持网络内容建设的各类大众传媒、教育机构、文化公司、电子平台的相关活动给予一定比例的税收优惠。如国家财政部、国税总局就曾于 2006 年、2009 年分别出台宣传文化增值税和营业税优惠政策(财税〔2006〕153 号、财税〔2009〕147 号),对部分科普单位、印刷企业和特定出版物给予了相关优惠政策。应对此类税收优惠激励政策予以延续。但值得提出的是这种优惠应该是有针对性的,不能是普惠式的税收优惠,否则会出现"搭车"现象,影响税收优惠应该有的效果。

第三,鼓励金融资源投入。金融资源的流入可以迅速壮大参与网络内容建设的企事业单位的实力。财政部门可以对银行的贷款风险按一定比例予以补偿,对贷款产生的坏账给予部分代偿,促进银行机构加大信贷投入。同时积极鼓励非传统担保机构发展,将其作为金融资源投入的一个有益补充,通过对广大参与建设的中小企业提供有力担保,缓解其融资难题。

第四,鼓励各类捐赠出资。在实际工作中除了政府支持以外,非政府机构对网络内容建设工作也可以发挥一定的作用。一方面,发动社会组织和团体自愿出资建立网络内容建设基金,支持网络内容建设事业的稳定发展,中央和地方财政给予一定补贴。如目前正处在探索期的中国互联网发展基金会,即是通过募集资金、专项资助;国际交流与合作;专业培训等,支持社会组织、单位和个人参与网络空间治理;另一方面,动员企事业单位、广大群众自愿支持和参与定期或不定期的各种捐助活动,以解决发展经费不足的问题。

(三)建构多元财政保障绩效评估机制

对于网络内容建设财政保障的评估,目前建立标准化多元绩效评估机制是关键。首先应该建立一个基本的网络内容设施建设标准及基本网络文化产品服务标准,据此测算网络服务财政保障标准,并建立网络服务财政保障标准指标体系;其次,应考虑将公众满意度,如公众使用网络服务的公开性、公平性、丰富性、积极性等纳入财政保障评估体系,并将公众对网络服务的各项评价指标赋予权重,得出综合的公众满意度指标;最后,在明确的标准化指标体系上建立上级政府、下级政府、本级政府、网络内容建设相关职能部门、网络内容建设事业单位的多元绩效评估机制。重视并加以利用引入第三方评估,增强公民、社会团体等参与网络内容建设的积极性,提高绩效评估的公平性。通过标准化多元绩效评估机制的作用,对网络内容建设的流程进行控制和监督,以提高网络内容建设财政保障绩效,进而提高政府网络内容建设的效率。

第三节　健全人才资源保障机制

一、网络内容建设人才资源保障机制概述

(一)网络人才资源的内涵

1. 人才的概念

人才是一个愈久而弥新的话题。在不同的时间、不同的地区和不同的群体中有不同的理解和评估标准。

在几千年的历史上,古代中国社会形成了非常丰富的人才思想。在《左传》《周公》《尚书》《贞观政要》《史记》《汉书》《资治通鉴》等著作中,"人才"的培养、选拔、使用等都有精彩的阐述。虽然没有"人才"的概念,但把"贤""德""能""智"和"人才"相关联,并且把人按照"德""才"标准分为三、六、九等,"圣人""愚人""君子"与"小人"。

我国自古便有"才德全尽谓之圣人,才德兼亡谓之愚人,德胜才谓之君子,才胜德谓之小人"的人才意识。在此种强烈的人才观念下,"礼贤下士""荐贤举能"等成了国家长治久安的重要依托,在远古社会,便有了舜"禅让"帝位的佳话,而到了隋唐时期,创立了科举制度,目的也便是推崇贤人和选贤任能。自汉武帝罢黜百家独尊儒术之后,"学而优则仕""修身、齐家、治国、平天下"等理念就逐渐成为社会的主导理念,而对人才的认识也

有了新的变化。传统上，知识分子以“经史”之学育经世致用之人，而到了洋务运动时期，以康有为、梁启超为代表的维新派强调中学为体西学为用，到资产阶级革命，孙中山等人又具有了民主与共和的精神，可见人才衡量标准处在历史演变过程中。

在中国五千多年的传统社会中，每个社会都有自己的知识、才能、道德等方面的约定俗成之标准。尤其在人才的衡量指标中，有些特性和人类固有的本性不可分割，比如基础的科学知识、善良诚实的品质。都是人类社会最恒久不变的标准，这些不会随着时代的变迁而沦丧。然而随着社会的不断向前，人才标准势必有些许变化，必须淘汰一些迂腐陈旧的内容，吸纳具有时代特点的内容。

时代发展到今天，当代学者对人才的解释也给出了新的解释。在《现代汉语词典》中，把人才解释为具有某种特长或者德才兼备的人。《辞海》则把人才定义为德才俱佳或者有才识学问的人。《领导科学词典》提到，人才是在社会活动中具备一定的专门能力、知识和技能的人，能够在创造性劳动中对改造自然和社会作出较大贡献，属于人群中的精英成分。

20 世纪 80 年代初期，国家印发了《国务院批转国家计划委员会关于制定人才长远规划工作安排的通知》（国发〔1982〕149 号），这也是第一次从国家层面上对“人才”下的权威概念，根据此文件精神，在之后相当长一段时间内，“具有初级专业技术及以上职称或中专及以上学历的人”成为中国最实用、最权威的人才群体。这一概念对于认定和统计人才、集聚和激发其活力发挥了重大作用。但是，自社会主义市场经济确立以后，这种界定的局限性日益明显；一是不够科学合理，职称与学历只是一个外在标志，并不能完全反映一个人的素质和能力，更加不可能对社会贡献做出衡量；二是不够全面，这个概念主要涉及了专业技术人才，却把企业经营管理人才、党政人才、社会工作人才、技能人才、农村实用人才等排除在外，自然是十分不合适的。

进入新的历史发展阶段，为大力实施人才强国战略，2003 年 12 月中国首次召开全国人才工作会，随后颁发的《关于进一步加强人才工作的决定》对人才概念给予新的阐释，提出“只要具备一定的知识或者一定的技能，能够进行创造性劳动，在建设中国特色社会主义伟大事业中，推动了社会主义物质文明、政治文明和精神文明的建设,作出积极贡献,都是党和人民需要的人才”。这种新的人才的观念突破了传统人才观的局限,对促进人才大量涌现、活力竞相迸发起到了重要作用。

为积极贯彻落实党中央提出的科学发展观需要,更好地贯彻落实人才强国战略,2010年4月国家发布了《国家中长期人才发展规划纲要(2010—2010年)》,其中明确提出,人才是“具有一定的专业知识或一定的专门技能,进行创造性的劳动并对社会作出积极贡献的人,是人力资源中能力和素质较高的劳动者”。这一人才界定,主要从外在标志、基本素质、表现形式等方面进行概括,抓住了人才的本质特征,体现了“人人都可以成才”“人才资源是第一资源”“以人为本”的科学人才思想,有利于促进人才健康发展。党的十八大以来,习近平总书记对人才的培养和使用工作,做出了一系列重要指示,强调现在我们比历史上任何时期都更加渴求人才,因此他提出要树立强烈的人才意识,把人才工作落到实处,让人才事业真正兴旺起来。人才强国战略进入了全面推进的实施阶段,各级各类人才积极奋进,必然会把社会主义各项建设不断推向前进。

我们回顾历史上对人才的不同定义,可以发现人才实质上有两个重要特性,一是能够创造性地劳动;二是具有良好的内在素质。综合以往的定义,作者对人才做出如下界定:人才,就是指那些具备良好的内在素质,能够在一定条件下不断通过创造性劳动,生产出一定成果,对社会的发展和进步作出较大贡献的人。

2. 网络人才资源的概念

网络人才,是进行网络的建设与规划,开发、利用、维护、管理网络信息资源的人才类型。因此,网络人才必须具备深厚的网络知识和技能,能够灵活应用所学知识和技能。网络技术学习和获取能力、网络技术创新能力与网络技术应用能力是其能力结构中的主要组成部分。

习近平总书记在中央网络安全和信息化领导小组的第一次工作会议中,就已经明确提出,“要从国际国内大势出发,总体布局,统筹各方,创新发展,努力把我国建设成为网络强国。”习近平总书记强调,要建成网络强国,就必须把人才集聚起来,建设一支作风好、政治强、业务精的强大队伍,就必须培养一批具有世界水平的科学家、卓越工程师、网络科技领军人才、高水平创新团队。网络人才是促进社会和谐、维护市场经济秩序、推动科学发展的重要力量,是繁荣网络内容建设事业的生力军。

人才资源能够主宰其他资源,具有明显的能动性,这一特点决定了人才资源是推动人类社会发展的最重要资源。诺贝尔经济学家舒尔茨就指出,人的健康、知识能力等人力资本的提高对经济社会增长的贡献远比物质资本的增加重要得多。因此,网络人才资源保障机制是网络资源保障机制中的核心资源,是网络内容建设的必要前提。网络信息资源的价值为人所挖掘,网络信息资源的采集为人所利用,网络信息资源的利用为人所掌握。无论是网络内容服务的范围、项目、功能和绩效,还是网络设施的规划、建设、运行与维护;无论是期望提高社会公众的网络文化素养与道德品质,还是着力宣传我国传统文化成果和中国特色社会主义文化观念,这些都必须以强大的网络人才资源作为保障。归根到底,网络人才的数量、结构、作用的发挥直接影响到网络内容建设的水平高低和资源保障能力的强弱。

(二)网络人才的分类

我国网络人才体系的建设是一个面向囊括6亿网民的人才队伍。通过分析,我们可以把网络人才体系具体概括为以下6个方面:

1. 网络空间战略人才。世界各国尤其是西方发达国家高度重视战略研究,以探究事物发展的方向性和全局性。当前,信息技术革命日新月异,网络信息对国际军事、政治、经济、文化、社会等领域的发展都具有十分重要的影响。我国要想从网络大国迈向网络强国就必须切实做好网络空间战略的研究,就需要建设网络空间战略研究智库,注重网络空间战略研究相关人才的培养,更好地为网络空间战略决策服务。

2. 网络安全与信息科技领军人才。目前,我国信息技术及其核心设备依然严重依赖于国外。大型应用软件、专业芯片和操作系统等方面受制于人,而这些设备以及相关服务在我国政府活动中参与度很高。如若想改变这种局面,就必须培养出一大批网络安全与信息科技的领军人物,对他们进行持续支持,鼓励他们在信息技术重点领域和网络安全方面取得重大突破,引领网络信息科技和安全的发展。

3. 网络空间法律人才。随着网络在经济、社会领域的广泛渗透,传统的法律条款将难以全面解释网络空间数字媒体的个人隐私保护、知识产权保护等大量的新问题,社会对健全网络空间法律的诉求也变得更强烈。为了公民在网络空间的合法权益得到保护,需要加快网络空间立法工作的进行,培养出更多的网络空间立法、执法、司法的人才,以实现网络空间法治化。

4. 优秀的网络企业家。2014 年全国“两会”期间,网络安全、互联网金融、互联网产业等企业家成为引人注目的与会代表。产业的互联网化势必带来经济增长的大爆炸,互联网在提升产业竞争力方面,也将发挥越来越重要的作用。对于一个国家来说,网络企业的竞争力与其国家的信息能力和水平密切相关。因此,要建设网络强国,要发展“互联网+”的信息经济,就需要培养一大批优秀的网络企业家。

5. 网络安全和信息技术工程师。创新型研发人才主要指熟悉信息安全技术、信息技术的专家。这类人才主要来自科研院所和高校的信息安全相关专业,以及企业相关的研究院,他们是建立具有我国自主知识产权的信息安全产业的重要力量。

6. 网络内容监管人才。这里主要包括网络管理人才和网络内容监管部门的领导人才。监管部门的工作人员需要从技术的层面来监管网络,实现“以技术控制技术”,用最新的网络监管技术手段来管理互联网,屏蔽不良信息或网站,以此保障网络空间的健康有序发展。因此要想从根本上保证网络秩序与安全,就需要组建专业化的网络内容监管队伍。

(三)网络人才能力与素质构成

1. 网络技能。网络人才必须掌握一定的网络技能。目前,网络建设和维护方面的技能是网络工程和网络管理人员最为关键的网络技能,包括网络运行安全、应用服务和网络系统的搭建以及运营管理和日常维护等。因此,网络人才必须掌握网络系统平台下应用服务器的搭建与管理、局域网的组建与管理、路由与交换配置的管理、主流广域网的配置与管理、网络管理等专业知识和基本技能。

2. 综合管理能力。技术管理可以运用技术手段,屏蔽一些不良信息或网站,以确保健康有序的网络空间。但是,技术手段并不能完全阻断不良信息。当今各种信息网络上的信息铺天盖地、汹涌而至,致使泥沙俱下。有用信息沉淀,真假信息混杂,要发掘出有价值的信息,往往会令人感到力不从心。首先,技术是中性的,网络管理人员可以采取技术措施来管理互联网,但技术也可被用来规避网络管理。其次,社交媒体的广泛运用,网民可以随时随地随手传播信息,并将信息在互联网上裂变式扩散,从而使技术管理难以实现有效管理。同样,网络过滤技术也不是万能的,网民可以通过符号化、同音词等手法规避敏感词过滤,使网络技术管理失效。最后,网民可通过修辞手法"春秋笔法"来含蓄地表达真实观点,技术管理无法有效应对。由此可见,网络人才没有综合管理能力,无法进行信息处理与甄别,仅仅以技术手段来硬性管理互联网传播不会十分有效。特别是在公众已知情、网络舆论已形成的情况下,技术手段的硬性管理反而会使问题复杂化,引起舆论反弹,互联网传播管理宜疏不宜堵。网络人才的综合管理能力要求将网络技术与网络传播规律相结合,在技术管理上再提升一个层次。这就要求大数据时代的网络人才具有科学的思维方法和分析研究能力,正确分析、判断信息的质量及其利用价值,准确而又高效地挖掘出所需信息,对大量无序的信息进行精心筛选、整理和深加工,提高工作效率。

3. 终生学习和创新能力。在职业生涯中不断学习的能力也是网络人才必须具备的。信息时代知识更新快,废旧率高,随着生产技术和设备的不断更新,知识更新的速度也大大加快。在"知识爆炸"的时代,科学与技术情报的数量,据统计每 10 年甚至二、三年就增加一倍。如此迅速的知识增长速度,靠传统的记忆、背熟学习方法是无能为力的。这就使得在学校所学到的某些知识渐趋老化,而网络人才却必须要掌握最新的网络技术和手段,懂得用最现代化信息工具来开展本领域的工作,以适应大数据时代的要求。因此应用型网络人才必须具备运用所掌握的网络知识和技能自主学习掌握新的网络知识、技能的学习能力,并且能将其运用到实践中去的创新能力。

4. 良好的网络道德素养。道德是提高人的精神境界、促进人的自我完善、推动人的全面发展的内在动力。一个社会是否文明进步,一个国家能否长治久安,很大程度上取决于公民思想道德素质。网络道德是时代的产物,与信息时代相适应,人类面临新的道德要求和选择,于是网络道德应运而生。网络人才必须具备良好的网络道德素养。

二、我国网络内容建设人才资源保障机制存在的问题

(一)网络技术人才短缺

相比之下,现阶段我国网络人才培养远远不能满足网络大国向网络强国转变的需求。据有关方面统计,我国每年培养的网络安全专业本科毕业生仅数万人,而目前我国网络安全人才缺口有上百万。同时政府网络安全检查发现,各部门各地方开展网络安全教育培训频次不足、深度不够、系统性不强,导致政府部门工作人员网络安全意识不足,技能缺乏,难以满足网络安全工作需求。此外,网络安全人才总量和结构远远不能满足快速发展的信息化建设的需要。目前,我国信息领域人才结构不合理,分布不均,人员队伍不稳;专业型人才、复合型人才、领军型人才明显短缺,严重影响我国网络内容建设,制约我国信息化发展进程。

随着信息产业的快速发展,大数据时代的到来,社会对 IT 人才的需求量也将快速增加,随着计算机信息技术的发展,网络工程技术也发生了巨大变革。网络建设已形成了多种网络形态,如核心网、汇聚网、接入网、地区以及国家级主干网、城市交换中心等,这就使网络工程技术更加专业化和复杂化。同时,网络也逐渐趋于社会化和大众化,企业上网工程、政府上网工程、社区网络建设等一系列的网络工程的开展和普及,使网络逐渐成为人们生活和工作的最基本手段和基本设施。因此,与现实对网络人才的社会需求相比,网络人才缺口是相当大的。截至 2016 年 12 月,我国互联网普及率为 53.2%,手机网民数量达 6.95 亿,网民规模突破 7.31 亿,我国虽然步入网络大国并向网络强国迈进。不过,根据信息产业部公布的数据,我国每年高校培养的网络相关专业的毕业生不到 6 万人,而社会对网络人才的需求量却高达 40 万。①

---

① 尹丽波:《重视网络安全人才培养　向网络强国目标迈进》,《信息安全与通信保密》2014 年第 12 期。

随着互联网成为新的经济增长核心，对于企业来说，要实现从传统企业向现代企业的转型和升级，提高竞争力，就需要借助互联网络新的经济优势。在2000年的开始的2个月内，我国就有100家上市公司公布了自己的“上网”计划，一些大型的家电企业也加大对信息技术的发展、网络建设的投资，如春兰公司宣布投资10亿元进行电子商务。① 企业对网络的巨大需求，拓展了对网络人才的需求。

（二）互联网从业者专业化程度低

截至2013年年底，全国网站数量已达300多万个，互联网从业者人数高达千万。② 但与传统媒体相比，网络媒体尤其是移动互联网媒体的门槛较低，互联网从业人员普遍非专业化和低龄化，缺乏严格的新闻入门培训，缺少必需的新闻实践锻炼，从而导致新闻差错、虚假信息时有发生。许多地区存在管理人员数量、知识和理念上的欠缺。面对日益增加的网络管理工作量，越发凸显出专业管理人员的缺乏，部分管理部门仅有兼职人员进行管理。例如，福建省网络文化建设和管理办公室网络文化管理处只有五名工作人员，无法按时完成日益增长的网络文化管理任务。③ 网络文化的发展日新月异，导致网络管理人员的知识难以跟上网络技术的更新发展。许多地区还未建立健全针对网络文化管理人员网络技术更新的定期培训制度，导致网络技术监管严重滞后，无法对网络黑客的侵袭进行有效的抵制和防范。同时随着新兴网络传媒和社会管理模式的革新和发展，网络管理人员还需进一步转变管理理念。面对网络舆情时更多还是以“封、堵、压”为主的现有网络管理理念和管理方式，缺乏对网络信息传播规律的应用和了解，也无法有效引导网络舆情和处理网络突发事件。

---

① 杜锋：《我国信息领域紧缺人才培养机制研究》，华中科技大学硕士学位论文，2005年。

② 新华网福建频道：《互联网信息服务从业人员在线教育平台正式上线》，新华网，2014年8月18日，见 http://news.xinhuanet.com/info/2014-08/18/c_133563931.htm。

③ 陈鑫峰：《网络文化管理机制探析》，《福州大学学报》2013年第4期。

(三)网络人才资源配置不尽合理

从行业结构看,我国网络人才主要聚集在事业单位、政府机关和国有部门,企业、非国有部门人才不足。从区域结构看,呈现明显分布不均衡,西部地区人才少,东中部地区人才多,西部人才数大约是东部网络人才数的一半。现有的网络人才结构已不能适应我国经济结构调整的需要,已经成为制约我国经济进一步发展的瓶颈。从素质结构上看,我国网络从业人员由于就业门槛低,出现人才队伍整体学历不高,高学历人才不足,特别是复合型网络人才缺乏。虽然大多数网络企业储备了一批高学历人才,但复合型优秀网络人才仍显不足,拔尖领域带头人数量相对较少,专家型人才不多,不能完全满足信息技术发展的需要。

(四)网络人才外流现象严重

人才安全是一个可能损害国家利益、威胁国家安全的问题。在信息化浪潮席卷全球,人才竞争已成为21世纪综合国力竞争核心内容的今天,世界各国无不将抢占“人才高地”作为长远发展规划。目前,世界各国都把人才资源的开发放到了突出位置,千方百计吸引外国优秀人才,“人才战争”硝烟渐起。特别是以美国为首的西方发达国家,利用其自身的经济优势,从世界范围内争夺优秀人才。尽管中国科学院对1907名全球顶尖科技创新人才进行筛选分析发现,在当前任职比例的国家排名中,我国在物理、数学和计算机领域具有领先优势,其中物理、数学位居第9,计算机位居第8。① 从一定程度上说,我们迈向人才强国已有了比较好的基础。然而,面对扑面而来的信息革命浪潮和加入WTO的新形势,我国政府部门却因信息人才大量流失出现了“人才高地塌陷”的现象。这一局面亟待扭转。据了解,在国家部委,通常新进来的信息专业的大学生,超过70%的5年之后会选择离开。这是一个不断流失和沉淀的过程,由于更多的是精英流失,而这部分精英流走后通常不能得到及时的补充,导致政府信息人才队伍长期处于一个不稳定甚至弱化的状态。

① 昆明信息港:《中国成最大人才流失国》,2013年6月4日,见http://daily.clzg.cn/html/2013-06/04/content_354275.htm。

(五)高校培养的网络人才与社会的需求脱节明显

高等院校无疑是培养网络人才的主要途径,恢复高考以来,我国不少大学逐步设有计算机科学与技术专业,尤其是近些年来,各类大中专院校及其社会教育培训机构为社会培养了大批量的信息技术人才。自 1994 年推出的全国计算机等级考试(National Computer Rank Examination,NCRE)开考以来,NCRE 适应了市场经济发展的需要,考试持续发展,考生人数逐年递增,至 2013 年年底,累计考生人数超过 5422 万,累计获证人数达 2067 万。① 但目前高校网络人才与网络人才的实际需求之间存在着很大的差距。其主要表现为:首先,专业理论水平与网络技术滞后,并不能跟上网络技术的发展。某高校教授的网络课程,基本上属于 20 世纪 90 年代的水平,无法达到下一代网络技术的理论高度。其次,课程体系建设不够完善,现在的社会需要不仅要有了解和掌握网络技术的人员,还要有较强的团队协作意识,以社会需求为导向的理念,具有全面的信息技术知识的网络工程人才。最后,网络人才培养实践训练缺乏,网络工程技术是一个实用的学科,必须注重培养学生的实践能力,而目前高校在网络人才培养过程中,绝大部分仍依靠传统的教学方式,制约了网络专业的学生专业应用能力的提高。

三、完善网络内容建设人才资源保障机制的对策建议

(一)加强网络从业人员的素养教育

一是建立网络从业人员准入机制。据不完全统计,我国目前从事网络信息服务行业的人员相对年轻,从业人员中年龄在 23 岁到 28 岁的占 85% 以上,普遍存在人员年轻、专业不对口、工作经验不足的问题。建立健全互联网信息服务从业人员准入机制,实行专业认证,正是从培养选拔优秀人才入手,提高相关人员的思想观念和专业素质有效途径,从而为规范网络文化内容、净化网络文化环境打下基础。互联网信息服务从业人员范围广泛、人员编配复杂,重点要建立完善网站从业人员资格认证和准入制度,网站新

---

① 全国计算机等级考试网:《NCRE 几年来发展状况如何?》,2014 年 5 月 15 日,见 http://www.thea.cn/xitd_Zx_276924-1.htm。

闻、时政论坛和手机短信负责人年度考评制度，网上编辑人员执证上岗制度，网络内容管理人员资格认证制度等，并逐步纳入劳动人事部门专业技术岗位管理范畴。从事网络新闻采编的网站编辑、主持人，必须获得有关部门颁发的新闻从业人员资格证书。

二是加强网络从业人员在线素质教育。首先，建立培训轮训制度，抓好网络内容从业人员上岗培训和岗位人员的业务培训，组织他们学习党的理论和路线方针政策，学习宣传文化工作业务和相关法律知识，不断提高整体素质。其次，建立互联网信息服务从业人员在线教育平台，采用现代教育新理念，让教育变得更加有效，为互联网行业培养更多、更加规范的从业人员。学员可利用电脑或移动终端，完成报名、培训、练习、测验等学习流程，充分利用碎片化时间学习，解决传统培训的时空限制问题，享受专业权威的互动教学资源。提升网络从业人员的媒介素养。各类网站要积极开展相关业务讲座、理论指导、案例分析，确立正确的强调价值判断标准，认真履行"把关"的重要职责，在对海量信息进行认真筛选和组织时，更多考虑文化取向、法规伦理，进而在方向上确保信息内容与舆论引导的正确无误、来源权威、格调健康，坚决杜绝虚假报道和有偿新闻，抵制低俗之风，彰显网络媒体的公信力。

（二）提高网络人才的吸引集聚力

相对于使用开发和教育培养，发展创新型人才的最经济、最快捷方式是吸引集聚。人才集聚不仅可以使人才自身价值得以实现，而且还会产生人才集聚效应，可使人才集聚地获得优先发展的机会，因此人才集聚的作用不容忽视。事实表明，人才的吸引集聚，不仅能实现个体自身发展，还能推动网络经济发展，因此，加大网络人才吸引集聚力度就成为重中之重。

一是吸引人才回流。当前越发激烈的国际人才竞争，导致许多发达国家通过改革移民政策，加大人才吸引和留置力度，而一些发展中国家也纷纷效仿，加入全球人才竞争行列。我国每年顶尖人才数量的流失位居世界首位，其中工程和科学领域人才滞留率平均达87%。① 不可否认的是，近年

---

① 昆明信息港：《中国成最大人才流失国》，2013年6月4日，http://daily.clzg.cn/html/2013-06/04/content_354275.htm。

来,中国正竭力扭转人才流失趋势。为助高校吸引人才,中国政府已出台一系列计划,国家于2008年12月制定《关于实施海外高层次人才引进计划的意见》,决定围绕国家重大发展战略组织实施海外高层次人才引进计划(简称"千人计划")。目前,在"千人计划"引领下,有近百万留学生回流,其中高层次人才两万多,势头很好。据中国"千人计划"网公布的数据,截至2011年年底,国家层面已吸引"千人计划"人才1500多人,连同地方政府的"千人计划"人才,留学回国的"千人计划"人才已超过万人。此外,2011年我国推出的吸引高端外国专家的"外专千人计划"。中国对高校的经费支出也已激增:2001年至2011年间增长5倍。① 部分高校也在改变招聘方式,转变思路。现阶段国内给归国、来华人才特殊政策,是现实之举。进一步鼓励人才引进,移动互联网企业所在园区要积极为企业提供人才引进、培训、认证等"一门式"服务。在中国经济进入转型期的大背景下,在政策利好引导以及良好业绩的刺激下,网络游戏、电子商务、通信信息、光纤设备、影视传媒等领域具有很好的市场发展前景,加大投入和扶持力度,或许能吸引大批相关领域的人才归国。对引进的高层网络管理人员(含网络核心技术人员),对其户籍、子女教育、医疗保障、家属就业、居住证办理、人才公寓入住或购房补贴等方面给予重点支持。面对后危机时代人才竞争的新形势,我们要借鉴过去的经验,进一步突破体制引进制度,从"人才流失地"变"人才回流国"。首先需从源头上改变现有的教育方式,让"出国留学"不再是改变命运、实现理想的最佳途径;其次,要规范就业和用人市场,让"海归"能充分发挥"用武之地";最后,通过一系列的体制改革和社会保障体系建设,解决留学回国人员的"后顾之忧"。

二是引进创新型人才。网络人才培养需要较长周期,而引进网络人才可以解决人才急需短缺问题,是为信息社会发展提供网络人才支撑的一条捷径。因此,要树立强烈的网络人才争夺意识,积极主动地引进网络人才。网络人才引进具有双面性,如果引进的是重点领域的高层次人才,可促进国

---

① 人民网:《中国高端人才流失率居世界首位,吸引回流还靠公平》,2015年7月15日,见 http://world.people.com.cn/n/2015/0715/c1002-27309934.html。

家经济发展、科技进步，否则不但不能发挥作用还会带来不必要的麻烦和负担。因此，在网络人才引进中，要加强针对性、突出有效性，围绕重点领域引进急需紧缺创新型人才。第一，重点引进领域。在国家层面上，根据《国家中长期人才发展规划纲要（2010—2020年）》总体部署和要求，根据习近平总书记在2014年年初的中央网络安全和信息化领导小组第一次工作会议上的重要指示，重点在网络安全、网络技术、网络法律等重要领域。第二，重点引进人才。重点引进网络安全人才、网络科技领军人才、网络法律卓越人才、高水平创新团队。

三是创造引进人才的良好环境。环境好，则人才聚、事业兴；环境不好，则人才散、事业衰。营造信任、尊重、关心、支持人才创新创业的人才环境，是提高网络人才队伍建设水平的有力保证。人才环境主要由生态环境、自然环境、人文环境和工作环境组成。新世纪，网络强国的建设，要在人才激励机制的建立，人才环境的营造上做足功夫。要形成鼓励创业、尊重人才、尊重知识的人文环境。好的人文环境对人才来说是最重要的。人文环境主要由道德体系和法律体系组成。道德体系是指以指导职业道德和弘扬科学精神为核心的思想行为规范，法律体系为保护人才的合法权益提供法律保障。营造良好的人才环境，比单纯的高薪留人显得更为重要。要在人才争夺中占得先机，就要有广纳天下英才的胸怀，加快有利于人尽其才和优秀人才脱颖而出的有效机制建立，为各种人才大显身手提供机会和舞台。打破地域、档案、户籍等方面的限制，促进人才合理流动。要建立行之有效的激励机制。改善他们的生活、科研、工作条件，解决他们的后顾之忧，鼓励和允许专业技术人员通过转化科技成果、促进科技进步先富起来。

（三）改革网络人才的培养模式

一是校企合作，共同培养网络人才。校企合作，借用企业的资源，共同培养网络技术人才。加强和改进高校网络专业建设和管理。高校培养网络专业人才要以市场需求为导向，在教学环节的过程中进一步加强理论和实践的结合，尤其是要加强产学研相结合，高校在对学生进行完规定的课程理论知识的学习之后，应当拓展实践基地，与实习单位合作，给学生提供校外实践的平台，进一步提高实习经历与表现在学生毕业中的要求，鼓励学生积极参加各种各样的技术开发、科研活动,积极培养学生的实际动手能力和操作能力。鼓励高等院校建立移动互联网人才培训基地,为企业定向培养专业网络人才。支持举办面向移动互联网企业、相关机构及国内高校的开放式专题培训和论坛。

二是加强有关部门相关的政策支持力度。教育部门要制定网络人才培养的长期战略,不断加强对有关网络人才培养的宏观指导,出台各种切实有效政策,支持高校开展网络人才培养模式创新,推动各具特色的培养模式。

第四节　健全权威资源保障机制

一、权威资源保障的含义和作用

(一)权威资源的概念界定

1. 关于权威的界定。权威问题受到了各个领域研究者的普遍关注,众多学者分别从不同的角度对权威现象做了阐释和划分。比较著名的有:马克斯·韦伯基于合法性角度对权威作的魅力型、传统型、法理型的划分,玛丽·派克·福莱特基于情境提出的权威理论,切斯特·欧文·巴纳德的权威接受理论以及赫伯特·西蒙基于组织理论而对权威作的解释。而无论是基于权力的强制影响还是在特定情境下互动性的选择或者是基于权威接受者的认同,都离不开权威关系的本身。“正如很久以前 L.斯坦(L.Stein)定义的,权威是‘对他人判断未经检验的接受’”而伊斯顿坚持认为:“经常被人服从是权威”。我国学者李景鹏从政治关系的角度出发,认为权威“表现为被支配对象对于权威的信服和服从”,并提出权威的四个特性,即绝对性、不可逆性、盲目性和稳定性。综合可见,权威即是一种稳定的使人信服和自愿服从的力量和威望。

2. 关于权威资源的界定。权威在本质上是一种让人自愿服从的力量,而权力则是一种强制性力量;权力让人自愿地服从,进而转化为权威。毫无疑问,任何一个国家都致力于将权力转化为权威,因为权威可以大大降低政治统治的成本。所谓权威资源就是指在公众心中具有非同一般的威慑力与影响力的资源,在马克斯·韦伯看来,权威的来源或者基础主要有三种:因君权神授的信念而产生的自愿服从;因领袖的个人魅力而产生的宗教式服从;因解决利益分配而形成的现代理性法律至高无上性即对法律的自觉服从。现代社会,法律是权威的重要来源。国家权力的实现大多数是以政策和法律的形式,而对政策和法律的自愿服从程度自然也就成为衡量权威来源的重要标准。在现代政治中,无论是在工具主义立法中还是在权利主义立法中,法律在很大程度上就是一套分配利益而设计的制度体系。在这里我们还很难以绝对科学化的标准来量化分析权威,然而国家权力机构的设置,也就是领导体制状况却直接关系到国家法律与政策的实现程度。因此,本书的权威资源主要指领导权威和法律权威。

领导权威是权威在领导活动中的表现和运用的过程,是领导主体树立起的被领导客体认可的一种无形的影响力。是领导影响或改变公民心理及行为的能力,是使人信从的力量和威望。领导权威是领导活动中不可缺少的重要组成部分,它关系到领导效能的大小、组织目标的实现程度及管理效益的高低。

法律权威是指法律在一个社会中居于至高无上的地位,享有崇高的威望,得到普遍的遵守和广泛的认同。法律在调控网络生活方面发挥基础和主导的作用,其他网络社会的规范在法律的统帅下发挥作用。

(二)权威资源保障机制的作用

1. 网络内容管理需要权威资源保障机制。权威资源在网络管理过程中有其存在的必要性。首先,协调网络建设过程中各方利益关系需要领导权威。社会主义市场经济的完善与发展使社会经济成分多元化发展,网络管理过程中面对的利益主体也变得多元化,网络管理变得更复杂化。这一状况决定权威资源是实现网络主体间协调合作的保障。其次,实现网络内容建设目标需要领导权威。为有效实现共同的目标,要调动一切有利因素,统一行动,步调一致,增加团体成员的向心力和凝聚力,集中团体资源共同努力奋斗,权威资源扮演了这个特殊的角色。再次,提高管理效能需要领导权威。用最小的成本提供最好的产品和服务是网络内容建设和管理的内在要求。尽量减少内耗成本,提高网络管理效率,也必然要求领导权威资源发生作用。

2. 网络秩序维护需要权威资源保障机制。秩序是指自然界和人类社会运动、发展和变化的规律性现象，某种程度的一致性、连续性和稳定性是其基本特征。从历史的角度来看，凡是有人类、有组织的地方都有一定的秩序，他们并不希望一切都杂乱无序。借用马克思的话来说，秩序是一定物质的、精神的生产方式和生活方式的社会固定形式，因而是他们摆脱了单纯偶然性和任意性的形式。在阶级社会中，秩序总是起着维护阶级统治的作用。由此，网络秩序是指在网络社会中，存在一定的网络组织制度、结构体系和社会关系的稳定性、规律性和连续性。在网络社会里有着一定的社会秩序，在一个没有秩序的网络空间中，网民无法共生共享。网络秩序的形成和维护需要权威资源来保障。

3. 网络安全保障需要权威资源保障机制。人们都希望自己生活在安全的社会里，而不是动荡的社会里。在这样的情况下，弱者想要保障自己的安全，就得另辟蹊径，通过权威来获得，权威可以使社会具有一定的秩序，权威不仅仅拥有一般人无法掌控的力量，然而最重要的是它是一种"使人心甘情愿服膺的力量"。通过它人们知道该做什么，不该做什么，违反要受到什么惩罚。权威可以给人带来安全感，可以增进社会的进步，人与人之间的关系的和谐，也消除了自己保护自己可能导致的两败俱伤的风险。社会规范有很多种，譬如道德作为社会规范的一种，它不具有强制性，只是在道德底线上来要求你，如果没遵守也没有什么惩罚措施，只不过会有些舆论而已。道德规范在维护网络安全上是有限的，因此，网络安全保障需要法律权威与领导权威。由于法律权威资源以国家强制力作后盾，弥补了道德规范及其他保障力量的不足。

二、我国网络内容建设权威资源保障机制的主要问题

（一）领导权威资源存在的主要问题

1. 缺乏集中统一的组织领导体制削弱了领导权威

我国网络内容管理的组织领导体制构建的实践和探索，总体经历了以下三个阶段：

第一阶段（2006 年 2 月以前）：管理机构中的管理领域趋向网络平面扩

张阶段。该时期我国网络文化管理体制主要是相关政府部门在传统领域内向新的管制领域扩张。网络的平面扩张以及延伸,即将互联网行为与部门职能结合起来,各自为战,多头管理,分散执法,分工合作。

第二阶段(2006 年 2 月—2011 年 5 月):管理职能机构的简单协调阶段。2006 年,为了加强互联网管理部门之间的协调,切实做好对互联网站的管理,从而促进建立长效的互联网站管理工作机制,通过信息产业部、中共中央宣传部、文化部、国务院新闻办公室等十六个部门协同研究,最终制定了《互联网站管理协调工作方案》,并且组建了"全国互联网站管理工作协调小组",该小组主要职能是负责全国互联网站日常管理工作的指导、协调,督促各成员单位对网络文化进行齐抓共管。在该阶段的五年时间内,管理格局基本没有发生太大的变化。

第三阶段(2011 年 5 月起):初步整合管理机构的管理职能阶段。从互联网的兴起到 2011 年,我国互联网得到快速发展,据统计网民总数达到 4.85 亿,在错综复杂的网络环境中,炒作、谣言、水军、诈骗、虚假广告等现象,这些状况每次发生便成为社会舆论关注的焦点,尽管有"全国互联网站管理工作协调小组"从中指导和协调,但不乏各管理者之间相互推诿扯皮现象的发生,为此,2011 年 5 月 4 日,经国务院准批,国家互联网信息办公室牌子加挂在国务院新闻办公室,"主要职能是落实互联网信息传播方针政策和推动互联网信息传播法制建设,协调、指导、督促有关部门加强互联网信息内容管理,负责网络新闻业务及其他相关业务的日常监管和审批工作,指导有关部门做好网络游戏、网络出版、网络视听等网络文化领域业务布局规划,协调有关部门做好网络文化阵地建设的实施和规划工作,肩负重点新闻网站的规划建设工作,协调、组织网上宣传工作,依法查处违法违规网站,协调有关部门督促接入服务企业、电信运营企业、服务机构和域名注册管理机构等做好互联网地址(IP 地址)分配、域名注册、网站登记备案、接入等互联网基础管理工作,在职责范围内指导各地互联网有关部门开展工作"(见表 5-1)。

表 5-1 我国网络内容管理体系的职能分布

序号	部门	下设相关司局及处室	主要职能	备注
1	中宣部		对互联网意识形态工作进行宏观协调和指导	
2	国家互联网站管理工作协调小组		协调各成员单位对网络内容实施齐抓共管	挂靠信息产业部
3	国家互联网信息办公室		1. 主要落实互联网信息传播方针政策和推动互联网信息传播法制建设; 2. 指导、协调、督促有关部门加强互联网信息内容管理; 3. 负责网络新闻业务及其他相关业务的审批和日常监管; 4. 指导有关部门做好网络文化领域业务布局规划; 5. 协调有关部门做好网络文化阵地建设的规划和实施工作	与国家新闻办公室两块牌子一套班子
4	工信部	1. 软件司 2. 信息化司 3. 信息安全司	负责互联网行业管理工作	
5	文化部	1. 文化市场司(下设网络文化处) 2. 文化产业司 3. 文化科技司	1. 承担网络音乐美术娱乐、网络动漫(不含网络视听中的动漫节目)、网络演出剧(节)目、网络表演业务和手机音乐的前置审批工作; 2. 在使用环节对进口互联网文艺类产品内容进行审查,负责对网吧等上网服务营业场所实行经营许可证管理; 3. 对网络游戏服务进行监管(不含网络上出版前置审批); 4. 开展“网络文化”专项活动	
6	公安部	网络安全保卫局	落实防范木马病毒,网络攻击破坏等技术安全措施,严厉打击网络犯罪活动	
7	广电总局	网络视听节目管理司	负责信息网络视听节目服务的审批和内容监管	

续表

序号	部门	下设相关司局及处室	主要职能	备注
8	新闻出版总署	科技与数字出版司	数字出版与网络出版监管	
9	国务院新闻办公室	九局	承担网络内容建设和管理的有关指导、协调和督促等工作	
10	教育部	思想政治工作司	负责高等学校网络内容建设与管理工作	
11	工商总局		网络文化产业的工商登记网络广告审查登记	
12	中央网络安全和信息化领导小组		1. 统筹协调涉及政治、经济、社会、文化及军事等各个领域的网络安全和信息化重大问题 2. 研究制定网络安全和信息化宏观规划、发展战略和重大政策，推动国家网络安全和信息化法治建设	国家网信办同时加挂中央网络安全和信息化领导小组办公室的牌子

国家互联网信息办公室的成立还没有改变各个部门依照自己的传统职能延伸，形成多头管理的局面。明显表现出权力分散、职能交叉的状况。2014 年 2 月 27 日，成立中央网络安全和信息化领导小组，领导小组着眼于国家安全和长远发展，统筹协调涉及政治、经济、社会、文化及军事等各个领域的网络安全和信息化重大问题，研究制定网络安全和信息化宏观规划、发展战略和重大政策，推动国家网络安全和信息化法治建设，不断增强安全保障能力，显然该小组加强了组织的领导力量。习近平强调："中央网络安全和信息化领导小组要发挥集中统一领导作用，统筹协调各个领域的网络安全和信息化重大问题，制定实施国家网络安全和信息化发展战略、宏观规划和重大政策，不断增强安全保障能力。"①为促进互联网信息服务健康有序

① 新华网：中央网络安全和信息化领导小组第一次会议召开，2014 年 2 月 27 日，见 http://news.xinhuanet.com/politics/2014-02/27/c_119538788.htm。

发展,保护公民、法人和其他组织的合法权益,维护国家安全和公共利益,2014 年 8 月 26 日,国务院授权重新组建的国家互联网信息办公室(简称国家网信办、国信办)负责全国互联网信息内容管理工作,并负责监督管理执法。和 2011 年 5 月成立国家网信办时相比,重组后的国信办增加了互联网内容的监督管理执法权。另外,由于年前成立的中央网络安全和信息化领导小组(下称中央网信小组)的办公室也设在国家网信办,国家网信办同时加挂中央网络安全和信息化领导小组办公室的牌子。

可见,在我国网络内容管理体制形成和演变的过程中,涉及的管理部门非常之多,形成了网络内容监管多头管理,职能重合,力量分散。我们也发现了问题,试图改变,先后成立了互联网站管理工作协调小组和国家互联网信息办公室,但这两个部门实际工作都是指导和协调,很难对拥有监管权的部门形成切实性的影响力。因此,我国网络内容管理体制总的特征是多头管理、权力分散、权责不清。这种监管体制导致针对网络内容管理执法力度降低,执法的分散性大,降低了领导权威,难以对整个网络文化环境形成有效控制,也难以管控网络文化迅速发展中出现的各种违法违规、危害社会和国家安全的行为。这种部门间利益的冲突和利益的分割,实际上是对网络监管权威的侵蚀和分割。中央网络安全和信息化领导小组的成立以及重新组建的国家互联网信息办公室,是对以往组织领导体制的改革,朝着加强组织领导权威方向发展。

2. 网络领导力不强影响了领导权威。领导力本身是一个很难界定清楚的概念,人们已争论了几十年,能达成一致的是:领导力是一种力量,是决定领导者领导行为的内在力量,是实现群体或组织目标、确保领导过程顺畅运行的动力,即“领导力是一种影响力”。网络时代的组织方式要求对领导力进行现代性审视。从我国网络内容管理实践分析来看,行政监管仍然为目前网络监管最主要的管理方式。我国网络内容管理相关部门对网络内容管理的职能,基本属于传统职能简单地向网络的平面扩展和延伸。面对日新月异、包罗万象的网络空间,仅用行政手段进行监管的领导方式和方法显得简单落后。领导方法的正确与否、适用与否直接关系到领导力的强弱。网络要求组织要有一种“恰当的组织形式”。那么“恰当的组织形式”必然要求采取一种“恰当的领导方式”对领导力进行一种网络驱动下的现代性审视，就成为必需。过多的依靠行政手段，导致在网络内容管理过程中，依赖行政力量进行网络内容的强制灌输，网民不能参与网络内容管理，无法赢得网民的认可和信任，导致网络内容管理陷入“一抓就死，一放就活”的怪圈。而权威是权威主体对权威客体施加的一个被双方所认同的影响力，影响力的大小取决于权威主体与权威客体认同的程度。缺乏与公众互动的网络内容管理方式，必定会削弱领导权威。

网络领导力不强还体现在领导者能力和素质方面。在现代领导中，领导权威是领导本质属性的反映，是实现领导价值的重要条件。然而在网络社会中，领导者网络信息素养的缺乏、无法对网络舆情采取有效的控制以及对虚拟冲突的处理失败等原因，导致领导权威的降低甚至丧失。此外，网络舆情所倡导的平等和自由观念对精英统治理论发出了强烈的挑战，也在一定程度上影响了领导的权威。在世界信息技术和我国电子政府高速发展的今天，我国还有相当一部分领导人缺乏基本的信息技术知识，有些甚至连录入都是问题。尤其是一些职位较高、年纪偏大的领导，对网络技术知识更是一无所知。因为没有基本的信息素养，复杂的网络社会问题的处理对领导者权威提出了严峻的挑战。如何提高领导者网络信息素养，完善领导者知识与能力结构，是应对网络社会对领导权威挑战的关键所在。

（二）法律权威存在的问题

截至目前，我国已经出台与网络相关的法律、法规和规章等约两百多部，其中部分法律文件直接或间接地涉及网络内容的治理问题，但网络内容法制建设仍面临严峻挑战，网络法律权威还没有真正树立起来。

1. 立法效力位阶偏低影响了法律权威。在我国现行网络管理法律法规中，只有《全国人民代表大会常务委员会关于维护互联网安全的决定》《电子签名法》属于法律层级的全国性立法，但其并非完全意义上的法律，其调整对象也比较窄，仅限于网络安全的维护。除此之外，其他法律文件均是各管理部门针对自己管理职能颁布的低位阶的行政法规或部门规章，详见下述的我国部分网络管理法制一览表（见表5-2）。根据我国《立法法》，行政法规、部门规章需以上位法为指导，而由全国人大或其常委会制定的有关网络管理的全国性法律相对滞后，缺乏上位法的统一引导，这直接影响了立法权威。作为全国性法律的执行性立法，行政法规、部门规章等低位阶法律具有临时性、替代性和解释性，不具备全国性法律的合理性和权威性，且在缺乏全国性上位法统一指导的情况下，多元立法主体各自制定的行政法规、部门规章等呈现出模糊性、争议性、冲突性和零杂性等问题。更为严重的是，按照政府层级而一一对应的部门设置原则，有些部门、地方立法则有可能成为部门保护主义、地方保护主义的工具，从而直接耗散作为国家权力基础的经济资源甚至是作为国家意志的法律权威。

表 5-2 我国部分网络管理法制一览表

序号	法规名称	颁布部门	实施时间	备注
1	《全国人民代表大会常务委员会关于维护互联网安全的决定》	全国人大常委会	2000.12.28	法律
2	《中华人民共和国电信条例》	国务院	2000.09.25	国务院法规
3	《互联网信息服务管理办法》	国务院	2000.09.25	国务院法规
4	《信息网络传播权保护条例》	国务院	2006.07.01	国务院法规
5	《中国公用计算机互联网国际联网管理办法》	邮电部	1996.04.03	部门规章
6	《中国公众多媒体通信管理办法》	邮电部	1997.09.10	部门规章
7	《电信网间互联管理暂行规定》	信息产业部	1999.09.07	部门规章
8	《互联网站从事登载新闻业务管理暂行规定》	国务院新闻办公室	2000.11.07	部门规章
9	《教育网站和网校暂行管理办法》	教育部	2000.06.29	部门规章
10	《互联网电子公告服务管理规定》	工业和信息化部	2000.10.08	部门规章
11	《网上证券委托暂行管理办法》	中国证券监督管理委员会	2000.03.30	部门规章
12	《证券公司网上委托业务核准程序》	中国证券监督管理委员会	2000.04.29	部门规章

续表

序号	法规名称	颁布部门	实施时间	备注
13	《互联网上网服务营业场所管理办法》	信息产业部、公安部等	2001.04.03	部门规章
14	《互联网医疗卫生信息服务管理办法》	卫生部	2001.01.08	部门规章
15	《互联网药品信息服务管理暂行规定》	国家药品监督管理局	2001.01.11	部门规章
16	《关于新股发行公司通过互联网进行公司推介的通知》	中国证券监督管理委员会	2001.01.10	部门规章
17	《网上银行业务管理暂行办法》	中国人民银行	2001.07.09	部门规章
18	《中国互联网络域名管理办法》	工业和信息化部	2004.12.20	部门规章
19	《非经营性互联网信息服务备案管理办法》	工业和信息化部	2005.03.20	部门规章
20	《互联网 IP 地址备案管理办法》	工业和信息化部	2005.03.2	部门规章
21	《互联网新闻信息服务管理规定》	工业和信息化部	2005.09.25	部门规章
22	《互联网药品交易服务审批暂行规定》	国家食品药品监督管理局	2005.12.01	部门规章
23	《互联网著作权行政保护办法》	国家版权局工业和信息化部	2005.5.30	部门规章
24	《互联网电子邮件服务管理办法》	工业和信息化部	2006.03.30	部门规章
25	《互联网视听节目服务管理规定》	国家广播电影电视总局	2008.01.31	部门规章
26	《通信网络安全防护管理办法》	工业和信息化部	2010.03.01	部门规章
27	《网络游戏管理暂行办法》	文化部	2010.08.01	部门规章
28	《关于加强国际通信网络架构保护的若干规定》	工业和信息化部	2010.09.26	部门规章

2. 网络执法不严损害了法律权威。除了立法效力位阶，网络内容建设的法律权威更需要执法的严格性来维护。之所以强调严格执法，是因为现

实中网络领域的治理顽疾,大多与执法不严相关。在网络舆情引导和法律监管规制方面,既有由于现行法律制度不完善产生的问题;也有因为对现有法律执法不严产生的问题。可以说,当前互联网正处于一个网络舆情危机高发阶段,而相关部门对网络的监管仍处于初级阶段,违法难究、执法不严、有法不依等现象还是比较突出。虽然一些部门和地方正在依法加强网络舆情监管和引导,但与互联网技术和计算机的飞速发展形势相比还不相匹配,存在着“实用化”“口号化”“形式化”倾向,导致一些网络乱象难以遏止。违法行为处罚力度不够,冲击了法律的权威性。执法责任不明确,降低了执法效率。在现行管理体制下,网络管制主管部门众多、职能交叉、权力分散,如中央监管部门主要包括工业和信息化部、国务院新闻办公室、教育部、新闻出版总署、文化部、卫生部、中国人民银行、公安部、人力资源和社会保障部等近 20 个部门。兼之,立法分散,除了全国人大常委会制定的《关于维护互联网安全的决定》《电子签名法》,网络内容领域的现行法律大都为行政法规和部门规章,且以部门规章居多。同级行政机关制定的具有部门规章之间存在内容交叉、相互冲突现象。这些情况和问题使执法过程无所适从、相互推诿、不负责任现象比较普遍,导致网络执法不力,执法效率不高。

三、完善权威资源保障机制的对策建议

(一)增强网络内容管理的领导权威

我国网络内容建设的领导权威不足的原因,首当其冲是体制约束,固定化的行政管理组织体系,不能适应网络文化多变、多样、多元的发展特点。网络动态发展所需的扁平化管理组织趋势与科层制的组织体系相冲突。其次是滞后的观念,缺乏对新型文化形态基本特征的认识和研究,以及在此基础上对网络社会树立领导权威的理论指导。

1. 理顺网络内容管理体制,形成网络内容建设的整体合力。加强网络内容建设与管理,营造和谐共融的网络环境,首先应理顺网络内容管理的体制机制。当前网络内容监管体系存在职责不清、多头管理等诸多问题,因此必须明晰部门之间的管理职能,及时完善相关机构设置,理顺各部门监管权责关系,避免职能重复、交叉。国务院信息办公室的成立,一定程度上克服

了我国网络内容“政出多门”管理体制的缺陷,但目前还不够健全。为了进一步做好网络内容管理,提高领导权威,须进一步改革领导体制,具体做法:一是统一归口。将涉及网络内容的所有事项纳入一个部门管理,统一部署、统一监管以及统一执法。二是调整运行模式。在现有机构组织下,加强联席会议制度,明确职能职责,强化协作配合,切实加强对网络内容建设与管理的宏观指导和统筹协调。

2. 提高干部网络领导力,提升领导者个人领导权威。领导主体是领导权威形成的主导因素,影响领导权威生成的因素包括权力因素和非权力因素两个方面,权力因素是前提和基础,非权力因素是补充和完善。

没有权力,领导权威也无从谈起,但领导权威并不是仅仅靠领导权力就能获得,非权力因素也起着不可替代的地位和作用。非权力因素从某种程度上讲是领导者对被领导者的感召力量,主要由于领导者的智慧、才干、品德、成就等因素所形成的一种无形的人格魅力。因此,只有领导权力,还不能产生被领导者对领导者的自愿服从,领导者还必须有个人威望和威信,而获得这种威信的源泉就是人格力量。由此看出,真正持久的权威只有在德才兼备的人才中才可能产生。权力因素和非权力因素是构成领导权威的一个统一的有机整体,两者不可分割。在网络内容管理中,网络监管部门领导者要着重转变管理理念和手段,提高网络信息素养,提升对网络内容建设的领导能力。以全球的视野,立足发扬本土和民族优秀文化,加强对网络内容价值观的引导,驾驭我国网络内容的发展方向。各级党委政府在网络内容建设中起着主导作用,必须站在发展社会主义先进文化的高度,主动学习、了解、研究网络,掌握网络信息的传播形式和方法特点,充分利用好官网、官方微博等平台,宣传党的大政方针、社会主义先进文化。创新网络建设方法和网络文化引领形式,大张旗鼓地唱响主旋律,使网络内容真正为经济发展所用,为先进文化所用,为群众幸福所用。各级领导干部要成为优秀网络文化的引领者、传播者、弘扬者,在网络上树立正形象,传递正能量,做网络文明的倡导者,增强群众的认同感。要善于利用微博、博客、论坛、贴吧等平台,宣扬先进文化,维护正义和谐。要运用网络创新社会管理,实现与群众的良好沟通协调,化解负面情绪,感知群众疾苦与期盼,解决群众反映的问题,发挥个人人格魅力，树立网络社会背景下新型的个人领导形象和领导权威。

（二）维护规制网络内容的法律权威

1. 科学立法，提高网络立法权威。与实体社会一样，虚拟空间不仅需要相应的法律规制，更需要形成法律权威来使人们遵法守法。坚持科学立法，立法不仅考虑我国社会因素、历史因素等社会主义初级阶段的基本国情，同时充分考虑未来网络发展的需要，具有前瞻性，同时要学习借鉴美国、德国、法国等发达国家关于网络立法的有益经验，加快与国际接轨步伐。针对出现的新问题、新情况，出台专门法和特别法，建议尽快推动网络舆论的专项立法，制定针对网络侵权、犯罪的相关立法。当前应尽快制定和出台对手机媒体、博客、微博、即时通信等的管理法规，出台完整、系统、全面的网络媒体法律法规。积极从国家和地方两个层面推进网络立法工作，以增强立法的实用性。通过制定和完善相关法律法规，最终建立以“网络基本法为核心，其他法律相配套，行政法规和规章为补充，司法解释为说明”的网络法律体系，使有关部门对网络舆论的监管更加有效。

当前网络内容法制建设要解决的关键问题是上位法问题，需加强全国人大及其常委会在网络内容领域的全国性立法。即由全国人大或其常委会尽快制定出一部全国性的、高度综合权威的网络基本法，为其他各立法主体制定和完善配套的行政法规、部门规章、地方政府规章等提供立法前提和指导，最终形成统一的、高效的网络内容管理法律体系，使网络内容建设有法可依。

2. 严格执法，维护网络法律尊严。法律的生命在于它的实现，法律权威的实现是法律的应然权威转化为法律的现实性权威的过程。维护网络的法治，就要严格执法。要发挥好国务院授权重新组建的国家互联网信息办公室（简称国家网信办）以及全国网信息办系统负责监督管理执法的功能。

3. 深入开展法制宣传教育，提高网民法治意识。新媒体时代的网民既是内容的受众，也是内容的贡献者。亿万网民的互动与健康“围观”是打造安全、健康网络内容的基础。网民应认识到，网络社会也需要道德自律与内心约束，并预见自己的行为后果，切勿超越法律与道德底线。为此，要进一步加强网络监管相关法律法规的宣传力度，深入持久开展网络管理法律法规的宣传教育活动,增强网民的法律意识,大力倡导依法上网、文明上网,引导网民正确行使网络舆论监督权利,使网络舆论监督在正当界限内有效进行。充分利用广播、电视、报刊、网络等各种媒体进行网络内容管理法律法规宣传,注重普法活动的实际成效,追踪和测评网络内容管理法律法规知识的宣传效果,及时查处和披露网上违法违规的典型案例。中国 7 亿多网民中,年轻人占大多数。因此,应该从青少年抓起,开展一系列网络内容管理法律法规的宣传教育活动,重点提高他们的法律素养。通过多层次、多途径向网民传播法律知识,使依法建网、用网、护网逐步深入人心,形成学法尊法守法用法的良好氛围,使网络法律权威植根于深厚的社会法律文化基础之上。

第六章　健全网络内容建设技术保障机制

第一节　网络内容建设技术保障机制概述

一、技术保障机制的含义

网络技术是以计算机技术为基础联合发展起来的,合称为计算机网络技术,是指计算机之间通过连接介质(如网络线、光纤等)互联起来,按照网络协议进行数据通信,实现资源共享的一种组织形式。网络内容建设的技术保障机制是我国网络内容建设保障机制的重要组成部分,它为网络媒体内容管理提供有力的技术支撑。网络内容建设的技术保障机制是为实现网络内容建设目标而提供技术平台、技术手段、技术成果、技术人才等支持和保障的机制,其具体内容包括网络内容管理技术研发机制、网络内容管理技术成果转化机制、网络内容技术管控机制。

第一,网络内容管理技术研发机制。技术研发机制是一个以企业为主体、市场为导向、产学研相结合的网络技术创新体系。首先,技术研发的主体是企业,技术创新的平台也建在企业,充分发挥企业在技术研发中的主体作用;其次,技术的研发是以市场为导向的,以重大文化产业项目为平台,优化创新资源配置,抓住当前影响和制约发展技术瓶颈问题,以此来提高创新成果转化率;最后,技术研发机制加快了我国的产学研一体化,整合文化企业、科研院所和文化产业投资者等各方面资源,发挥各自优势,形成合力。

通过技术研发机制，互联网行业原始创新、集成创新和引进消化吸收再创新能力得以提升，也为网络安全进行良好的技术攻关，从而构建新一代网络公共服务平台。

第二，网络内容管理技术成果转化机制。网络内容管理技术保障的关键在于网络技术的研发，核心是科技成果和知识产权的高水平大规模创造与有效转化运用。技术成果转化机制以相关科技法律制度和转化运用投入政策为保障，建立健全相关技术标准，利用高新技术改造传统文化产业，有效地将数字技术、新型显示技术、虚拟现实技术、物联网、云计算等新技术应用于网络内容建设中。以此提升网络内容的表现力、传播力，培育文化产业新业态，强化网络文化产品的艺术魅力和感染力。

第三，网络内容技术管控机制。该机制根据互联网的特性，从有效管理网络媒体的实际需要出发，基础电信业务经营者、互联网信息服务提供者等建立互联网安全管理制度，采取诸如防火墙技术、数据加密技术、身份认证技术、信息获取技术、信息内容识别技术、智能搜索技术、语音识别技术、数据挖掘技术、信息关防和过滤等先进网络技术措施，实施内容分级和信息过滤，阻止各类违法信息的传播。发挥技术手段的防范作用，实现对网络内容的有效监管和控制。

二、技术保障机制的意义

（一）为加强和改进网络内容建设提供技术平台

技术的发展在某种意义上说总是具有超前性，特别重要的是，一定要在积极的意义上来认识互联网在传播、维系意识形态方面的不可或缺的作用。传播先进文化和正能量需要依靠先进的技术平台，也需要通过这样的技术平台来扩大传播的广泛性和有效性。所以，如果仅仅从管控的角度来思考问题，那很有可能对互联网的发展带来阻滞和损害，使得互联网以及意识形态两个方面的发展都受到负面影响。此外，网络治理同样也基于网络技术平台基础。因此，必须不断地调整适应网络发展需要，为加强和改进网络内容建设构建一个包括政府内生网络技术力量和外部社会网络技术力量支撑的技术平台。

(二)为网络内容管理提供技术手段

网络文明对信息技术有着高度的依赖性,这也就决定了采用技术手段预防和规范网络主体行为是网络文明建设的基础性工程。互联网是技术高度发展的产物,维护互联网的信息安全同样也需要强大的技术能力作保障。近年来,我国互联网技术发展迅速,网民的数量也急剧增加,网络一方面促进了经济社会的发展、为人们工作生活带来了便利;另一方面又带来新的挑战和问题,特别是对网络内容的管理提出了新要求。党的十八大报告指出,“加强和改进网络内容建设,唱响网上主旋律”。贯彻落实这一要求,必须切实增强责任感和紧迫感,采取更加有力的技术措施加强和改进网络内容建设,从技术层面上为我国网络内容的发展营造一个安全健康的环境。网络文明对信息技术有着高度的依赖性,这也就决定了采用技术手段预防和规范网络主体行为是网络文明建设的基础性工程。新媒体出现后,特别是社交媒体的普及,大大降低了信息内容发布的门槛。网络催生的各种新技术平台令人眼花缭乱,使得专业化的媒体演变为普通人能够参与互动的公共舆论空间。借助网络平台,在新媒体时代,尤其是博客、微博普及后,内容发布与传播的门槛消失了。依靠一台 PC、一部智能手机或平板电脑,人人都可以是信息内容的发布者和传播者,都能以前所未有的速度传播信息内容。“以技术控制技术”逐渐得到重视,以此弥补法律规制的缺陷与网络道德的失范。“尽管关于如何通过政府干预来规制网络,人们意见不一,但是,没有人质疑需要某种管理和技术协调。”①也就是说,技术管理的确可以作为管理的手段之一,如今世界很多国家,基本上都使用技术手段的方式来治理网络空间。技术管理可以运用技术手段,屏蔽一些不良信息或网站,以此确保网络空间的健康有序。技术手段是新媒体监管的重要基础,政府主管部门应当把“以先进技术传播先进文化”的指导思想贯穿于各项监管工作中,强化现有技术监管手段,并通过不断进行新的技术开发来控制或解决网络上存在的问题。利用网络技术进行控制,首先要完善防火墙技术,防火

① [美]理查德·斯皮内洛:《铁笼,还是乌托邦——网络空间的道德与法律》,李伦等译,北京大学出版社 2007 年版,第 46 页。

墙的作用和目的,是为了防止未授权的外部网络的入侵,其职责就是根据预先设定的安全方案,网络与内部网络交流的信息、数据之间进行相应检查,符合的予以通过,不符合的则禁止通行。其次,要不断完善数据加密技术,数据加密是指通过对最初的数据作出相应的处理,以此获得新的数据串。目前,国际上互联网控制技术的手段有:过滤/屏蔽技术、标识和分级系统、年龄认证系统、新型顶级域名(TLD)/分区等。

我国政府部门应加大技术上的资金投入,全面提升网络虚拟社会管理技术手段水平和覆盖层面。建立专门的技术研发中心,重视培养高端计算机人才,同时积极引进和借鉴国外先进的监管技术,并鼓励非政府部门积极开发有效的网络管控技术,调动各个方面的资源和力量,对网络环境进行净化和治理。此外,政府还应该制定检举制度,设立投诉举报中心,完善网络举报机制,并对该系统进行及时的维护和管理。新媒体的自媒体属性颠覆了传统媒体的独立编辑部运作体制,难免鱼龙混杂,滥竽充数的负面内容充斥其间。技术措施在互联网内容管理中发挥着极其重要的作用。一方面,政府机构往往采用技术监测手段 24 小时监控网络内容,从而及时处理违法信息,例如韩国的互联网响应中心,美国的"食肉动物系统";另一方面,应通过向用户提供技术软件,帮助用户屏蔽不良信息。网络表达自由不仅体现在主动发表、传播信息的自由上,也体现在自由选择是否接收信息上,这也是互联网与广播电视等传统媒体相比可以获得更大自由空间的原因。尊重用户的选择权,政府只能提供绿色过滤软件供用户自主决定安装,不应再次出现"绿坝"事件,剥夺用户的自由选择权。在利用技术手段管理网络内容的同时还要促进文化与科技的深度融合。文化与科技的深度融合是应对网络文化挑战,提升虚拟社会管理水平和效率的重要手段。虚拟社会管理是涉及文化传播、技术应用、社会治理的综合性问题,针对那些由于技术因素带来的网络文化安全风险和社会问题,应该紧跟信息技术的更新发展,增加管理手段中的科技技术含量,有针对性地从技术手段和管理措施两方面入手加以应对,阻断网络文化负面产品的传播,创新在虚拟空间中消解社会矛盾的载体和形式,建立并完善虚拟社会管理的技术保障体系。与此同时,也应该以文化与科技的融合为契机,把两者共同作用下产生的合力转化为网络文化内容建设的推动力,加速主流文化和主流媒体向数字化、网络化转型,让健康向上的网络文化在信息技术的助推下成为虚拟社会中的主旋律。①

(三)为维护网络秩序和安全提供技术支持

秩序是人类延续、社会进化的基础,安全是经济社会发展的前提。伴随网络社会的崛起,网络社会秩序的供给成为重要的研究命题。良好的社会秩序是社会和谐的重要目标和鲜明标志,随着互联网的广泛应用,规模巨大、构成复杂、形态多元的网络社会对网络空间秩序和安全产生了极大的冲击和挑战。而一个良好的网络秩序的构建需要网络技术的支持。

随着 1995 年以来上网工程的全面启动,我国各级政府、企事业单位、网络公司等陆续设立自己的网站,电子商务也正以前所未有的速度迅速发展,如网络购物网上支付、互联网理财等蓬勃发展。截至 2016 年 12 月,我国使用网上支付的用户规模达到 4. 745 亿,与 2015 年 12 月相比,我国网民使用网上支付的比例从 60. 5%提升至 64. 9%。与此同时,手机支付增长迅速,用户规模达到 4. 692 亿,网民手机支付的使用比例由 57. 7%提升至 67. 5%。历经高速增长期后,历经几年的发展,互联网理财平台涉及多类理财产品的平台化布局构建完成,网络已成为网民理财的常规渠道。2016 年我国购买过互联网理财产品的网民规模为 9890 亿,较 2015 年年底增加 863 万人。②但很多网络系统仍没有防护措施,充斥着很大的信息安全风险和隐患。我国的银行系统、企业、政府部门等全都处于网络化和信息化建设的进程中,互联网支撑着国家几乎所有经济部门和绝大多数国家金融机器的正常运行,控制着国家近乎全部的经济命脉,却没有采取有效的安全措施保证网络的安全。

正因如此,近些年,利用计算机网络进行各类违法犯罪行为在我国快速增长,由《2015 年第一季度网络犯罪数据研究报告》可知,个人信息泄露是

① 陶鹏:《网络文化视角下的虚拟社会管理》,《理论与改革》2013 年第 2 期。

② 中国互联网络信息中心:《第 36 次中国互联网网络发展状况统计报告》,中国网信网,2015 年 7 月 23 日,见 http://www.cnnic.net.cn/hlwfzyj/hlwxzbg/hlwtjbg/201507/t20150722_52624.htm。

网络诈骗犯罪得以猖獗的重要原因，仅 2011 年至 2014 年年底，已被公开，并被证实已经泄露的中国公民个人信息就多达 11.27 亿条。2015 年 1—3 月，北京网络安全反诈骗联盟共接到网络诈骗报案 4920 例，报案总金额高达 1772.3 万元，人均损失 3602 元。其中，PC 用户报案 3773 例，报案总金额为 940.5 万元，人均损失 2493 元；360 手机用户报案 1147 例，报案总金额为 831.8 万元，人均损失 7252 元。网络诈骗犯罪分子最常使用的手段有：木马病毒、钓鱼网站、诈骗电话、诈骗短信。2015 年第一季度，360 互联网安全中心共截获 PC 端新增恶意程序样本 7422 万个，平均每天截获新增恶意程序样本 82.4 万个。同时，360 互联网安全中心共截获安卓移动平台新增恶意程序样本 409 万个，比 2014 年全年截获的新增恶意程序样本量还多 83 万个。2015 年第一季度，360 互联网安全中心共截获各类新增钓鱼网站 344170 个，拦截钓鱼攻击 59.6 亿次，其中 PC 端拦截量为 56.3 亿次，占总拦截量的 94.5%，移动端为 3.3 亿次，占总拦截量的 5.5%。① 这些数据说明了当前我国网络充斥着诸多不安全因素，严重破坏了网络秩序与安全。这些大量的网络脱序现象，“不仅妨碍了网络社会中大部分人或一部分网络行为者的正常的社会生活轨迹和秩序，而且也对整个网络社会生活造成了较大的影响，并在一定程度上影响了网络社会正向变迁过程的形成。”②

技术手段成为维护网络秩序的重要方式，因为网络技术型塑着网络行为模式，设定了网络行为过程，规范且约束着网络行为选择。网络技术的发展不是一个单项和被动的过程，而是网络社会复合系统中网民、互联网企业和政府等不同社会主体之间互动的结果。③ 依靠技术手段，维护网络信息秩序。网络舆情信息量大，实现信息管理、维护网络安全需要借助于一定的

---

① 中国电子银行网：《2015 年第一季度网络犯罪数据研究报告》，见 http://hy.cebnet.com.cn/20150504/101173514.html。

② 冯鹏志：《数字化乐园中的阴影：网络社会问题的面相与特征》，《自然辩证法通讯》1999 年第 5 期。

③ 唐雨：《网络社群结构的演进及其管理模式研究》，《哈尔滨工业大学学报》2012 年第 3 期。

技术手段。为此,应加强网络管理技术的研究和利用,积极发展先进网络管理技术,比如,发展智能搜索技术、语音识别技术、数据挖掘技术、信息关防和过滤等网络技术,加大对网络舆情监测软件开发和更新的支持力度,构建互联网舆情研判平台。通过技术强化网络舆情管理,维护网上信息秩序,促进互联网健康发展。牢牢把握尖端信息技术的发展方向,建立和完善网络安全管理技术,开发网络管控技术工具,加强对信息网络内容的监控和网络安全管理系统的建设,形成一套全面系统的网络技术管理体系,充分发挥网络技术手段管理互联网的重要作用。全面排查和清理网上有害信息、不良网站,构建一个密切联系网民、征求网民意见与建议的网络互动平台,及时地了解和掌握网民的利益诉求和思想动态,以此排除网上种种不稳定、不安全的因素。在信息高速公路上,对海量信息进行实时监测,能够保障网络安全,挖掘大数据的各种应用价值。国防科技大学苏金树教授团队完成的"高速网络实时多样化监测技术与系统"项目,研制出面向各种应用场景的网络监测系统,为"互联网+保驾护航"。在 2016 年 2 月 26 日举行的湖南省科技奖励大会上,该项目获得了湖南省技术发明奖一等奖。"电子鹰眼"通过帧数密集的拍摄,可以帮助人们记录肉眼看不到的细节,在网球、羽毛球等比赛中帮助选手判断球是否出界。简单地说,国防科技大学研发的就是"网络鹰眼"。有关数据统计,三分之二的犯罪案件与网络紧密相连。但随着带宽不断升级,手机上网迅猛发展,WiFi、无源光网络广泛使用,网络实时监测面临速度、移动、规模等难题。而国防科技大学完成的该项目,最高性能的系统可以每秒钟处理双向 100Gbps 以上的网络数据,可以有效打击网络犯罪并进行数字取证。

(四)为建设网络强国提供技术支撑

习近平在中央网络安全和信息化领导小组第一次会议上强调,"建设网络强国,要有自己的技术,有过硬的技术;要有丰富全面的信息服务,繁荣发展的网络文化;要有良好的信息基础设施,形成实力雄厚的信息经济;要有高素质的网络安全和信息化人才队伍;要积极开展双边、多边的互联网国际交流合作。建设网络强国的战略部署要与两个一百年奋斗目标同步推进,向着网络基础设施基本普及、自主创新能力显著增强、信息经济全面发展、网络安全保障有力的目标不断前进。"①在当代,科学技术越来越成为国家竞争力的决定性因素和推动经济社会发展的主要力量。经过几十年的努力,我国互联网得到了较快的发展,网民人数和互联网应用已跻身于世界大国的行列。但是,网络核心技术受制于人、关键设备国产化率不高,政府、金融、电信等重要领域网络自控能力不强等制约我国互联网健康发展的瓶颈问题仍然存在。只有实现核心技术上的自主和独立,才能保证我国互联网发展的长治久安。

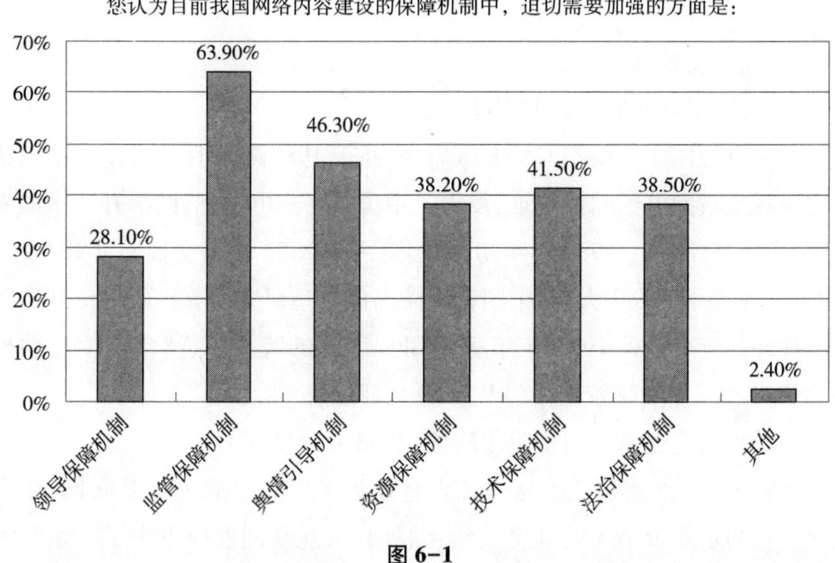

图 6-1

在引进、消化、吸收的基础上,我国网络信息技术取得了很大的进步,个别领域已经跻身于世界先进水平的行列。但总体而言,我国的网络信息核心技术与世界先进水平相比,依然存在较大的差距。正是鉴于这一现实,习近平认为,要通过制定全面的信息技术、网络技术研究发展战略,下大气力解决科研成果转化问题。要通过出台支持企业发展的政策,让他们成为技

① 中国网信网:《中央网络安全和信息化领导小组第一次会议》,新华网,2014 年 2 月 27 日,见 http://www.cac.gov.cn//2014-02/27/c_133148354.htm。

术创新主体,成为信息产业发展主体。① 只有这样,才能不断提高我国信息产业的整体技术水平和创新能力,才能为建设网络强国提供技术上的保障。根据本项目进行的网民问卷调查统计分析可知(图 6-1),有 41.50%的网民认为我国迫切需要加强网络内容建设的技术保障机制。

第二节 我国网络内容建设技术保障机制的现状分析

一、我国网络技术的发展过程与成就

(一)发展过程

1. 萌芽阶段(1986—1992 年)

1986 年,中国学术网(CANET)启动,并于 1987 年 9 月正式建成中国第一个国际互联网电子邮件节点,发出了中国第一封电子邮件,揭开了中国人使用互联网的序幕。1988 年年初,中国第一个 X.25 分组交换网 CNPAC 建成,通过 X.25 网,清华大学、中国科学院高能物理研究所等科研单位开通了电子邮件的应用。到 1992 年年底,NCFC 工程的院校网、清华大学校园网(TUNET)和北京大学校园网(PUNET)全部建成。②

2. 基础设施建设及初步应用阶段(1993—1999 年)

1991 年,美国政府开始允许私人企业为了商业目的进入互联网,于是世界各地的企业及个人大量投入到互联网,给互联网发展带来了一个新的飞跃。1993 年,国务院批准成立国家经济信息化联席会议,启动金卡、金桥、金关等重大信息化工程,拉开了国民经济信息化的序幕。1994 年 4 月,中国国家计算与网络设施 NCFC 工程连入 Internet 的 64K 国际专线开通,实现了与 Internet 的全功能连接。从此,中国正式成为真正拥有全功能 Internet 的国家。1995 年 3 月,中国科学院完成上海、合肥、武汉、南京四个

① 《总体布局统筹各方创新发展 努力把我国建设成为网络强国》,《光明日报》2014 年 2 月 28 日。

② 资料来源:CNNIC:1986—1993 年互联网大事记。

分院的远程连接,开始了将 Internet 向全国扩展的第一步。① 邮电系统的互联网接入业务开始通过电话网、DDN 专线以及 X.25 网等方式向社会开放,瀛海威、瑞得在线等中国第一批互联网接入服务提供商开始创立,中国互联网作为国家信息基础设施得到建设并迅速发展。1997 年 10 月,中国公用计算机互联网(CHINANET)实现了与中国其他三个互联网络即中国科技网(CSTNET)、中国教育和科研计算机网(CERNET)、中国金桥信息网(CHINA GBN)的互联互通;当年上网计算机数逾 30 万台。这大大促进了各项互联网业务的快速发展,互联网开始被人们所认识。同年,中国第一个 ISP 瀛海威出现,随着 ISP、ICP 的加入,互联网应用发展迅速。1999 年 1 月,"政府上网工程"启动;4 月国内 23 家有影响的网络媒体首次聚会,《中国新闻界网络媒体公约》呼吁全社会重视和保护网上信息产权;7 月中华网在纳斯达克成为第一个在美国上市的中国概念网络公司股;9 月招商银行通过一网通成为首先实现全国联通"网上银行"的商业银行,网络产业开始形成规模。在这个阶段,中国政府开始积极投入到互联网的建设,在互联网基础设施的建设中起着主导作用。由此,一个覆盖全国的互联网基础设施基本建成,全国范围的互联网服务开始提供。②

3. 应用繁荣阶段(2000—2002 年)

2000 年,《信息产业"十五"规划纲要》的正式发布,确立了互联网在国家信息化战略中的重要地位,使之成为国家信息化战略的重要部分。2000 年 4—7 月,新浪、网易、搜狐在纳斯达克上市;5 月中国移动互联网 CMNET 投入运行,移动梦网计划推出;7 月企业上网工程启动,中国联通公用计算机互联网(UNINET)正式开通;9 月国务院发布《中华人民共和国电信条例》、施行《互联网信息服务管理办法》;12 月"网络文明工程"启动;当年网民数突破 2000 万。2001 年 2 月中国电信开通 Internet 国际漫游业务;7 月中国第一个下一代互联网学术研究网中国高速互联研究试验网络

---

① 资料来源:CNNIC:1994—1996 年互联网大事记。

② CNNIC:《1997—1999 年互联网大事记》,2009 年 5 月 26 日,见 http://www.cnnic.net.cn/hlwfzyj/hlwdsj/201206/t20120612_27416.htm。

NSFCNET 建成,同月中国人民银行颁布《网上银行业务管理暂行办法》;12月“家庭上网工程”启动,同月中国十大骨干互联网签署了互联互通协议,网民可以较方便地跨地区访问。① 三大上网工程的启动,逐步实现各行各业、千家万户联入网络的宏伟目标,形成“网络社会”,最终实现国家信息化、全民信息化。2002 年 5 月中国电信启动“互联星空”计划,标志着 ISP 和 ICP 开始联合打造宽带互联网产业链;9 月国务院第 363 号令公布《互联网上网服务营业场所管理条例》,同月《中国互联网络域名管理办法》开始实施;截至当年底全国网站数为 37.16 万个,全国网页总数为 1.57 亿个。②2002 年,党的十六大提出了“以信息化带动工业化,以工业化促进信息化”的发展战略,进一步强化互联网在国家发展战略中的重要地位。在该阶段,我国信息产业发展迅猛,应用十分繁荣。

4. 网络社会形成阶段(2003 年至今)

2003 年 8 月,国务院正式批复启动中国下一代互联网示范工程 CNGI。2004 年 3 月,手机服务供应商掌上灵通在美国纳斯达克首次公开上市,成为首家完成 IPO 的中国专业 SP。2005 年 6 月底我国网民数首次突破 1 亿,宽带用户数在网民中的比例首次超过 50%;Web2.0 的发展标志着互联网进入新阶段,一系列互联网社会化应用 Blog、RSS、WIKI、SNS 等开始崭露头角;2006 年 3 月《互联网电子邮件服务管理办法》开始施行;7 月《信息网络传播权保护条例》开始施行;12 月,中国电信、中国网通、中国联通、中华电信、韩国电信和美国 Verizon 公司六家运营商在北京宣布共同建设跨太平洋直达光缆系统。2007 年 6 月,我国首部电子商务发展规划——《电子商务发展“十一五”规划》发布,首次在国家政策层面确立了发展电子商务的战略和任务;12 月国际奥委会与中国中央电视台签署 2008 年北京奥运会中国地区互联网和移动平台传播权协议,这是奥运史上首次将互联网、手机等新媒体作为独立转播平台列入奥运会的转播体系。2008 年 5 月开始,开心

① CNNIC:《2000—2001 年互联网大事记》,2009 年 5 月 26 日,见 http://www.cnnic.net.cn/hlwfzyj/hlwdsj/201206/t20120612_27417.htm。

② CNNIC:《2002—2003 年互联网大事记》,见 http://www.cnnic.net.cn/hlwfzyj/hlwdsj/201206/t20120612_27418.htm。

网、校内网等迅速传播,SNS成为2008年热门互联网应用之一;截至6月30日,我国网民总人数达到2.53亿人,首次跃居世界第一;当年"5·12"抗震救灾中,互联网在新闻报道、寻亲、救助、捐款等方面发挥了重要作用,而据DCCI数据8月8日至8月24日奥运会期间通过互联网观看奥运赛事、了解奥运新闻的网民多达2.44亿,网络媒体的发展在我国进入到了一个新的阶段。2010年3月,首批三张互联网电视牌照发放。2011年1月腾讯推出微信;5月,国家互联网信息办公室正式设立,同月中国人民银行下发首批27张第三方支付牌照;开放平台当年成为互联网发展重要取向,百度、腾讯、新浪微博、360、阿里巴巴等纷纷开放平台,平台+应用的竞合格局来临;智能手机开始快速普及。2012年2月《物联网"十二五"发展规划》发布;7月《"十二五"国家战略性新兴产业发展规划》提出实施宽带中国工程;当年中国手机网民规模首次超过电脑网民数量。2013年6月支付宝推出余额宝,互联网金融产品异军突起,成为创新发展热点。在此阶段,一个真正意义上的网络社会已经形成,并不断地发展着。①

(二)主要成就

1999年10月底,在芬兰赫尔辛基举行的国际电联TG8/1组第18次会议上,由大唐电信科技产业集团代表中国提出的TD—SCDMA技术被采纳为世界第三代移动通信无线接口技术规范建议之一。2000年5月,国际电联无线大会上又正式将TD—SCDMA列入第三代移动通信无线传输标准方案之一,同时成为标准的还有欧洲提出的WCDMA和美国等提出的cdma2000。TD—SCDMA的成功结束了中国在电信标准领域零的空白的历史,为扭转中国移动通信制造业长期以来的被动局面提供了十分难得的机遇。② 2012年1月18日下午5时,国际电信联盟在2012年无线电通信全会全体会议上,正式审议通过将LTE-Advanced和Wireless MAN-Advanced(802.16m)技术规范确立为IMT-Advanced(俗称"4G")国际标准,中国主导

① CNNIC:《2004—2013年互联网大事记》,见 http://www.cnnic.net.cn/hlwfzyj/hlwdsj/。

② 《中国的3G标准之路》,2000年12月20日,见 http://www.people.com.cn/GB/paper39/2241/355954.html。

制定的 TD-LTE-Advanced 和 FDD-LTE-Advanced,同时并列成为 4G 国际标准。①

华为、中兴等公司在与国外 IT 公司的竞争中逐渐成长,提供了国产化的质优价廉的路由器、交换机等通信网络设备。

此外,我国对分组交换技术的研究,开始于 70 年代末期。80 年代初期从事开发。经过十年的辛苦耕耘。目前可提供装备网络产品有:1. 网络管理控制设备:NMC;2. 分组交换节点设备:PSE;3. 远程集中器:RCU;分组装/拆设备:PAD。目前产品水平可以达到数十条电路的交换节点,50 个节点以下的中小规模网络的管理水平。

在网络加密方面的产品有:同步电路加密设备,异步电路加密设备,分组加密设备,密钥分发管理中心(KDC)等可以提供装备使用。

在用户系统入网设备方面,除了 PAD 机外,还研制了 PC 机接入 X·25 网的用户卡和相应的软件;LAN 接入 X·25 网的网关。分组式终端(PT)经公用电话网接入 X·25 网的设备也在研制中。

在用户设备方面,已研制了 Teletex 终端。在高层应用方面,使用 MHS 的中国科研网(CRN)已开通运行。

我国已成功地掌握了 64Kbps 声通道技术,并成功地使用国产网络设备与引进网络设备交叉运行,互为虚网,独立管理。在"七五"期间,已将分组交换技术引入 ISDN,实现了 V.X 系列终端适配,作出了融电路交换和分组交换放一体的最大综合情景的 DN 实验模型。并把分组交换引入无线通信,研制了分担无线网络设备(PRN)。

二、我国网络内容建设技术保障机制存在的问题

随着互联网的快速发展,我国对网络内容建设也逐渐重视起来,并逐步构建起一整套的网络内容建设的保障机制。网络内容建设的技术保障机制是我国网络内容建设保障机制的重要组成部分,它在网络内容管理技术研

---

① 《国际 4G 标准正式审核通过中国 TD—LTE 标准入选》,2012 年 1 月 20 日,见 http://www.chinadaily.com.cn/hqcj/zxqxb/2012-01-20/content_5004102.html。

发、网络内容管理技术成果转化以及网络内容技术管控等方面已经发挥出重要的作用。首先，该机制促进了多种网络内容管理技术的发展与完善，如网络内容的编辑控制技术、网络舆情研判技术、网络交易安全技术、数据挖掘技术、身份验证技术以及防火墙技术等，从而为我国的网络内容管理提供了有效的技术手段。其次，该机制还加快了我国的产学研一体化进程，发挥了企业在技术创新与应用中的主体作用，促使技术及时地向科研成果转化。如3G、4G技术的推广应用，各种路由器、交换机的研发与应用，同步电路加密设备、异步电路加密设备、分组加密设备、密钥分发管理中心（KDC）等网络加密产品以及奇虎360公司的安全杀毒软件等等。这一系列科研成果的诞生，又为加强和改进网络内容建设提供了广阔的技术平台。最后，该机制为我国网络内容管控提供了有效的保障，更好地发挥了网络内容管控的作用。第一，通过网络技术管控，打击了网络信息犯罪，维护了公民和国家的经济社会安全。2015年第一季度，北京网络安全反诈骗联盟的主要技术支持单位——360互联网安全中心共截获PC端新增恶意程序样本7422万个，平均每天截获新增恶意程序样本82.4万个；共截获安卓移动平台新增恶意程序样本409万个；共截获各类新增钓鱼网站344170个，拦截钓鱼攻击59.6亿次，其中PC端拦截量为56.3亿次，占总拦截量的94.5%，移动端为3.3亿次，占总拦截量的5.5%。同时，360手机卫士共为全国用户识别和拦截各类骚扰电话49.5亿次。其中，诈骗电话占到29.3%，为14.5亿次，平均每天识别和拦截诈骗电话1611万次（中国电子银行网：《2015年第一季度网络犯罪数据研究报告》（2015年5月4日））。这些数据充分说明了技术保障机制在维护网络安全方面的重要作用。第二，通过网络技术管控，弥补了法律与教育引导保障机制的不足，营造一个健康的网络环境。随着互联网的发展，网络信息量巨大，但质量良莠不齐，充斥着暴力、色情等不良信息，这严重影响了广大网民特别是青少年网民的身心健康。利用技术手段对不良信息进行拦截过滤，有利于青少年的文明上网和健康成长。因此，通过技术保障机制的构建，为我国网络秩序和网络安全提供了有力的技术支持。

但是，我国网络内容建设技术保障机制仍不完善，还存在着网络内容监管技术手段不够先进、网络内容技术管控的分级分类不够完整、技术应用缺乏法制保障以及技术的市场应用环境欠佳等问题。

（一）网络内容监管技术手段不够先进

相较于美国等西方国家，我国互联网技术起步较晚，所以在网络监管技术这一块较为不成熟，远落后于美国等发达国家。加上互联网发展日新月异，导致我国在网络内容技术监管方面不断出现新的难题与问题。

首先，我国网络监管技术较为落后。网络监管技术的发展是一个不断积累与创新的过程，我国互联网起步较晚，因此，在网络技术的积累上还远远不足。信息安全的核心技术在于攻击技术和防御技术，只有掌握攻击技术才能更好做到安全防御。攻击技术包括漏洞渗透、漏洞挖掘、SQL、注入技术以及木马技术等，防御技术是指在了解攻击原理的前提下，采取有效性的防御措施，如漏洞检测和加固、蠕虫发现和清除、SQL 注入攻击阻断、木马扫描和杀除等。这些攻击技术和防御技术会形成一系列的知识库，如 IDS（入侵检测系统）的入侵行为特征库、IPS（入侵防御系统）的 Web 应用入侵特征库、漏洞扫描软件的漏洞库、UTM（安全网关）的入侵特征库、病毒库、审计产品的客户应用策略库等等，这些知识库都是经过专门的技术研究团队和产品应用团队在数年甚至十数年逐步积累才可能获得的，缺乏对攻防技术核心知识库的有效积累，以及对有效的安全防御技术的前瞻性研究是我国所面临的最大的技术壁垒。

其次，我国的网络监管技术不够全面，无法形成一个有效的监控治理体系。西方学者将互联网内容监管技术粗略的划分为两个范畴：网络阻止（Internet Blocking）和内容分析（Content Analysis），前者主要关注如何对互联网流动的信息实现定位和阻止，后者关注辨别敏感信息内容以及关键信息精确匹配。我国在互联网内容监管技术方面主要是敏感信息识别技术，目前这方面的研究主要分为如下三个方向：关键词及其变形形式的匹配算法、关键词拓展和文档内容分析、文本倾向性分析等。对于网络内容过滤与拦截这一块，我国相关技术还不成熟，比如网络防火墙技术、身份验证技术以及信息加密技术等。这样就无法从源头上拦截和治理有害信息的入侵，只能被动地“治”，而无法主动有效的“防”。

(二)网络内容技术管控的分级分类不够完整

由于互联网的开放性和信息的迅速扩展,互联网内容安全监管工作面临着很大的困难。为了满足不同的互联网用户对网络资源的不同需求和保障未成年人健康成长,对互联网内容实施分级管理成为互联网进一步发展的必然趋势。然而,我国在网络内容分级管理的研究上刚刚起步,一方面,还没有成熟产品出现;另一方面,对网络内容管控的分类分级还不够。

我国互联网内容分级的管理机构为国家政府部门——公安部;限制方法为国家立法规定网络内容的管理范围,通过网络警察的执法,对网络内容进行监控,目的是加强对计算机信息网络国际联网的安全保护,维护公共秩序和社会稳定;分级标准覆盖的内容包括:煽动抗拒、破坏宪法和法律、行政法规实施的;煽动颠覆国家政权,推翻社会主义制度的;煽动分裂国家、破坏国家统一的;煽动民族仇恨、民族歧视,破坏民族团结的;捏造或者歪曲事实,散布谣言,扰乱社会秩序的;宣扬封建迷信、淫秽、色情、赌博、暴力、凶杀、恐怖,教唆犯罪的;公然侮辱他人或者捏造事实诽谤他人的;损害国家机关信誉的;其他违反宪法和法律、行政法规的。① 我国采取两级管理制度,上述主题是被禁止的,其他主题则是被允许的。而国外的一些互联网内容分级管理机制,如RSACI,其管理机构为ICRA,限制方法为按照分级标准给网页加标签,再使用内容选择软件对网页进行过滤;其分级标准覆盖的一般内容为:裸露、性、暴力、语言等主题②,不同的主题又分为不同的层次。由此可知,我国还没有形成完整、有效的互联网内容分级管理机制,且分级标准还不够全面、细致。

(三)技术应用缺乏法制保障

网络本身在世界范围就是一个新生事物,网络技术又是伴随着网络而产生并不断发展的。当今,计算机网络技术的应用十分广泛,一方面,技术推动着网络不断发展;另一方面,技术又为网络的健康发展提供了保障。但

① 公安部:《计算机信息网络国际联网安全保护管理办法(公安部令第33号)》,见http://www.mps.gov.cn/n16/n1282/n3493/n3823/n442104/452202.html。

② 互联网内容标签协会,关于ICRA,见http://www.icra.org/-zh-hk/about/,1999—2004。

是在我国,目前技术的应用还缺乏相关政策法律的保障,这严重影响了网络内容建设的技术保障效果。

我国的管理层对网络技术的应用缺乏制度化建设的紧迫感,有关网络技术应用的法律规章制度还很不完善,特别是在加强计算机网络技术的知识产权立法和技术应用立法方面。在专利立法方面,虽然我国的专利法对网络技术的发展有一定回应,但在技术专利保护方面,我国尚有不少空白需要填补,相关制度的构建仍在酝酿中,如何建立网络技术专利保护体系是当务之急。在网络技术应用立法方面,更是一片空白,严格来讲,甚至还没有一部正规的有关网络技术应用方面的法律条文,只有有关网络技术方面的规章制度,即公约、意见、条例、办法、规定、规范、决定。但临时性、替代性、解释性的规章制度始终只是标准且正式法律文件之外的一种边缘性条款,不具有正式法律文件的正当性、合理性、权威性。非正式规范的规章制度由于其不规范性和不全面性在执行过程中会产生很多的问题,当问题出现时,要么得不到执行,要么执行过度超越了实际的需要。由于我国目前有关网络技术应用的行政法规条款本身不够明确、细化,制度不健全,存在着很多盲点和争议之处。

"法律上的模糊定义给人无从遵循的印象,政策上的不规范又给人掩耳盗铃的感觉。"①总体看来,中国网络技术应用立法目前存在的主要问题是:缺乏一部牵头的技术应用法律,缺乏一套健全的法规体系,缺乏有效的管理制度,尚未建立起协调统一的制度保障机制。

(四)技术的市场应用环境欠佳

我国网络技术的市场应用环境不佳,主要体现在广大网民及互联网用户网络安全防范意识较差,很少有用户愿意购买相关安全软件。我国网络用户普遍对信息安全的重要性认识不足,往往在出现安全事故(如病毒泛滥、资料泄密、网站被黑等)后才想到要进行安全投资。即使意识到了安全需求之后,我国网络用户在安全的应用实践上也存在较大差距,往往无法使安全产品产生最佳效用。业务和技术由于用户不成熟所形成的应用环境十

① 田捷:《中国互联网络法规政策状况的反思》,《环球法律评论》2001 年春季号,第 57—58 页。

分不佳,这在一定程度上影响了技术作为网络内容建设保障手段的作用。

三、我国网络内容建设技术保障机制存在问题的原因

(一)基础信息产业薄弱

随着信息化的深入发展,网络技术对国家网络内容建设有着极其重要的意义。习近平在中央网络安全和信息化领导小组第一次会议上强调:"信息技术和产业发展程度决定着信息化发展水平,要加强核心技术自主创新和基础设施建设,提升信息采集、处理、传播、利用、安全能力,更好惠及民生。"①我国在信息领域起步较晚,目前,中国互联网设备所使用的芯片以及大多数软件还是产于国外,网络硬件(如CPU、网桥等设备)和网络软件(如数据库、操作系统等)大多依赖于进口,这不免令我国在网络空间国际政治舞台上受制于人。同时,进口信息网络技术产品难免存在安全隐患,我国政治、经济、军事等领域的信息网络关键基础设施仍未脱离美国等网络技术发达国家的"安全绑架",政府、企业和个人的重要信息仍无法摆脱被窃取和泄露的困扰。

由此看出,我国信息化建设基本上是依赖国外技术设备装备起来的,自主开发的网络安全产品很少。据报载,我国的信息安全技术和产品约有66%是进口的,防火墙几乎都是国外的产品,且许多都是早已淘汰的过时货,这给我国的网络安全留下了严重隐患。在学习、借鉴国外技术的基础上,国内一些部门也研发了一些安全路由器、防火墙、系统脆弱性扫描、黑客入侵检测、安全网关等软件,但经测评,有许多安全产品在实用性、规范性等方面存在着很多不足之处,尤其是在多接口的满足性、多平台的兼容性、多协议的适应性等方面存在较大差距。据中国信息安全产品测评认证中心反映,虽然从事防火墙生产的厂商已经达到了300多家,但通过了国家技术认证的只有10多家。此外,我国产品结构失衡的问题也影响了我国信息安全产业的健康发展。国内众多厂商都选择了行业进入门槛较低的防火墙,在

---

① 中国网信网:《中央网络安全和信息化领导小组第一次会议》,新华网,2014年2月27日,见http://www.cac.gov.cn/2014-02/27/c_133148354.htm。

新兴的安全公司中，防火墙厂商占了1/3。而身份识别和信息审计等产品较少，产品低水平重复严重。基础信息产业薄弱，互联网技术落后，产品水平低等问题一定程度上阻碍了我国互联网的发展，也给我国网络内容安全监管等方面带来了挑战。

（二）产学研脱节

长期以来我国技术创新的主体不明确，技术研发是科研机构的事，而科研机构不负责技术应用和推广。企业负责生产，不管科研。技术研发和应用推广基本上靠行政手段来协调。据有关部门统计，目前我国本土企业中，只有万分之三的企业建立了技术研发机构。在西方发达国家，建立研发机构的企业占到60%以上。实践证明，没有企业这个平台，依靠行政协调，自主创新是很难成功的。例如我国在CPU芯片、操作系统、超级计算机等关键技术研发主体主要以大学和国家级科研机构为主，虽然形成了大量科研成果，但未能及时、有效地向企业转化。在安全技术转化为产品的能力方面，我国与国际先进水平还存在着较大差距。在信息安全主流产品方面，如防火墙、防病毒、IDS/IPS、加密、漏洞扫描、UTM、SOC等，我国还不能真正进入国际主流市场。在产品成熟度、国际市场占有率、国际品牌影响力等方面与国际先进水平有差距。造成产品层面差距的原因首先是政府对企业创新的政策和资金支持不够，企业面临研发创新和市场竞争的双重压力，难以推出拥有自主知识产权的核心技术和关键产品；其次在于整个产业的产品化能力和国际营销能力不足，产业链相关上下游行业的综合实力有待提高。

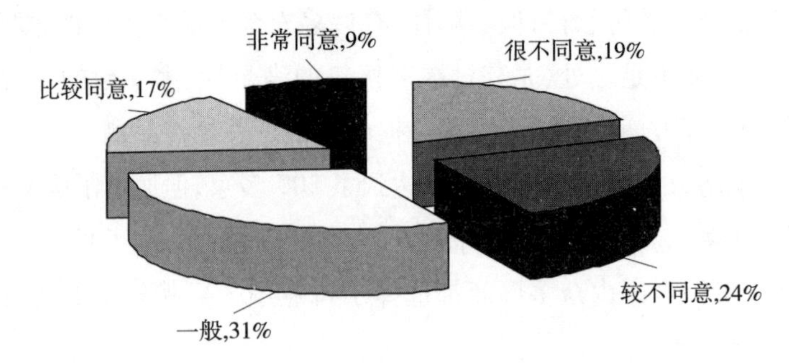

图6-2

因此,要鼓励和支持文化科技企业同科研院所、高等院校联合建立研究开发,据本项目进行的政府人员的调查问卷统计(图 6-2),只有 9%的人非常同意所在的政府部门积极推动产学研合作,而绝大部分人不同意诸如新技术开发区内高校与企业的合作。由此可见,我国政府在推动产学研合作这一块具有明显的滞后性,这也是导致我国产学研脱节的重要因素之一。

(三)信息技术高端人才缺乏

网络内容的建设须以技术手段以及安全产品为保障,而技术及其产品都需要人才去研发,因此,信息技术人才对于网络内容建设起着相当重要的作用。信息安全行业是一个高端人才极其稀缺的行业,高水平的安全攻防人才、安全评估咨询人才、软件架构设计和开发人员等,需要在稳定的科研环境中经过长期培养才能成长起来。

目前,我国信息技术人才主要存在以下问题:一是总量不足。随着信息网络的快速发展以及产业规模的逐渐扩张,信息产业需要的人才也就越来越多,这样一来,从事该行业的人数快速增长。但是总的来看,该行业从业人员还不能满足互联网行业的迅猛发展,仍然存在着相当大的人才缺口。信息技术高端人才的缺乏严重影响了我国网络技术的发展。二是信息技术人才发展不平衡。信息技术人才大体分为高级人才、中级人才、低级人才三部分。从我国产业的人才结构上来看,中低级人才所占的比重偏大,处于高端的高级人才相对来说还很短缺。这样同样不利于我国的网络技术发展以及网络内容建设。

目前国内的信息安全高端人才主要集中在国内外一些大的安全厂商以及国家特殊的研究机构中,且具有以下相同特征:一是高端人才数量稀少;二是聘请他们的成本较高;三是他们大多都和原单位签订了保密协议和竞业避止协议。行业高端人才的极度匮乏让新进入行业者很难获得所需要的人才,无法克服研发过程中的种种困难,从而迅速形成自身的技术或差异化优势,这在很大程度上阻碍了我国信息技术产业的发展,同时也不利于为我国网络内容建设提供有效的技术保障。

（四）科技研发投入总量不足

技术的研发、人才的培养都是建立在以经济为支撑的物质基础之上的，其经济主要来源于国家的财政科技投入。我国财政科技投入是指现行财政预算中用于科学研究方面的支出，包括中央财政科技投入和地方财政科技投入两部分。我国科研经费的一个重要来源就是财政科技投入，它保障了我国重大科技项目的实施和科研机构的正常运作，是贯彻落实“科技兴国”战略的重要手段，我国的科技创新也是以此为基础的。

最近几年来我国科技经费投入不断增加，全社会科技投入经费总量占GDP的比重也在稳步上升，但同时我国科技投入的总体水平还不是很高更值得关注。《国家“十一五”科学技术发展规划》中明确指出在“十一五”期间，我国要基本建立适应社会主义市场经济体制、符合科技发展规律的国家创新体系，形成合理的科学技术发展布局，力争在若干重点领域取得重大突破和跨越发展，全国科学研究与试验发展经费投入占GDP的比例达到2%，使我国成为自主创新能力较强的科技大国，为进入创新型国家行列奠定基础。① 事实上我国无论是在科技投入总量方面，还是在R&D投入比例上，都没有完成“十一五”计划目标。如表②所示，2007—2013年期间我国R&D经费占GDP的比重分别为1.38%、1.46%、1.68%、1.73%、1.79%、1.93%和2.01%。从表中我们可以看出该比例虽然有了大幅度的提升，但只有2013年才刚刚达到2.0%这一战略性科技发展量化指标。由此可见，我国在科技研发投入总量方面还不足。

年　份	2007	2008	2009	2010	2011	2012	2013
R&D经费支出（亿元）	3710.2	4616.0	5802.1	7062.6	8687.0	10298.4	11846.6

① 《国家“十一五”科学技术发展规划》，新华网，2006年11月1日，见http://news.xinhuanet.com/tech/2006-11/01/content_5276976.htm。

② 资料来源：中华人民共和国科学技术部《2014中国科技统计数据》，见http://www.sts.org.cn/sjkl/kjtjdt/data2014/科技统计数据2014.pdf。

续表

年　份	2007	2008	2009	2010	2011	2012	2013
R&D 经费支出/国内生产总值(%)	1.38	1.46	1.68	1.73	1.79	1.93	2.01

资料来源：全国 R&D 经费支出(2007—2013)。

(五)信息技术资源分散

我国在网络内容监管上，网络内容监管主体各自拥有相关的信息资源、硬件设备、技术人员等，政府及其部门之间、网络运营商和网络信息服务单位、行业组织、大众传媒和公众之间，由于利益需求、主观意愿不同等原因，导致资源分割。由于技术资源分散，各监管主体之间缺乏合作和互动，未达到兼容并蓄，大大降低了对网络内容监管的效率。

(六)网络技术立法滞后

我国网络技术应用缺乏制度保障的一个根本原因就是立法比较滞后，立法效率偏低。立法效率是一个法律结合经济学分析方法而得出的概念，具体来看即立法效益与立法成本之比，其中立法效益指这个法律出现所能产生的社会效益，立法成本主要指立法程序中出现的成本，及执法、守法、违法等所产生的成本。① 只有在立法成本保持不变的前提下，才能达到最高的立法效益。就我国目前的情况来看，立法资源配置不合理、法治意识淡薄、监督机制不够完善等情况依旧存在，从而使得我国现在的网络技术立法仍存在资源浪费、越权、寻租等问题。行政主导下的立法模式，由于复杂的层级制的影响，导致拖延立法时机、延长立法周期或调整立法项目。② 互联网时代的立法更应该注重立法效率，作为立法主体的行政机关要树立效率观念，合理配置相关资源，加快立法进程，高效务实地完成立法工作，尤其是针对互联网领域的技术的立法，时效性要求更高，只有适当简化立法程序，加快速度，才能适应网络条件下迅速的业态转变，真正建立互联网技术应用的基本原则和法律保障。

---

① 顾伟、汪新胜：《略论立法效率》，《理论月刊》2004 年第 12 期。

② 李龙亮：《立法效率研究》，《现代法学》2008 年第 6 期。

第三节　国外网络内容建设技术保障机制的经验借鉴

一、国际网络技术的发展过程与趋势

(一)发展过程

1. 技术准备阶段(1950—1970 年)

网络技术的发展有着一个较长的过程,20 世纪 50 年代至 70 年代初,是计算机网络技术的准备阶段,它作为单元技术是由计算机技术与通信技术结合而产生的。50 年代初美国的地面防空系统利用通信线路将远程雷达和测控仪连接在一台主控计算机上,这为计算机网络技术的出现打下了基础。后来,分组交换理论的出现,标志着真正意义上的计算机网络技术的诞生。在分组交换理论的基础上,美国国防部于 1969 年创建了闻名世界的"阿帕网",这是计算机网络发展史上的一个里程碑式的标志。分组交换理论作为计算机网络技术在秩序意义上的重要技术建制,为其日后的发展起到了至关重要的作用。

2. 标准化形成与竞争阶段(1971—1993 年)

无论是哪一项技术,它的重要组成部分之一就是其技术标准,且其走向成熟和稳定的标志也是该技术的标准化。正因如此,计算机网络技术在发展过程中不可缺少的一个重要环节就是其标准化。经过了 20 年的发展历程,人类社会越来越需要网络技术的标准化。在这一阶段,各类科学研究机构虽然都建立起了属于自己的网络体系,但这些体系之间的差别很大,无法融合成为一个整体的体系结构。这时候,传统的电信行业与新型的计算机网络产业之间的矛盾日益加剧。计算机网络技术日益在军事、经济、科技等方面发挥着重要作用,各国都想抢夺计算机网络技术发展的先机。因此,各国均加大投入,大力发展计算机网络技术,这反过来促进了网络技术的飞速发展,从而逐渐威胁到了传统的电信公司的生存和发展。于是,各个电信公司也加大了对电信数据网的投入力度,试图以自己的资源优势来压制计算机网络。这种混乱且剧烈的竞争局面催生了计算机网络技术标准化的形成——TCP/IP 传输协议的诞生。每一个可以进行传输数据分组的系统在 TCP/IP 协议中都被当成一个独立的物理网络，它们在协议中的地位是平等的。这种对等的特性大大简化了对异构网的处理，为设计开发者提供了极大的方便。正是这种自由性和灵活性，使 TCP/IP 网络协议最终成为了全球同一的网络标准。

在这个阶段，许多新技术层出不穷，互相竞争，互联网正是在这种技术的相互竞争中出现与成长的，而最后统一确立的技术标准则为互联网络日后的发展提供了保障，也为计算机网络技术的飞速发展打下了坚实的基础。

3. IP 化与社会化应用阶段（1994 年至今）

随着计算机网络技术的全球标准化，它的技术建制不论在制度上还是秩序上都实现了突破性的发展，万维网（WWW）由此逐步发展起来，而此时的 IP 技术是该技术最核心的组成。此时，美国对计算机网络技术投入了大量的商业资本，致使 IP 技术的发展突飞猛进，转入社会化应用时期。而该时期又具体地分为两个阶段：初级阶段与发展阶段。在初级阶段，互联网刚走出实验室进入社会商用，它以扩大网络、扩充用户和增加网站作为其发展的主要手段，在浏览网页和处理电子邮件等方面被广泛应用。

2001 年后，互联网开始进入到社会化应用阶段。宽带、无线移动通信等技术的相继出现及发展，给互联网提供了一条十分宽广的道路。在用户群体和网络规模不断扩大的基础上第二代万维网（WWW）新技术出现了。普通用户成为这种互联网新应用中内容的提供者，这激发了公众参与的热情，同时由于拥有庞大数量的内容提供以及网络内容的日益丰富，为互联网今后的进一步发展提供了巨大的空间。这个阶段让网络真正走进人们生活，成为人们日常生活中不可或缺的一部分。此外，“智能终端网络”的以人为本的先进技术理念、技术的标准性和开放性，各种开源软件的大力支持、以市场为驱动力支持的应用创新、美国政府的大力支持和资本市场的追捧都是这个阶段网络技术迅速发展的原因。

（二）发展趋势

1. 智能化

计算机网络技术的发展实质上就是对计算机网络技术的不断优化，逐渐向着好的方面、新的领域发展,这也是计算机网络技术优化的主要目的。计算机网络技术的优化是一项长期的项目,贯穿于整个计算机网络技术发展的过程中,对计算机网络技术的发展也有着重大的作用。随着社会科技的不断发展,计算机网络技术的不断优化,网络技术的自动化和智能化的发展思想也逐渐占领了计算机网络技术市场。例如当前的语言翻译软件——百度翻译,利用了近几年比较火的人工智能技术、深度学习技术,在不同语种之间相互进行翻译。它大概能翻译 18 种语言,有 180 多个翻译方向。当人们出国时走进一家餐馆,拿起来一个菜单,一个字都不认识,这时拍一个照片立刻变成人们能懂的语言;在国外人们想问个路,拿出手机来对着手机说中文,然后它给转换成其他国家的语言,对方就听懂了;人们还可以利用团购 APP 帮忙找到距离最近的电影院,并且查询电影播放场次,这个电影如果是你喜欢的,点开以后会有影院的座位图,你可以选座位、付费,等到开演可以直接去看。这些都是网络技术智能化带来的好处。追寻着这个目标逐渐对计算机网络技术进行优化,计算机网络技术通过引入智能化发展系统的支持,如网络技术优化、分析以及规划等软件工具,而且,通过建立合理的计算机网络优化知识库,并建立有效的优化机制,可以更有效地提高计算机网络技术发展的进度,尽快地实现自动化和智能化的网络技术。

2. 一体化

计算机技术的飞速发展,网络技术也在不断提高。网络一体化是未来网络技术发展的另一趋势,可提高生产率、节约时间和降低成本。由于 Internet 的巨大成功,IP 协议成为网络的标准协议。目前现有的通信网络,不能适应未来数据通信不断增长的需求。如果能够把目前独立存在的三大网络,电信网、广播电视网、互联网通过技术改造,其技术功能趋于一致,业务范围趋于相同,网络互联互通、资源共享,能为用户提供语音、数据和广播电视等多种服务,将大大提高应用的效率并可节约很多成本。在局域网的建设方面,三网合一的优势表现得更为突出。就目前的技术,实现数据、语音和视频集成的网络一体化已经比较成熟。

3. 大容量化

随着互联网的发展,其用户数量不断增长,目前全球活跃社交用户于

2014 年 8 月突破了 20 亿人；全球独立移动设备用户渗透率于 2014 年 9 月超过了总人口的 50%；全球活跃互联网用户在 2014 年 12 月突破了 30 亿人；全球接入互联网的活跃移动设备于 2014 年 12 月超过了 36 亿台。① 很显然，2020 年以前会有更多的人投身到互联网中。据国家科学基金会（National Science Foundation）预测，2020 年前全球互联网用户将增加到 50 亿。如今人们的生活水平的不断改善与提高，人们在使用计算机网络技术的过程中，对网络容量也有着一定的要求。以 IP 作为主要数据传输的业务来提高对路由器的处理能力，这对网络容量也提出了更高的要求。因此，计算机网络技术应逐渐向大容量发展。据网络专家统计，大概每 8 个月互联网的骨干线路的带宽就会增长一倍左右，这也意味着人们对网络容量的要求在逐渐地增加，而计算机网络技术的发展能否满足网络容量是对计算机网络技术发展的一种考验。由于高清视频/图片的日益流行，互联网上传输的数据量最近几年出现了飞速增长。据思科公司估计，在 2012 年以前，全球互联网的流量将增加到每月 10 亿 GB，比目前的流量增加一倍有余，而且不少在线视频网站的流行程度还会进一步增加。为了能更好地满足语音、数据、图像、视频等综合承载业务的需求，首先需要不断地提高 IP 网络的包转发的能力、高速处理能力、VPN 组网能力等，其次还要保障计算机网路技术的质量，这些都是提高网络超大容量的主要措施。

二、国外网络内容建设技术保障机制的经验

（一）网络内容建设技术保障机制成效显著的国家

1. 美国

美国作为一个网络强国，在网络技术及其应用领域都具有超出世界其他发达国家的发展水平。美国总统奥巴马曾强调："网络威胁是美国面临的最大国家安全危险之一"，因此美国也一直致力于网络内容安全的管理，构建安全的网络秩序，并且取得了显著成效。

---

① 全球互联网发展趋势——《2014 年全球社会化媒体、数字和移动业务数据洞察》，2014 年 9 月 10 日，见 http://blog.sina.com.cn/s/blog_81fe08890102v2wl.html。

美国保障网络安全的一个重要措施就是构建多级分层的技术防护体系。虽然美国拥有着相当强大的网络技术,但其"关键基础设施"也不断地遭受着网络空间的威胁。因此,美国认为需要建立一个安全的网络环境来维护国家的核心利益。2014 年 2 月 12 日,标准与技术研究院(NIST)推出一个"网络安全框架"的方案,主要为了加强运输、电信和电力等"关键基础设施"领域。这个框架从网络系统的总体结构着手,在世界上现有的安全标准和实践的基础上,提出了处置网络安全防护措施和安全技术参考标准,它的目的是帮助美国政府部门和私营部门认识到今天的网络世界的安全隐患,并使之了解网络安全保护的梯度流动过程和标准,从而加强对国家关键基础设施的安全性和适应性。该框架主要包括四个方面:第一,为各个基础设施行业提供了网络安全领域的"相互沟通语言",方便其沟通与安全管理。其次,该框架可以显示国家关键基础设施部门内部和外部网络的安全风险等级,也就是在技术层面给出了详细的分类和应对风险的标准,以帮助各部门在实际操作层面的分析、确定本身应对的网络安全风险。然后,该框架为每个部门选择优先行动,以防范风险提供了行动指南,根据应急秩序,从技术标准层面给出了相关的参考标准和详尽的技术分类。最后,它也是政府安全部门调整业务、政策、技术方法和管理网络安全威胁的工具。

NIST 通过网络安全框架,建立了一个多层次的、分级严格的技术保护体系。第一,该框架分为功能(Functions)、类别(Categories)、子类(Subcategories)及其相应的技术参考标准。该框架包含五个功能:识别(Identify)、保护(Protect)、诊断(Detect)、响应(Respond)和恢复(Recover),从国家整体高度,设计一个全面的网络保护系统。第二,是以处理问题为导向的应对措施,即技术层面实施分层,这些层面为不同部门、不同地区、不同层次重要性的基本设施提出了一应俱全的技术强度和相应的参考标准,供各个机构和政府部门在设计自己的防护风险时参考。第三,对这些架构的技术性标准细节同样给出了详细的参考技术标准。

2. 英国

英国处于世界互联网发展的前沿,高度普及的电子商务和电子政务系统已融入人们的日常生活。英国政府对网络安全治理极为重视,于 2009 年和 2011 年两次发布国家网络安全战略,不但重视自身网络防御能力建设,也十分注重维护政府、企业及个人网络安全,积极推动国家网络安全与商业网络安全齐头并进。

英国以互联网技术作为网络安全管理的保障,在网络管理的框架内,采用技术手段来确保使用网络的安全,是基础的和必要的手段之一。英国在这方面重点发展信息安全标准 BS7799,这个完整的安全管理标准进行安全技术控制,从而实现网络安全管理。BS7799 由英国标准协会 BSI 制定,主要适用于大型网络的用户,如企业和组织。这个基于信息安全的标准能有效地建立信息安全机制,是英国目前阻止网络黑客、病毒传播,以及安全漏洞的有效方法。它可以帮助企业提供有关信息安全管理的标准以及指导其安全管理的各个方面。建立框架后,再通过安检措施——“技术防火墙”和“人力防火墙”,就可以建立一个全面的信息安全管理体系。该标准体系包括以下三个主要技术手段:

(1)“技术防火墙”与“人力防火墙”

英国的大组织必须首先按照 BS7799 建立信息安全管理框架,然后通过“技术防火墙”和“人力防火墙”措施,以建立一个更全面的信息安全管理系统,这是英国互联网技术管理最大的特征。所谓的“技术防火墙”是指在风险评估的基础上,综合利用商用加密、防火墙、身份识别、防病毒、网络隔离、可信服务、安全服务、PKI 服务等技术和产品,以确保企业信息系统的保密性,完整性和可靠性。根据风险评估结果,利用各种信息安全技术和产品,在一个统一的业务管理平台(ITIL)上,以“适当的外部预防”为原则,建立有效的“技术防火墙”,这样就从外部保证了信息的安全管理。

技术防火墙的主要特征有三点:第一,以风险评估为基础,以“适度防范”为原则;第二,技术结构方面要具备评估、防护、检测、反应和恢复五种技术能力,以实现国际标准组织 7498—2 所定义的鉴别、访问控制、数据完整性、数据保密性、不可抵赖性五类安全功能;第三,“技术防火墙”的安全产品要建立在统一的服务管理平台上,遵循相同的标准,降低管理的复杂性。

所谓“人力防火墙”指的是信息的安全中对人有效的管理。“人”是信息安全中最活跃的因素,从一个较高的层面上来看网络的管理和信息的安全,安全问题实质上就是人的问题,像“病毒”、“黑客”、“防火墙”以及“入侵检测系统”这些网络安全问题大多数是由人引发的,因此只靠技术不能根本上解决这些问题,这仍然要从“人”着手,才能真正调动信息组织的内在动力。在人员管理上,包括法规、安全指南的帮助、安全政策的约束、安全意识的增强、安全技能的培训和人力资源的管理等。

(2)网络监管软件——Netintelligence 安全软件

Netintelligence 安全软件是最新的英国网络监控软件,是由英国电信 BT Wholesale 于 2005 年 6 月 10 日大量投放市场的。该软件是专为满足当今网络的安全性需要而设计的,使用成本非常低,它有三个主要特点:第一,Netintelligence 通过宽带的形式进入小型企业和家庭,并为其提供上网安全保障。能够满足为消费者提供互联网服务的供应商们提供一个理想的网络安全解决方案。第二,Netintelligence 软件为家长和小企业提供了完整的监测和控制,并可以限制访问某些网站。第三,Netintelligence 包括由英国官方机构操作的热线“Hotline”,可在线报道非法的互联网内容。

(3)内容分级过滤技术

IWF 使用“网络内容选择平台”的在线内容控制(Platform for Internet Content Selections,PICS)系统来控制网络内容,并对其进行过滤分类。PICS 的工作原理是把电子标签植入网页中去,根据裸露、色情、暴力、侮辱等分类标准依次进行分类,做出记号。当用户查看到这部分内容时,系统会自动提示要不要继续,用户可以根据自己的需要查看自己要浏览的信息。

目前 PICS 系统(因特网内容选择平台)的分类标准是 IWF 根据 1998 年征求政府部门、互联网业界和网络用户各方的反馈意见后,于 2000 年 12 月正式确立的,是套统一简明的内容分类标准。其指标分别为:裸露、性、辱骂性语言、暴力、个人隐私、网络诈骗、种族主义言论、潜在有害言论或行为以及成人主题(Adult Themes)。

英国过滤软件中比较常用的有互联网过滤器和商业过滤器。互联网过滤器如“Filters”,这是一个被设计来过滤不想要的网页或是其他不应该出现在互联网屏幕上的内容的软件工具。

3. 新加坡

新加坡是世界上互联网络发展程度最高的国家之一,但在新加坡,政府的一些监管机构无法跟上互联网内容的爆炸性增长。并且在新加坡,劳动力市场十分紧张,增加监管人员就要付出高昂的成本。所以,新加坡一直利用技术手段进行监控,把技术本身当作控制手段,以技术控制技术。

当前,是由新加坡负责媒介检查的政府机构也就是信息与艺术部,通过该部门发布指导方针,从而实现对互联网的管理。新加坡采取控制接入的控制措施,允许那些网页经过确认的用户接入,初学者和临时用户则不能接入。

新加坡一直采取技术监测方法。政府拥有着三大网络,1994 年,政府对网民个人邮箱进行监测控制,虽然政府解释说是为了检测电脑病毒和色情信息,但这种强大的搜索功能,势必会压制网民的言论自由,阻碍网络的健康发展。1998 年 3 月 16 日,新加坡信息与艺术部部长宣布,要求提供家庭接入网络服务,过滤掉色情网站,并为家长提供一个安全和可靠的解决方案。新加坡主要通过代理服务器的方式来阻止人们接触不健康内容。代理服务器通常可以备份已经访问过的网站,并阻止用户重复请求从而干扰通信线路,基于此,它被广泛应用于 ISP,新加坡用这种方法来阻止用户访问政府禁止的 100 个网站。它要求 ISP 使用政府服务器安排用户的路径,也就是禁止访问那些被列入黑名单的网站,但应当指出的是,在正常情况下,没有适当代理环境的用户不能访问互联网,只有那些拥有这种类型的环境的用户才能访问被禁止的网站。当有人试图访问列入黑名单的网站时,就会跳出提示信息,并链接到 SBA 解释分类许可制度的网页。

此外,政府积极支持过滤软件产业的发展与研发。SingNet 已提出一项建议,并给用户提供了一项家庭在线服务(Family Online Service)。家庭接入网络会过滤掉色情内容的网页,而那些害怕网络上色情内容却又不熟悉 Cyber Patrol 和 Net Nanny 等过滤软件的家长们会被给予提供一个安全完整和可靠的解决方案。SingNet 作为第一个提供这种服务的互联网服务供应商,在试用期内向 1 万家用户提供免费服务。新加坡广播管理局大力支持和鼓励 SingNet 为使父母努力保护少年儿童不受网络上不良信息的侵扰所做出的努力。广播局鼓励用户在试用期体验服务的有效性,并且提出反馈意见。新加坡南洋大学开发了一套网络监控软件,该软件能够及时地分析公共空间的图像信息,且准确率十分的高。该软件同样也得到政府的大力支持和鼓励。

4. 法国

自 1998 年法国政府提出实现社会信息化行动纲领以来,法国的互联网发展非常迅速。法国对互联网的管理调控经历了三个时期,由最初的“调控”发展到“自动调控”,当前又进入到“共同调控”时期。随着互联网的快速发展和网络用户的迅速增加,法国政府逐渐意识到,仅仅从国家的角度来管理和控制互联网已经不符合现实状况,应采取按部就班和与网络技术开发商以及服务商一起协商的做法。法国政府非常重视对网络内容的监管与调控,特别是在保护未成年人上网安全上,法国政府利用技术手段为未成年人营造了一个健康的网络环境。

法国已经开发了许多技术使父母能够控制他们家庭的国际互联网络内容。与官方机构的“信息向上流动的审查制度”(防止非法内容的发布)相对比,过滤方式为父母提供了“信息向下流动的控制”(防止有害内容玷污未成年人的心灵)。过滤模型强调了父母的责任而不是政府的干预,它被工业和城市特权组织权力提倡,认为它是解决国际互联网络特定问题并且考虑到国家、社会和家庭之间品位和礼仪标准的差异的最有效的方式。它是对国家互联网络上存在有害内容的一种实用但不是法律上的解决手段,尽管过滤设备的提供在一些情况下会产生法律上的影响(提供此类设备的访问提供者可免于责任)。

过滤软件在终端用户处作为一种“保护管道”是很有用的,它也可以在传送过程中的不同阶段进行应用,例如由主机服务提供商或者访问提供商来使用。

过滤软件参照三种主要的模型,“黑名单”(对所列出网址的访问被封锁),“白名单”(只能访问所列出的网址)和“灰色标记”(可标记或评定该网址,但是应由用户来认定怎样使用标记或者读评定等级)。

“黑名单”技术在 Cyber Patrol(环游赛博世界)等各个独立运行的过滤

软件包的第一代中就已被广泛使用。Cyber Patrol 于 1995 年 8 月开始引入,它和国际互联网络直接访问提供商以及商业在线服务部门协同工作。它的 Cyber NOT(非赛博)名单中包含了 12 种分类的大约 7000 个网址(暴力亵渎、裸体、性行为、恶劣描写、种族主义/民族方向不合适的行为,恶魔崇拜、迷信崇拜、毒品、军国主义者/极端分子、赌博、有问题的/非法内容、酒类/烟草)。父母可以通过在程序管理器标记出方框来选择性地封锁对任何一分类或者所有 12 个分类的访问。

"白名单"的工作原理是颠倒过来的。"白名单"软件封锁了所有国际互联网络的内容,而只允许访问在"白名单"上明确许可的地址。该技术极具限制力,并且和国际互联网络的逻辑相反。然而它是非常安全的,并且已经被应用,尤其是在学校内部。

"灰色标记"和早期的可独立运行的过滤软件相对比,是一种新的工业范围内的标准,国际互联网络内容选择平台(PICS)最近已开始出现,它可为"灰色标记"和过滤国际互联网络内容提供标准的基础设施。PICS 把评定网址等级和过滤网址两个功能分离开,并允许高度的灵活性和安全性,因此无疑是迄今为止处理国际互联网络内容问题方面最全面的和最具创新性的解决方案。

(二)国外网络内容建设技术保障机制对我国的启示

1. 拓展网络前沿技术自主研发能力

发展信息技术,拓展网络前沿技术研究,是确保网络内容建设的最核心、最基础也是最长久的保障。当前的美国、英国之所以能在网络内容建设上取得显著成效,是因为他们国家有着深厚的网络技术作为保障。由于网络本身具有不确定性、复杂性、技术进步迅速、防护能力脆弱和进入门槛低等特点,网络安全技术既是处理一般网络安全问题的基础和保障,也是应对国际网络战中防御和进攻战略的前提和保障。信息网络是人类文明发展到一定阶段的标志性技术成果,其维系于网络技术的运行体系中,故而信息网络技术的发展水平直接影响着网络内容建设的效果。

首先是软件技术方面。互联网软件是网络系统得以正常运行的"灵魂",在软件技术方面,美国较其他国家具有得天独厚的优势。美国是互联网的发祥地,众多世界知名网络软件公司在美国拥有较长的发展历史(如微软公司成立于1975年、赛门铁克公司创建于1982年),完善的技术创新机制和卓越的技术研发团队令美国信息网络软件公司实力超群。例如赛门铁克(Symantec)公司是全球最大的电脑安全软件制造商,其推出的“防火墙”软件、入侵检测软件、病毒防护及内容过滤软件等具有高效的网络攻击、防护功能,在世界范围得到广泛认可。

其次是硬件技术方面。在互联网硬件技术方面,美国思科(Cisco Systems)公司是网络设备制造领域的佼佼者,全球最大的网络硬件供应商之一,该公司生产的数据中心交换机、路由器、网桥等设备在世界市场占据重要地位。其中Nexus系列数据中心交换机经历了由Nexus1000V、Nexus2000、Nexus3000、Nexus4000、Nexus5000、Nexus6000,到Nexus7000的不断升级,其交换机遍及全球网络节点,数据中心业务的发展方兴未艾。此外,思科公司还推出宽带有线产品、光纤平台及网络存储产品等。瞻博网络(Juniper Networks)和博科通讯系统(Brocade Communications Systems)这两大网络设备制造商分别在路由器和存储交换机等产品的技术研发领域处于领先地位。其中瞻博网络生产的M系列多重服务边缘路由器、E系列宽带边缘路由器、Net Screen系列硬件防火墙及入侵检测与防御(Intrusion Detection & Prevention,IDP)设备等产品畅销全球。博科通讯系统公司是享誉全球的存储区域网络①(Storage Area Network,SAN)的基础设施供应商。博科网络交换机迄今已在全球2000家大型企业的数千个存储区域网络中得以应用。

我国政府应将网络技术发展的立足点建立在自主研发的基石之上,提高信息网络核心技术的自主研发能力,打造中国自我网络技术品牌,鼓励网络技术创新,构建精良的网络科技人才梯队。同时,促进IPv6的普及和推广,抓紧时机研发和完善IPv9等尖端技术,争取在全球网络技术领域的领先地位。

---

① 存储区域网络(Storage Area Network,SAN),是一种在计算机与存储系统之间提供数据传输的高速网络或子网络,其研制的主要目的是实现区外场所数据备份,提高并行访问的效率。

2. 依法运用网络内容管理的技术手段

法治精神是现代民主国家的重要标志，我们常说："国无法而不治，民无法而不立"，可见，法治在国家治理与社会生活中具有重要作用。互联网已深刻影响着我们的生活，为了我们的美好生活，依法管理互联网传播应是公众所望。因此，以技术手段来管理互联网，法治原则不可或缺，这也是技术管理的前提。国外针对互联网的管控手段多由立法加以明确规定，由政府直接实施，或者通过互联网服务提供商具体实施。美国将学校和图书馆申请"电子补贴专项资金"的条件规定为，对可以接入互联网的计算机采取技术保护措施；印度制定《信息技术法》，要求网络服务提供商在被政府相关机构要求提供协助的时候，都必须提供技术上的或者设备上的协助。

现今，有的网络公关公司肆意使用网络技术，利用不正当的方式雇佣"网络水军"。另外，以 IP 作为主要数据传输的业务来提高对路由器的处理能力，这对网络容量也提出了更高的要求。或者利用软件系统制造不实的网络舆论，严重违背了社会伦理道德甚至违反了法律法规。同样的，政府在管理互联网时如果也滥用技术，任意删除帖子、无故屏蔽网页，这也是违背了法治原则和法治精神的行为。这种人为的技术管理充满随意性，"确实很难预测某一网站会不会在某一天被列入屏蔽范围，如果被列入了，也难以知道确切的原因。①"这种管理互联网内容传播的随意性，使得被管理者感到不知所措：从事互联网传播的新闻工作者不清楚如何"把关"，普通网民也不知道如何正确行使自己的言论自由权。这可能导致人们对技术管理的不理解和不信任。所以，对互联网传播管理来说，技术管理有法可依、媒体与公众也有法可循，是具有重要的现实意义的。如韩国颁布了"不健康网站鉴定标准"及《互联网内容过滤法令》，明确了信息内容过滤的合法性；新加坡颁布了《广播法》，明确要求网络服务供应商负有屏蔽某些特定网站的义务。② 相比之下，我国大多互联网传播管理的法律法规对技术管理方

① 李永刚：《我们的防火墙——网络时代的表达与监管》，广西师范大学出版社 2009 年版，第 138 页。

② 新华网・亚洲：构造网络监管的法律框架[EB/OL]，见 http://news.china.com.cn/txt/201104/22/content_22421473.htm。

面缺少实际而具体的规范,导致技术管理的不确定性,从而使公众对技术管理的认同度不高。鉴于此,我国在用技术手段进行互联网传播管理时,应坚持法治原则、遵循法治精神,使管理更具确定性。

3. 重视网络技术人才队伍建设

网络管理过程中,组织者和实施者是必不可少的,所以相关的团队建设是必要的。新加坡、德国以及美国等国在管理网络方面较为严格,在技术管理上也比较全面,并且有专门的组织或部门具体从事技术管理工作。如德国从属于内政部的信息技术安全局,就是专门维护网络安全和计算机的部门。新加坡也成立了准政府组织"国家计算机委员会",从技术角度来管理网络,实施"以技术控制技术"①。美国也十分重视网络技术人才队伍建设,形成了从国家战略到政府部门再到实施机构的规模化、体系化、系统化的网络信息安全教育和培训体系。2009 年,奥巴马政府发布《信息空间政策评估——保障可信和强健的信息和通信基础设施》的报告。其中,把信息安全教育和人才培养列为重点之一,正式提出了信息安全劳动力的概念,从而把信息安全作为一种新的社会职业。2011 年,奥巴马政府发布了《国家网络空间安全教育战略计划》,加强信息安全人才培养工作,大力推进信息安全教育和培训发展,指出应增强公众有关网络活动的风险意识,建立具有全球竞争力的网络安全队伍。以专门的技术管理队伍来管理互联网,从根本上保证了网络安全,特别是对于技术要求较高的互联网管理,组建专门的技术管理队伍是必要的。

4. 重视管控内容的技术标准和分级分类

对网络内容的分级分类不能够仅仅停留于法律法规的制定上,还要在网络技术上加以实施和运用,这也体现了网络内容管理的科学化与精细化。因为网络信息量十分巨大,网络内容也十分庞杂,并且在管理的过程中,不同的网络内容,使用的管理技术也是不一样的。内容分级既保障了网络内容的多元性和信息流动的自由性,也实现了差别化管理,最终达到管理整个

① 刘桂珍:《网络传播控制研究——以自律、他律和技术控制为三维视角》,吉林出版集团外语教育有限公司 2010 年版。

网络空间,净化网络内容,维护网络安全的目的。① 如美国就很重视对网络内容的分级分类,根据不同年龄段的人群,或者以网络内容本身为分类依据,对不同层级的网络内容实施差异化管理。英国是通过"网络内容选择平台"系统来实现对不同层级的网络内容的差别化管理,以确保互联网用户根据自身需要接受信息。

5. 加快促进"三网融合"

通信网、互联网和广电网的"三网融合"是产业发展主流趋势,也是保障我国网络内容建设的重要技术举措之一。随着信息技术的快速发展和社会信息化需求的增加,通信网、互联网和广电网的融合已成为产业发展主流趋势。三网融合可以实现跨产业、跨平台的发展,不仅高效利用现有的资源,而且还可以相互渗透很多业务。法国虽然没有成立"三网融合"的统一监管机构,但能够在现有的法律和体制框架内对广电和电信有效协调,统筹发展,这对我国推进"三网融合"有重要启示意义。欧盟委员会于 2005 年 12 月提出对《电视无国界指令》(89/552/EEC)进行修改的建议草案,更名为《视听媒体业务指令》,希望通过修改指令,使新的指令可以覆盖所有的媒体内容领域,包括电信、广播、互联网的内容,为推动三网融合业务在管理政策上铺平了道路。我国三网融合在技术和业务上已经没有任何障碍,主要问题集中在管理体制和既有政策上,需要从立法、政策等深层次上推动融合体制问题的解决。

6. 扩大网络内容管理的主体,积极推动网络技术的普及与应用

随着互联网络的迅速发展和网络用户的迅猛增加,单纯从政府的角度管理和控制互联网已不切合实际,政府应该扩大网络内容建设的主体,积极推动相关网络内容控制技术的普及与应用。

比如法国由最初的"调控"发展到"自动调控",当前又进入"共同调控"时期。法国认为,在保护未成年人使用互联网方面,网站、网络协会、网络公司以及相关从事网络工作人员负有不可推卸的责任。为此,法国

① 王慧军、王有远、胡振鹏:《网络信息传播管理研究》,《科技管理研究》2010 年第 7 期。

于2005年9月22日举行了全国家庭会议，在此次会议上，法国总理呼吁加强网络公司的义务意识，并且要将网络过滤软件普及每一个互联网用户家庭。同年11月16日，家庭事务部部长级代表要求网络公司在2006年内向互联网用户提供安装方便的、有效的、价廉的父母监控工具。

在法国政府的干涉下，相关部门逐渐和主要互联网服务提供商签订了协议，协议明确表明，网络新用户在注册和安装网络设施时，必须确认有没有安装免费儿童上网保护软件及其原因，否则就不能上网。互联网服务供应商有义务向用户推荐“家长监督器”等儿童上网保护软件。这些软件包括不良网站黑名单，防止未成年用户点击进入该名单的网站。有一些互联网公司还加强彼此间的联系与合作，共同研发网络安全技术，开发上网控制或防软件，丰富适用信息内容，深化网络未成年人上网保护主题活动，向学校和家长推广网络安全服务。还有一些网络公司和软件开发部门在过滤软件方面进行合作，定期试用新软件。消费者协会在法国未成年人网上公布新软件比较结果，以供查询。

又如新加坡政府积极支持业界研发过滤软件。SingNet已提出一项建议，并给用户提供了一项家庭在线服务（Family Online Service）。家庭接入网络会过滤掉色情内容的网页，而那些害怕网络上色情内容却又不熟悉Cyber Patrol和Net Nanny等过滤软件的家长们会被给予一个安全完整和可靠的解决方案。

因此，我国政府也应发挥主导作用，紧密与网络技术开发商、服务商联系，扩大网络内容管理的主体，加强与企业、学校以及家庭的合作，积极推动相关软件和网络技术的普及与应用，为我国网络内容监管提供更加全面有效的技术保障。

第四节　健全我国网络内容建设技术保障机制的途径

一、强化“以技术控制技术”的理念

以技术对抗技术，进一步加强技术控制，是对网络传播实行社会控制的

基本对策。因此，我国在网络内容建设的技术保障机制下，要强化“以技术控制技术”的理念。2016年4月19日，习近平总书记在网络安全和信息化工作座谈会上的讲话中指出：“要以技术对技术，以技术管技术，做到魔高一尺、道高一丈。”

“人在正常使用技术的情况下，总是永远不断受到技术的修改。反过来，人又不断寻找新的方式去修改自己的技术。”①计算机网络技术是一把“双刃剑”，一方面促进了生产生活的发展；另一方面，产生了诸多负面影响。电子公告板系统、电子邮件和互联网上的电子广告的成立，最初以高科技为依托，为用户提供快速、灵活的信息服务，如今却成了垃圾信息传播的媒介，且导致了一系列社会问题的产生，如病毒的传播、恐怖暴力黄色信息的泛滥、种种诈骗行为等。网络环境下的信息污染及信息安全等问题与高新科技的紧密挂钩，这使得网络传播的治理工作更加艰难，面临严峻挑战。

在互联网管理使用的主要手段中，法律控制手段需要经历立法、举报、执法的环节，道德控制需要控制主体对网络伦理的严格设立、对网络用户行为的监督、网络用户的合作，行政控制手段所需要经过的流程也较为复杂，相比较而言由于技术控制手段往往是直接作用于处于物理层面的网络信息上，较为直观见效。因此，相比较于其他管理手段而言，技术手段是最能直接见效的方法。因此，从网络传播的技术控制以及提高控制效率的角度来讲，唯一的出路只能是进一步提高网络信息技术水平，以技术对抗技术。这也就是说，只有采取比网络传播负面影响的制造者们更先进、更高超的技术手段，进一步加强技术控污能力，才可能真正清除有害信息，如虚假信息、垃圾信息、黄色信息、黑色信息，尤其是带病毒信息污染之源。

二、全面研发与应用网络内容建设保障技术

（一）加强网络技术人才队伍建设

独立知识产权的信息安全技术研发要依靠本国的信息安全技术人才，网络安全系统的安全运行依赖于高级管理人员。习近平在中央网络安全和

① ［加］麦克卢汉：《理解媒介》，何道宽译，商务印书馆2000年版，第79页。

信息化领导小组第一次会议上强调:“建设网络强国,要把人才资源汇聚起来,建设一支政治强、业务精、作风好的强大队伍。‘千军易得,一将难求’,要培养造就世界水平的科学家、网络科技领军人才、卓越工程师、高水平创新团队。”①我国专门从事计算机安全问题研究的部门、单位和高校很少,这造成了我国信息安全方面的技术人才十分缺乏,计算机人员以及计算机管理人员缺少必备的安全知识。目前我国信息安全人才队伍建设还不够系统化、规模化、体系化,各自为战,没有形成合力。因此,培养一大批优秀的信息安全技术与管理人才,是保证网络信息安全的重要保障。

2005 年教育部发布 7 号文件,指出发展和建设我国网络信息安全保障体系,人才培养是必备基础和先决条件。要继续加强信息安全学科建设抓紧培养高素质的网络信息安全人才队伍,这也是我国经济社会发展和信息安全体系建设的基本要求之一。教育部 7 号文件对我国信息安全学科、专业建设提出了明确要求,各高校据此文件支持,在不同学科下设置信息安全研究方向,开展了博士、硕士研究生和本科生的培养。之后,为进一步加强信息安全学科专业建设,2007 年教育部决定成立高等学校信息安全类专业教学指导委员会,负责对我国高等学校信息安全类专业建设指导。2012 年的国发 23 号文件,大力支持信息安全学科师资队伍、专业院系、学科体系、重点实验室建设,为高校信息安全学科专业建设给予政策支持。② 信息安全的教育已经正式被列入国家高等教育专业目录,说明政府、教育界和产业界对信息安全人才的培养的重视已经上升到战略的高度。

因此,政府需要制定好网络技术人才培养战略。为了建立人才供应和动态机制,政府应在可持续发展的基础上制定覆盖全局的 IT 人才培养计划,网络信息技术人才的培训需要从基础教育开始,增加在中小学教育内容中信息技术知识的比重。通过网络信息技术知识教育,培养青少年的创新的精神,培养他们的逻辑思维能力,加强他们对信息网络的理解和认识。

---

① 中国网信网:《中央网络安全和信息化领导小组第一次会议》,新华网,2014 年 2 月 27 日,见 http://www.cac.gov.cn/2014-02/27/c_133148354.htm。

② 封化民:《人才培养:网络空间安全保障体系的关键环节》,《信息安全与通信保密》2014 年第 5 期。

教师的认知水平和能力是教学质量的决定性因素，因此，政府应重视对教师进行信息网络技术技能培训。例如，法国政府在教师培训学院站设置了师资培训站，聘请计算机专业的青年博士，为每年新进入中小学的老师普及计算机知识，并培养了一大批助教人员，让他们学会计算机操作和维修。英国政府从1999年开始，在四年内完成了对34万中小学教师进行培训的工作，培训内容侧重于符合教学需要的应用技能和方法。① 信息技术发展迅猛，信息技术人才培养体制必须紧跟技术发展的步伐，在改革现存的不合理的信息技术人才培养体制的基础上制定新的政策。

在当前网络与信息安全形势非常严峻的情况下，更应全力打造一个有利于人才成长、留住人才、吸引人才的良好环境。为此，中组部制订了"千人计划""万人计划""青年拔尖人才计划"等计划，国家应给予优惠政策，吸引海外高端人才到中国来。我们要改革科技管理体制，建立开放、流动、竞争的机制，有针对性地加大海外顶尖人才，也包括高水平信息安全人才的引进力度，并为他们创造一切可能的保障条件。通过制度建设，确保国外网络与信息安全人才的研究成果，经过安全评估，为我所用，从而有力推动和带动我国网络与信息安全发展。

（二）完善产学研一体化机制

所谓"产学研"一体化，就是将生产企业、高等院校、科研院所、科技中介、政府结合成一个统一的整体，集教育、科研、研制、开发、生产、销售、服务于一体，按照"利益共享、风险共担、优势互补、共同发展"的原则，以"产"为方向，"学"为基础，"研"为纽带，发挥各自优势，推动科技经济结合，共同开展技术创新的活动，逐步实现科研—产品—市场—科研的良性循环的有机整体。② 不仅要在技术上构建新的体系，而且还要在整体上科学布局，形成产学研一体化技术创新体系，它是在企业这个主要载体和市场这个导向标的指引下逐渐发展起来的，也是近年来中国为了增强自主性创新、提升技术

① 潘晨、光娄伟：《英韩等四国如何吸引国外IT人才》，《国际人才交流》2005年第7期。

② 王能慧：《产学研一体化的理论与发展战略研究》，福建师范大学硕士学位论文，2006年，第1页。

创新力,使知识产权这一战略得以全面实施的一个非常重要的目标和机制。为此,需要构建产学研一体化技术创新体系的作用机制。

首先,企业可以和高等院校、科研院所联合,在充分发挥自己优势基础上,合理利用资源,形成形式多样的以产学研为主的研究院、科研开发中心及博士后工作站等这些创新基地和实体组织,并使之在科研技术上构成多样性的产学研技术性战略联盟,如通过共同合作或委托开发、转让知识产权、对专利权进行共同利用等。通过这些方式来达到共同合作,攻克本产业、行业的关键性、核心性及共同性技术难题,获取国家的相关重大技术性项目的研究开发的申报权,使自身在突破本产业、行业的核心性关键性技术的同时获取自主知识产权、提高自身的综合实力。由于企业的主要构成要素是场地、资金设备和相关技术,而高校及研究院通常是由技术、人才和智力为支柱要素,要想把知识产权这种无形的资产纳入企业股份中以实现实体经济的产学研技术创新机制,我们就必须联合这两大要素,使之在合作、合资、联合经营、入股合作等形式的连接下完成技术创新资源的整合与发展。

其次,政府对产学研的支持体现在政策和制度上,通过促进企业与国家和地区相关技术性科研项目的有效嫁接,使企业有效的组织高校及科研研究院合作攻关完成其所需的研究课题;通过委托企业、高校和科研研究院来完成对区重点产业和共同关键性技术项目的共同开发与攻关。同时,政府相关部门加强对产学研活动中的协调与合作,建立由科技、教育、金融、人力资源、经济等部门参与的产学研协调与合作机制。这样,通过多方面措施共同推进我国产学研一体化进程,让大量科技成果及时转化为科技产品,从而为我国网络内容建设提供更加有力的技术保障。

(三)开发应用先进的网络内容管控技术

1. 网络内容的编辑控制技术

网络内容编辑控制是一项技术性比较强的工作。根据国家职业技能鉴定专家委员会的界定,网络编辑是指在相关专业知识的指导下熟练运用计算机和网络等现代性科技性信息性技术,对互联网的网站内容进行管理和建设的专业人员。网络编辑是对互联网上的信息进行收纳、归类、整合编辑、审核之后再由其向世界网络用户传播,然后接受来自网民的信息反馈,从而完成互动,所以网络编辑是网络世界的建设者和工程师,负责网站内容的建造和设计。但从控制论的观点来分析网络世界,它的传播过程依然是以技术控制的方式存在。网络编辑存在的重要意义在于它使信息传播的范围得以确定并使之在网络世界中得以保存。所以,就某种意义上来说,网络编辑的基本职能即是其对网络内容的控制。只有通过网络编辑的"滤波"机制,积极发挥其净化、优化功能,才能在良莠不齐的海量的网络信息中抑制和防止信息的各种干扰或"信息噪音"。网络内容编辑的主要控制技术包括以下几点:

(1)信息内容分级技术

网络内容编辑控制的核心技术之一即是对于信息内容进行分级管理,它先通过专业机构对信息内容进行分析并给其相应的分级标签,使之代表该信息对象的基本属性,使得它在后续的传递和利用过程中能灵活地运用和处理。由于信息的分析过程和分析结果的利用过程在信息内容分级处理中是分离的,因而它很好地避免了实时内容监控时必须要解决的速度与安全监控要求之间的这一冲突,从而使内容监管机制具有了可行性。

在国外,对于网络内容的分级管理研究已经有了一定的成果。目前WWW上最为通行的信息内容分析标签机制是W3C在1996年10月提出的PICS规范,它经过了两次修订,先后在1997年12月和1998年5月。符合该规范的国际通用分级标准现在主要有两个:一个是RSACI,另一个是Safesurf。由于这些分级技术是用来对网页进行分级和过滤的,但因为各种原因,国内的发展情况并不能完全适用国外的相关管理方式和标准。我国在该领域的研究上尚处于起步阶段,尚未有成熟产品出现,我们应根据我国的国情和新闻媒体单位的实际需要,开发合适的分级标准和分级管理技术。

(2)中文分词技术

中文分词技术即指在进行安全检测时使用关键字和相关短语匹配来进行检索,也就是对文字信息内容进行技术检测。简单地说就是在文中进行匹配查找违反信息内容安全规定的词或短语,从而达到发现不良信息的目的。其工作原理极其简单,可以采用的文本查询方法也很多,我们可根据具体的情况来决定。匹配查询在处理不同语种信息时会有所差异,对于英文,其查询一般以词(word)为基础,且词与词之间是用空格(space)来隔开的,故而计算机处理起来非常便捷,可是对于中文,由于词和词之间没有分隔符,如果要像英文一样建立以词为依据的索引,则需要有专门的中文分词系统来完成,这个系统就必然要涉及计算语言学、计算信息处理学以及语言学等众多的学科,可想而知这是一个非常有难度的开发项目。可是如果不使用该技术,由于中文中存在大量具有歧义的地方,很容易使得检索结果返回到一些与用户输入毫无关系的结果中。例如我们要查"中国"时会返回"发展中国家"包含("中国"二字)等等。所以,中文的分词技术在网络内容安全监管中具有极其重要的地位,它最大的难题是怎样解决字段的歧义切分。从这个方面着手,完善分词字典便是解决这一难题的最好方法。所以就中文分词技术的发展而言,开发出完善性高、智能性好的机器词典无疑是其前进的方向。

(3)搜索引擎优化技术

截至 2016 年 12 月,我国搜索引擎用户规模达 6.02 亿,使用率为 82.4%,用户规模较 2015 年年底增加 3615 万人,增长率为 6.4%;手机搜索用户数达 5.75 亿,使用率达 82.7%,用户规模较 2015 年年底增长 9727 万人,增长率为 20.4%。① 由此数据可以看出,搜索引擎将网民和网络内容紧密地联系在了一起,因此,加强网络内容建设必须优化好搜索引擎。

所谓搜索引擎优化(SEO)在搜索引擎原理的指导下,部署网站结构、网页的文字语言和站点间的互动外交,从而完善网站在搜索引擎下的搜索表现,以达到让用户尽可能多地发现并访问网站的过程。搜索引擎是人们在网络信息成爆炸式增长环境下查找信息的主要方式之一,怎样让其更快更准地从自己的网站上索引相关信息内容,是大多数网站的迫切需求。现在搜索引擎优化被内置在许多内容管理系统和在线新闻聚合工具中,这一措施简化了原本需要复杂编辑的活动程序,因为它被内置的软件系统自动进行了。

对搜索引擎施加编辑控制有利于为用户优化网络内容。截至 2013 年

① 中国互联网络信息中心:《第 39 次中国互联网络发展状况统计报告》,中国网信网,2017 年 1 月 22 日。

9月的过去半年因电脑搜索遇到安全事故的网民数占整体电脑端网民的6.0%，影响人口达3004.6万人。使用搜索引擎发生安全事件的人群中，遇到诈骗信息、诈骗网站、网页附带木马或病毒的比例较高，分别为72.7%、71.9%、67.2%。① 因此，对网络搜索引擎的优化控制对于网络内容建设显得十分有必要。搜索引擎在内容采集和内容呈现上做了大量的编辑控制，这和其他媒介其实是一样的。例如，在对内容的索引上，搜索引擎的搜索结果也许只使用和展示第三方的网站的某些内容，至于其他网页可能会被完全省略；在对内容的排序上，搜索引擎操作者对于内容价值选择的编辑判断被集中反映在排名算法中对各种因素的选择和权重的处理上，他的编辑判断角色绝不是排名算法可以替代的。“搜索引擎如果只是消极中立地传播第三方内容而没有重新组织内容，那么它的系统将不可避免地快速地被各种诈骗信息、垃圾内容以及不法分子击垮。”对搜索者和网络出版者均具有重要影响的是搜索结果排序和网页级别（PageRank），点击率越高，搜索结果所处的层级就越高。因此，网络出版者都希望自己传播的信息能够出现在搜索结果的顶层中。

2. 网络舆情研判技术

随着网络论坛数量的日益增多，网络社区技术的飞速发展，以及形式多样的网络交流工具的广泛应用，互联网成为舆情传播的重要渠道，而互联网“裂变式”快速传播的特性也使得个人情绪和意见被迅速放大。互联网已成为各阶层利益表达、情感宣泄、思想碰撞的舆论渠道。通过新闻跟帖、论坛、博客、即时通讯工具、搜索引擎等途径表现出的网络舆情的热点成为聚焦网民情绪、意见和行为形象的窗口，也成为折射现实社会舆论和民情的镜像。网络舆情是社会舆情在互联网空间的映射，也成为政府治国理政、了解社情民意，以及公共危机事件的信息收集、分析和预警的重要研究领域，通过舆情研判可以有效地对事件做出回归分析和前景预测，从而提升处理能

① 中国互联网络信息中心：《2013年中国网民信息安全状况研究报告》，2013年9月，见 http://www.cnnic.net.cn/hlwfzyj/hlwxzbg/hlwtjbg/201507/t20150722_52624.htm。

力和应对能力。因此,舆情研判相关研究已经引起政府部门以及学术领域的高度关注。

网络舆情研判是对网络媒体上的舆情进行价值和趋向判断的过程,其基本流程是:首先是根据舆情的工作需求对网络媒体上的信息进行采集,并对主要话题进行主题的识别与抽取,然后在对主题进行语义、情感和统计分析的基础上生成相关的热点,再聚焦于热点话题基于用户的评价准则进行研判,最后对事件做出判定并进行前景预测。因此,在舆情研判整个环节中所涉及的关键技术主要包括:主题特征抽取和结构化技术、情感分析技术、热点发现技术、舆情研判技术以及演化分析技术。

目前的舆情分析技术主要是建立在海量信息集的基础上以全部话题为基数进行自动获取和聚类,缺乏针对用户期望主题的个性化的分析技术,导致舆情分析的结果与用户所关心的主题存在较大差距。在海量的网络信息和话题中,不同应用人员所关注的网络舆情只占很小的比例。例如,社会舆情监管人员、政府服务机构、高校舆论监管部门等所关注的舆情主题和侧重点各有不同。如何采用适当的筛选机制生成用户关注的热点信息,从而转化为对用户有用的舆情知识,实现信息资源向知识服务演化,是要解决的关键问题。此外,如何根据主题特征,建立用户兴趣模型,从而按需提供舆情信息服务,也有待深入探索和研究。现有研究虽提供了各种人工智能与决策的相关算法,但网络舆情研判仍缺乏标准体系的建立,对网络舆情的特性用量化的方法来表现仍然有很大的难度。后续研究可以围绕网络舆情研判的指标体系,建立定性定量相结合的分析方法,对于加强舆情研判的准确性、目的性,从而为舆情监测与预警提供有理依据,提升网络舆情治理能力。此外,可以从机制层面、应用层面以及技术方法层面等深入研究网络舆情的治理体系,从而提高舆情研判的工作效率。

3. 网络交易安全技术

网络所处的环境是一个开放的、虚拟的、无纸的、技术性的、数字化的环境,在该背景下进行的各种民事活动很容易遭受信息被拦截、泄露、被篡改、破译或者被他人盗取解密等诸多的安全性难题,也可能面临交易效力难题,如对当事人身份的识别、是否有缔约能力等方面;此外,还可能遭遇交易安全信用难题,例如当事人对自己行为的抵赖或否认,对资信状况的不实说明等等。所以,要想维护好网络环境下的交易安全,必须利用技术手段对网络内容进行治理。目前,我们一般采用信息加密来作为网络环境下进行交易中的信息安全的防范机制,而采用第三方认证机制来识别当事人的缔约能力。

一是信息加密技术。所谓信息加密,即通过信息的变换或编码,将机密、敏感的消息变成"黑客"难以读懂的乱码型文字,以此达到两个目的:一是使不知道如何解密的"黑客"不可能由其截获的乱码中得到任何有意义的信息;二是让黑客束手无策,无法进行下一步,更不可能伪造乱码中的信息。由此可见,将交易信息进行字符串的保护,使得交易信息如同加上一把枷锁,在没有拿到对应的钥匙即授予许可的情况下,这些被隐藏的字符串处于安全状态,同时可以通过解密即输入密码的方式将这种另外一种隐藏方式,即由明处走向暗处,由明文变成密文,这种变化过程叫做加密,若在得到授权许可的情况下从密文转换成明文称为解密。①

目前,在密码算法的基础上衍生而出的加密技术在网络环境中使用十分广泛,加密主要在链路、节点、端口三个方面,其中,链路加密技术是对流经网络上的所有信息都加密,表现为不仅对信息文本加密,还包括路由信息、校验等。因此,当数据报文传输送到某个中间节点时,必须要通过解密才可以获取路由信息、校验信息,从而才可以路由选择、差错检测,再又一次的加密后,输送到另一个节点最终到达终点节点,又鉴于使用链路加密技术时明文的数据显示方式较为容易被人捕获,所以,通过在节点之间加密,进行又一次信息保护,最终达到设立一个密码的成功转换装置。这样,明文信息将不会出现在除了保护装置之外,这样规避改变链路加密技术的不足。但是,链路加密和节点加密都需要辅助于公共网络提供者,让他们切换节点,所以,这一弊端需要通过端口对端口的方式来解决,端口对端口的加密在信息加密之后输送的整个过程中都不会被解密,可以顺畅无阻地到达信

① 杨义先等编著:《网络信息安全与保密》(修订版),北京邮电大学出版社 2001 年版,第 68、77—78 页。

息终点。这样,只需要对信息发送时附上密码和接收时解开密码就可以保证信息的安全,通信对象的要求改变加密密钥以及按照应用程序进行密钥管理等,从而实现密文加密。①

二是电子签名技术。电子签名是指依靠电子文件,通过电子形式辨别信息传输者的个人身份信息,明确该传输者同意信息并将会承担责任。由此,电子签名是对传统纸质签字的功能延伸,它的主要目的在于可以便捷明确责任。由于这种电子化行为具有传统手书签名的主要功能,故此,称之为电子签名。

目前,比较常用的数字签名是利用对称加密技术和非对称加密技术进行的电子签名。其基本原理是:对称技术在加密和解密的密钥相同或者在实质上殊途同归,通过安全的密钥将信息由输送者传给收方,因此,密钥本身的安全系数决定了加密技术的安全系数,但安全性、加密速度上占有绝对优势,然而加密成本却较高、信息的确认问题无法有效实行、自动检测不能很好地检测到密钥泄露是其劣势;非对称加密技术的原理是基于大整数分解原理。非对称加密技术的原理是基于大整数分解原理,由可交换的互逆变换的一对密钥由本地的密钥发生器产生,同时,加密的密钥处于公开状态,从而控制揭秘操作,它的安全性依赖于整数分解的难易程度。因此,通常知道解密密钥的人是生成密码的人,他对加密和解密设置不同的密钥,公开加密的方式不存在密钥管理问题只需保密,这一技术的安全系数高,而缺点在于双密钥算法难度较大,复杂性导致加密速度较为缓慢。从以上两种的各自优劣来看,在实践过程中将二者结合起来,将对称密钥运用于加密和解密中,将非对称密钥运用于密钥的传送,既可以节约管理成本,又可以加快加解密速度。

三是网络认证技术。又被称之为电子认证,指的是认证机构对用户在交易过程中提供的个人身份信息、公开密钥等私密的信息进行审核之后为使用者提供电子形式的数字证明书,从而向社会公众证明数字证书的使用

① 杨义先等编著:《网络信息安全与保密》(修订版),北京邮电大学出版社 2001 年版,第 68、77—78 页。

者的基本信息,保证在虚拟的网络环境中能够有效加强对使用者的基本信息的识别,确保交易环境的安全性和可靠性。它是现实环境中的认证制度在网络环境中的具体运用。在网络认证中,包括认证机构、证书用户或证书所有者和某一使用者,认证机构是交易中存在的第三方,是中介机构的隐形存在,独立于客户和交易对方,它负责为使用的客户提供数字的使用证书,在社会公众的要求下出示使用客户的个人身份信息、资产信息,做到能够保证社会公众可以在没有接触该信息使用者时可以根据这些信息对该客户进行辨别;证书用户或证书所有者是向认证机构提供个人信息并通过申请后取得数字证书的对象;某一使用者是社会上某一个不特定的对象,泛指信任认证机构为使用者办法的数字证书的一个不确定的社会人。

从单一网络认证机构条件来看,第一,在国家法律的规定范围内,不违反法律的前提下设定符合条件的独立主体,也就是认定机构;第二,使用者根据认证机构需要的基本信息比如身份证信息、营业执照信息、资产信息等向认证机构提出电子申请;第三,认证机构对使用者的申请展开审查核实,通过对申请者的相关信息进行电子签名,再为他颁发数字证书,该证书上记载申请者的身份证明信息、资产信息等;第四,认证机构将这些认证信息进行电子存档,形成一个客户信息库,当交易对象出现跟认证证书上的信息不符合的情况时,可以再核对信息库展开再次的确认,这样有利于预防交易中出现的欺骗行为,提高交易安全性,能有效防止假冒等不端行为。以上便是网络上一般的认证流程,由此可以看出它具有以下功能:首先,认证机构和用户之间,认证机构为用户颁发数字证书,确保客户的网络交易安全;其次,认证机构与社会公众信任认证的某个个体,它提供了一种确保安全的保障;最后,客户和社会某个个体角度,能够为双方的交易提供证据,从而有利于预防和解决网络纠纷。

4. 基于 Web 数据挖掘技术

数据挖掘,是采用数学的、统计的、人工智能和神经网络等领域的科学方法,如记忆推理、聚类分析、关联分析、决策树、神经网络、基因算法等技术,从大量数据中挖掘出隐含的、先前未知的、对决策有潜在价值的关系、模式和趋势,并用这些知识和规则建立用于决策支持的模型,提供预测性决策支持的方法、工具和过程。

基于 Web 数据挖掘技术主要利用统计学原理把 Web 页面中用户访问的信息内容和超链接结构等进行统计分类,然后总结出这些数据的规律和特征,并把这些大量的数据进行筛选和过滤,从中挖掘出这些数据的潜在联系,让企业获得用户在访问网页时深层次的规律。

基于 Web 数据挖掘技术按照其技术原理可以分为三类:①内容挖掘。这里的"内容挖掘"是指把 Web 网页中数字、文字、表格、文档等显示的数据信息和其他隐示的数据信息整理并挖掘出来。②使用挖掘。当用户通过浏览器访问网页内容后,该网页所在的服务器会自动把这些访问的行为记录在访问日志上,而通过分析这些访问日志就可以掌握用户在该网页中的一些需求和动向,这就是"使用挖掘"的作用。所以通过使用挖掘可以掌握用户的行为动向,有利于提高网站的收益或网站的点击率。③结构挖掘。数据挖掘中的结构挖掘是指分析 Web 页面之间的超链接结构关系,从中找到 Web 页面结构的有用模式及权威网页。

基于 Web 数据挖掘技术主要包括以下几种:①路径分析技术。网络中的信息是巨大的,因此人们不可能一下子就找到自己需要的内容,总是要从一个页面链接到另一个页面,再从这个页面链接到其他页面。人们的这种访问路径会被记录在服务器的日志文件中。路径分析技术就是分析这些存有路径信息的日志文件,分析后的结果有利于帮助网站管理员根据大多数用户的需求改善网站的结构。②分类分析技术。分类分析技术借助对示例数据的详细分析建立一个分析的模型,再使用这个模型对网上的众多数据进行分类描述。使用分类分析技术可以在网络销售中向一个用户推荐他可能喜爱的相关产品。③聚类技术。聚类技术,就是把大量的用户访问数据,如用户喜欢的商品,以及访问网页的用户本身的信息等进行分析整理,然后按照一定的规则对它们进行分类,并给出该类别的特征描述。例如在网络营销中聚类技术帮助企业把客户分成不同的群体,并给出这些群体的喜好和需求,以便企业根据这些需求调整业务内容以满足不同的客户群体。④关联规则技术。关联规则技术通过分析用户在网站上的访问记录建立关联模型,可以根据用户的习惯和喜好为用户提供方便快捷的访问方式,也可以为用户推荐喜爱的商品或服务。

5. 网络防火墙技术

（1）防火墙安全技术定义

防火墙一般是指一个由计算机软件和硬件组合成的一种保护屏障，它是介于内网外网、专用与公用网之间的一种屏障，是一种安全保证屏障。防火墙技术是一种通过强化网络访问控制，从而来防止外网用户通过非法手段进入内网，非法访问内部网络资源，保护网络基本操作环境的一种基本互联设备。它是通过对网络之间相互传输的数据根据一定的方式进行安全检查而实现的安全防护，同时在检查数据的同时还对网络运行状态进行监视。

（2）防火墙安全技术的作用

首先，防火墙能够通过对不安全信息的过滤而极大地提高网络运行的安全性，只有经过细心选择的协议才能够通过防火墙的安全检查，所以，在很大程度上保证了网络环境的安全。其次，防火墙安全技术能够有效地保护内部信息。防火墙能够对内网进行划分，从而实现对内网重点网段进行隔离，也就能够限制部分敏感或者重点网络安全问题对这部分信息的冲击。同时，内部网络的隐私信息一直都是计算机网络所关心的重点，而我们在防止外网入侵的同时，还要注意观察内网中的一些细节，它可能会隐含了一些内网安全线索从而导致外部攻击，那么，使用防火墙安全技术就能够很好地隐藏那些能够渗透出内部细节的部分。再次，防火墙安全技术能够实现实时监控网络访问。防火墙有一个重要的功能，就是当访问经过防火墙时，它能够自动记录下来访者的信息并形成日志，为管理者提供相关数据。一旦有可疑操作发生，防火墙就能够及时地做出警报，同时还能提供网络受到攻击的具体信息，这样防火墙就实现了对网络访问者的监控。

（3）防火墙基本类型

①包过滤型。它是网络防火墙最初级的类型，其技术依据是“网络分包传输技术”。“包”是网络上数据进行传输的一种基本传输单位，网络数据在传输过程中一般都被分成大小不同的数据包，而每一个数据包所包含的数据信息又是不同的。那么防火墙就是通过对这些数据包进行过滤，来判断他们是否带来安全隐患，一旦发现数据中具有不安全因素或者来源于

不安全站点,包过滤型防火墙就会自动地把这些数据隔离在门外,之后管理员再根据具体情况进行灵活处理。这种类型的防火墙技术在具有一定安全防范优点的同时,还存在着自己的缺点。优点主要是其技术属于简单实用型的,而且应用成本较低,在应用环境简单的情况下,可以实现以较小的投入获得系统的安全。这种类型的防火墙通过对数据包进行简单的过滤控制,对数据包的目标地址、源地址、协议等都进行检查,同时它还是网络进行相互访问的唯一通道,因此,它可以直接对数据包进行检查丢弃。缺点主要就是其不支持应用层面协议的过滤,对黑客入侵的防范力度较小,对不断出现的新安全隐患没有抵御能力。

②防火墙技术之代理型。代理型防火墙也就是代理服务器,其安全性往往比包过滤型防火墙要高,同时,它正在向包过滤型没有涉及的应用层面发展。位于客户机和服务器之间的代理型网络防火墙,能够对内外网之间的通信,尤其是直接通信实现彻底隔绝,阻挡内部网和外部网之间的信息交流,这时对客户机来说,代理型防火墙就代理了服务器的角色,它就是一台服务器;而对服务器来说,代理型防火墙又代理了客户机的角色。因此,当客户机进行数据使用请求时,其首先是将信息发送给代理服务器,代理服务器根据情况获得信息之后再传输给客户机。其优点就是安全性有所提高,能够针对应用层的病毒入侵实施防护。缺点是其使得网络管理变得复杂了,对管理员的知识和工作经验要求较高,一定程度上增加了使用投入。

③防火墙技术之监测型。监测型防火墙技术已经超越了原始防火墙的定义,监测型防火墙主要是对各个层面都能实现实时的监测,同时,对监测到的数据进行分析,从而判断出来自不同层面的不安全因素。一般情况下监测型防火墙的产品还带有探测器,这种探测器是一种分布式的探测器,它能够对内网和外网进行双重的监测,防御外部网络攻击的同时还能够防范内部网络的破坏。因此,监测型防火墙在安全性上远远超越了传统防火墙,但是当前市面上的价格比较高,应用的资金投入较大。

6. 多媒体信息的智能识别技术

鉴于多媒体信息的智能识别技术在某些特定的领域已经有一定的成效,这可以为多媒体信息的内容在分析上提供一个可以参考的解决方案,例如，在早期，语音识别系统可以将语音信息在被切换成特定的计算机信号后得到解读，从而可以进行识别和进一步处理，在某些方面的发展已经取得了一定的成果，可以为一些多媒体信息的内容分析提供解决方案。比如语音识别系统的开发早已进入实用化阶段，通过功能最为强大的连续语音识别系统，可以顺利地把语音信号转化成计算机信号进行识别处理。因此，我们可以模拟这一技术将网络上的语音信息转变成为一些可见可读的文字信息，实现计算机对信息的安全与否的处理。而图像是依靠内容，那么对图像的检测需要采集图像的颜色、形状等直观的视觉表象特征，同时，需要对图像多个角度的检测减低重复图像的可能性。目前，在国内外都有相对应的智能识别系统，但综合考虑，CBTR 技术存在很多不足之处，对它的开发和应用在智能识别系统中还需要一段时间。

7. 身份验证技术

身份验证技术体现的是用户与系统之间的双向关系，用户向用户系统证明自己的身份，而系统负责对用户的信息进行检查和核准。这两个步骤是明确双方信息的重要步骤，这一步骤被称为身份的验证，这一技术的安全性在于首先通过身份验证确认他是否是合法用户，若是，再对他是否有权访问服务地址进行确定，从加密的算法角度来看，这样的双重检查是基于对称加密。

为了使网络具有是否允许用户存储数据的判断能力，以防出现不法输送、复制或篡改数据等访问现象。网络需要采用识别技术。口令识别、标记识别、唯一标识符等为我们现在生活中常见的一些识别措施，口令识别是计算机系统不规则性的产生，具有随意性，随时可以更改，有效期限的制度也可以根据情况而定，因此保密性高；标记识别是随机性给出一个卡片图像，每一个标记对应一个卡片图像，不再是输入数字而是点击图像，用户持有特殊的卡片图像，这一卡片图像还可以用于不同的口令使用。唯一标识符相对于前两者，安全性更高，可用于更安全的网络系统，用户持有的唯一标识符是一个数字，这个数字产生于用户建立之时，在设定的使用时间内不会被任何别的用户所占用，因此安全系数很高。

三、加大对网络内容建设技术保障的财力支持

网络管理技术的研发、网络技术成果的转化以及各种网络管控技术的应用都以大量经费作为物质基础,因此,要充分发挥好技术作为网络内容建设的保障作用,就必须加大对网络内容建设技术保障的财力支持。科技投入是网络技术创新的物质基础,也是技术保障机制持续发展的重要前提和根本保障。改革开放以来,我国科技投入不断增长,但与我国科技事业的大发展和全面建设小康社会的重大需求相比,与发达国家和新兴工业化国家相比,我国科技投入的总量和强度仍显不足,投入结构不尽合理,特别是在网络技术这一块的投入少之又少。当前,加大政府在网络技术投入中的财力支持,以财政科技投入带动全社会投入,将是改变我国网络技术投入水平低,实现技术对网络内容建设的支撑,推动我国网络技术保障机制发展的一个好的机遇期。

首先,要继续加大政府财政科技投入。我国政府在科技方面的投入占据的比重减少,已呈现出多元化的局限,但是,纵观全局,我们应该清醒地认识到科技投入在现在甚至是将来的很长一段时间内都会是重中之重,具有持久性和稳定性,科技上的宏观决策以及科技项目的物质支持都离不开政府的财力支持,因此,加大政府在财政方面的支出既可以引导对科技的重视又可以号召另外一些经济集团等社会主体加大科技投入。政府有责任支持网络技术的研发,并加大财政支持力度,为网络内容建设技术保障机制提供物质基础保障。

其次,要进一步发挥企业资金对网络技术研发的支持作用。经济发达国家在科技方面的收入主要来源于社会企业,企业支撑发达国家进行科技研发活动。近些年,我国企业在科技上投入增多,这表明我国的企业现在比以前更加重视科技,他们的科技投入意识越来越强,同时,和大多数工业国家一样,我国政府也已认识到企业对科技投入所起的作用。但与西方国家相比,我国的企业资金在网络技术投入方面仍存在总量不足的问题,因此,我国政府应积极采取措施,激励企业增加网络技术研发投入。

最后,要完善金融机构贷款政策。《国家中长期科学和技术发展规划

纲要(2006—2020)》明确指出要实施促进创新创业的金融政策,建立和完善创业风险投资机制,起草和制定促进创业风险投资健康发展的法律法规及相关政策。在《实施促进创新创业的金融政策》的配套政策中提出:①要探索以政府财政资金为引导,政策性金融、商业性金融资金投入为主的方式,采取积极措施,促进更多资本进入创业风险投资市场;②要建立全国性的科技创业风险投资行业自律组织;③鼓励金融机构对国家重大科技产业化项目、科技成果转化项目等给予优惠的信贷支持,建立健全鼓励中小企业技术创新的知识产权信用担保制度和其他信用担保制度,为中小企业融资创造良好条件;④要搭建多种形式的科技金融合作平台,政府引导各类金融机构和民间资金参与科技开发。从而形成一个以政府投入为引导,企业投入为主体,金融、社会各界广泛参与的多元化科技投入体系,为我国网络技术的研发与应用提供良好的财力支持。

四、以法律制度规范运用网络内容管控技术手段的主体行为

在互联网的出现和快速发展历程中,政府始终扮演着重要的角色,它既是网络的建设者,同时又是互联网的管理者和控制者。互联网控制的行为主体也是政府授权的互联网的监管者或者直接由政府来担当的。因此,政府毫无疑问地成了网络内容管控技术手段运用的主体。然而,我们都知道互联网需要控制这一道理,却往往忽略了控制主体本身的行为也是需要被监督与制约的。

政府必须要做好网络治理工作以维护网络秩序和保障公民的权利,可是,“权力导致腐败,绝对的权力导致绝对的腐败。”政府对网络的治理权相较于公民在网络领域的权利具有绝对的权势地位。如果对政府治理网络的权力缺乏有效的监督,致使其滥用,那么,势必会损害公民合法的网络权利。公民权利的很多方面都与政府的网络治理行为息息相关,比如公民的相关隐私权以及言论自由权等等。因此,对政府网络治理权力的有效制约和监督,对于保障公民网络权利有着重要的意义。目前针对互联网内容、行为管理的法律法规尚不完善,而针对控制者本身的控制行为的管理条例就更加缺乏了。鉴于此,应该进一步加强针对网络内容管控主体行为的网络立法

工作,以法律制度规范和保障网络内容管控技术手段的运用。

为此,需要找寻监管与保护的平衡点,改善网络内容管控技术的应用环境。要解决网络监控主体与客体的矛盾就需要找寻监管与保护的平衡点以改善网络管控技术的应用环境。为此,首先要平衡管控主体和网民客体之间的利益,协调好国家利益、公共利益以及网民个人隐私权利之间的关系。国家可以通过制定相关法律法规,制约政府的网络治理行为,保护网民的隐私权。其次,法律要授予公安机关、国家安全机关等机构对调查违法、侦查犯罪活动的调查权,同时又要对其进行有效的制约和监督,从而防止权力的滥用。在网络通信过程中,对某些不良信息、危机事件简单地封堵越来越没有效用,甚至可能会适得其反;而及时地将信息公开、积极地引导舆论才能掌握工作的主动权。因此,需要从以下几个方面找寻监管与保护的平衡点。

第一,要坚持透明原则。一般而言,网民由于自身的科技素养有限,对政府的网络技术治理行为并不是很理解,如果,政府在技术管控的过程中不将其相关的技术手段、分级标准公开,势必会引起广大网民对政府治理行为的不满与质疑。政府部门如果仅以控制代码来管控网络,就违了互联网原本具有的自由特性的本质。现如今,政府网络治理部门也很少公开相关的管控技术,或者仅仅是说明了为什么要进行技术管控,却没有对如何管控进行公开阐述。因此,要想揭开技术管控的"神秘面纱",赢得网民的理解、信任和支持,从而加强和完善网络内容的建设,就必须要坚持网络治理的透明原则。

第二,确定技术控制中收集网络信息的范围和依据。政府部门应根据其工作的职责和需要来确定其采集信息的行为,要在法律所许可的范围内,不能侵害当事人合法权利。要严格规范采集信息的程序,采集单位或个人应当将该采集行为的依据、权限、目的等向当事人解释清楚,还要确保所采集的信息是正确无误的,而不是虚假或错误的。只有保证依法行使职权,避免因擅自扩大收集范围而损害网络用户的隐私权。①

---

① 石雁:《政府网络监管与个人隐私保护》,《成都信息工程学院学报》第21卷,2006年第1期。

第三,正确处理公开网络的权限。未经法律许可,任何个人网络信息资料都不得公开;未经本人同意,所采集的资料不得用于最初采集目的以外的其他场合。此外,政府部门公开数据的过程和有关情况必须有完整的记录,当事人在该记录的法定保存权限内有权要求查阅该记录。

第四,要制定责任追究制度。若政府部门滥用个人网络信息资料或者采集虚假、错误的数据,从而侵害了当事人的合法权利,就要追究有关国家机关的赔偿责任。国家机关工作人员违反法律规定擅自扩散数据等,造成严重后果的,还应当承担刑事责任。①

① 石雁:《政府网络监管与个人隐私保护》,《成都信息工程学院学报》第21卷,2006年第1期。

主要参考文献

1. 杜骏飞:《网络新闻学》,中国广播电视出版社 2005 年版。

2. 戴永明:《网络伦理与法规》,福建人民出版社 2005 年版。

3. 刘云章:《网络伦理学》,中国物价出版社 2001 年版。

4. 刘品新:《网络法学》,中国人民大学出版社 2009 年版。

5. 郭玉锦:《网络社会学》,中国人民大学出版社 2005 年版。

6. 公安部网络安全保卫局国家网络与信息安全通报中心:《网络管理工作常用法律法规汇编》,中国人民公安大学出版社 2012 年版。

7. 刘毅:《网络舆情概论》,天津社科出版社 2003 年版。

8. 曾长秋、薄明华:《网络德育学》,湖南人民出版社 2012 年版。

9.《首届网规与中国互联网治理学术研讨会论文集》,北京大学出版社 2012 年版。

10. 李永刚:《我们的防火墙:网络时代的表达与监管》,广西师范大学出版社 2009 年版。

11. 张小罗:《论网络媒体之政府管制》,知识产权出版社 2009 年版。

12. 曾长秋、万雪飞:《青少年上网与网络文明建设》,湖南人民出版社 2009 年版。

13. 杨义先等编著:《网络信息安全与保密》(修订版),北京邮电大学出版社 2001 年版。

14. 孙昌军:《网络安全问题概述》,湖南大学出版社 2002 年版。

15. 窦玉沛:《社会管理与社会和谐》,中国社会科学出版社 2005 年版。

16. 刘致福:《网络文化建设与管理》,山东人民出版社 2009 年版。

17. 李永刚:《我们的防火墙——网络时代的表达与监管》,广西师范大学出版社 2009 年版。

18. 李民等:《领导干部如何应对大众传媒》,中共中央党校出版社 2008 年版。

19. 苏振芳:《网络文化研究》,社会科学文献出版社 2007 年版。

20. 金振邦:《从传统文化到网络文化》,东北师范大学出版社 2001 年版。

21. 齐鹏:《新感性:虚拟与现实》,人民出版社 2008 年版。

22. 胡德池:《网络时代的宣传思想工作》,湖南人民出版社 2003 年版。

23. 沈壮海主编:《软文化　真实力》,人民出版社 2008 年版。

24. 刘吉、金吾伦等:《千年警醒:信息化与知识经济》,社会科学文献出版社 1999 年版。

25. 常晋芳:《网络哲学引论:网络时代人类存在方式的变革》,广东人民出版社 2005 年版。

26. 田胜立:《网络传播学》,科学出版社 2001 年版。

27. 李超元:《凝视虚拟世界》,天津社会科学院出版社 2004 年版。

28. 李伦:《鼠标下的德性》,江西人民出版社 2002 年版。

29. 郭良:《网络创世纪——从阿帕网到互联网》,中国人民大学出版社 1998 年版。

30. 东鸟:《网络战争:互联网改变世界简史》序言,九州出版社 2009 年版。

31. 罗伊:《无"网"不胜》后记,兵器工业出版社 1991 年版。

32. 匡文波编著:《网民分析》,北京大学出版社 2003 年版。

33. 胡泳:《众声喧哗》,广西师范大学出版社 2008 年版。

34. 孟建、祁林:《网络文化论纲》,新华出版社 2002 年版。

35. 杨谷:《网络文化建设与管理概论》,国家行政学院出版社 2008 年版。

36. 东鸟:《网络战争》,九州出版社 2009 年版。

37. 潘小刚、周亚明、肖琳子:《中国信息安全报告》,红旗出版社 2009 年版。

38. 陈力丹:《舆论学——舆论导向研究》,中国广播电视出版社 1999 年版。

39. 刘毅:《网络舆情研究概论》,天津人民出版社 2007 年版。

40. 刁生富:《21 世纪网络人生指南》,广东高等教育出版社 2003 年版。

41. 李玉华等编著:《网络世界与精神家园》,西安交通大学出版社 2002 年版。

42. 靳一:《大众媒介公信力测评研究》,人民出版社 2006 年版。

43. 李伦:《网络传播理论》,湖南师范大学出版社 2007 年版。

44. 邓名瑛:《传播与伦理》,湖南师范大学出版社 2007 年版。

45. 张真继等:《网络社会生态学》,电子工业出版社 2008 年版。

46. 邹生主编:《信息化十讲》,电子工业出版社 2009 年版。

47. 项家祥、王正平主编:《网络文化的跨学科研究》,上海三联书店 2007 年版。

48. 陆群:《寻找网上中国》,海洋出版社 1999 年版。

49. 宋元林等:《网络文化与大学生思想政治教育》,湖南人民出版社 2006 年版。

50. 田禾主编:《亚洲信息法研究》,中国人民公安大学出版社 2007 年版。

51. 杨培芳:《信息网络服务》,京华出版社 1998 年版。

52. 张明仓:《虚拟实践论》,云南人民出版社 2005 年版。

53. 周庆山:《信息法教程》,科学出版社 2002 年版。

54. 刘桂珍:《网络传播控制研究——以自律、他律和技术控制为三维视角》,吉林出版集团外语教育有限公司,2010 年。

55. 李国新主编:《中国公共文化服务发展报告》,社会科学文献出版社 2012 年版。

56. 刘致福:《网络文化建设与管理》,山东人民出版社 2009 年版。

57. 俞可平:《引论:善治和治理》,《善治与治理》,社会科学文献出版社 2000 年版。

58. 张平:《网络法律评论》,法律出版社 2001 年版。

59. 孙昌军:《网络安全问题概述》,湖南大学出版社 2002 年版。

60. 窦玉沛:《社会管理与社会和谐》,中国社会出版社 2005 年版。

61. [美]尼古拉斯·巴任:《透视信息高速公路革命》,於丹、李振译,海南出版社 1998 年版。

62. [英]蒂姆·伯纳斯-李:《编织万维网》,上海译文出版社 1999 年版。

63. [加]马歇尔·麦克卢汉:《理解媒介》,何道宽译,商务印书馆 2000 年版。

64. [美]罗杰·菲德勒:《媒介形态变化:认识新媒介》,明安香译,华夏出版社 2000 年版。

65. [美]维纳:《人有人的用处:控制论和社会》,陈步译,商务印书馆 1978 年版。

66. [英]麦奎尔:《麦奎尔大众传播理论》,崔保国、李锟译,清华大学出版社 2006 年版。

67. [英]麦奎尔、[瑞典]温德尔:《大众传播模式论》,上海译文出版社 1987 年版。

68. [美]尼古拉·尼葛洛庞蒂:《数字化生存》,胡泳、范海燕译,海南出版社 1997 年版。

69. [美]卡斯特:《网络社会的崛起》,夏铸九译,社会科学文献出版社 2003 年版。

70. [美]奥尔波特:《谣言心理学》,刘水平译,辽宁教育出版社 2003 年版。

71. [美]理查德·斯皮内洛:《铁笼,还是乌托邦——网络空间的道德与法律》,李伦等译,北京大学出版社 2007 年版。

72. [美]格拉德·佛里拉:《网络法》,张楚译,北京社会科学文献出版社 2004 年版。

73. [美]曼纽尔·卡斯特:《信息时代三部曲:经济、社会与文化》,社会科学文献出版社 2000 年版。

74. [加]麦克卢汉:《理解媒介》,何道宽译,商务印书馆 2000 年版。

75. [美]卡塔琳娜·皮斯托、许成钢:《不完备法律——一种概念性分析框架及其在金融市场监管发展中的应用》(上),《比较》第 3 辑,中信出版社 2002 年版。

76. [英]尼尔·巴雷特:《数字化犯罪》,辽宁教育出版社 1998 年版。

77. 窦玉沛:《社会管理与社会和谐》,中国社会出版社 2005 年版。

78. [美]约翰·W.金登:《议程、备选方案与公共政策》,丁煌、方兴译,中国人民大学出版社 2004 年版。

79. 鲁炜:《培育好网民 共筑安全网——在第二届国家网络安全宣传周启动仪式上的讲话》,2015 年 6 月 1 日。

80. 王健:《试论网络规范的属性》,《重庆邮电大学学报》(社会科学版)2013 年第 3 期。

81. 罗楚湘:《网络空间的表达自由及其限制——兼论政府对互联网内容的管理》,《法学评论》2012 年第 4 期。

82. [美]希拉里・克林顿:《网络世界的选择与挑战》,《美国参考》,2011 年 2 月 16 日。

83. 邱泉:《试论我国互联网立法的现状与理念》,硕士学位论文,华中科技大学,2013 年。

84. 谢永江、纪凡凯:《论我国互联网管理立法的完善》,《国家行政学院学报》2010 年第 5 期。

85. 曹文祥:《我国网络发展与政府监管立法》,硕士学位论文,中共中央党校,2010 年。

86. 夏梦颖:《中国特色社会主义网络立法》,硕士学位论文,华东政法大学,2013 年。

87. 张化冰:《互联网内容规制的比较研究》,博士学位论文,中国社会科学院研究生院,2011 年。

88. 颜晶晶:《传媒法视角下德国互联网立法》,《网络法律评论》2012 年第 2 期。

89. 孙广远、尹霞、徐璐璐:《国外如何管理互联网》,《红旗文稿》2013 年第 1 期。

90. 李静、王晓燕:《新加坡网络内容管理的经验及启示》,《东南亚研究》2014 年第 5 期。

91. 林兴发、杨雪:《德国、日本手机网络色情监管比较》,《中国集体经济》2010 年第 11 期。

92. [日]総務省,2013,『平成 23 年版情報通信白書——共生型ネット社会の実現に向けて』ぎょうせい.

93. 张恒山:《英国网络管制的内容及其手段探析》,《重庆工商大学学报》(社会科学版)2010 年第 3 期。

94. 陈纯柱、王露:《我国网络立法的发展、特点与政策建议》,《重庆邮电大学学报》2014 年第 1 期。

95. 贾琛:《群体性事件中网络谣言的管控策略探究》,《北京人民警察学院学报》2012 年第 4 期。

96. 张平:《互联网法律规制额若干问题探讨》,《知识产权》2012 年第 8 期。

97. 周庆山:《论网络法律体系的整体建构》,《河北法学》2014 年第 8 期。

98. 周汉华:《论互联网法》,《中国法学》2015 年第 3 期。

99. 夏梦颖:《中国特色社会主义网络立法》,硕士毕业论文,华东政法大学,2013。

100. 何哲:《网络社会治理的若干关键理论问题及治理策略》,《理论与改革》2013 年第 3 期。

101. 蒋晓龙:《我国网络社会法治化建设探析》,《中国浦东干部学院学报》2015 年第 1 期。

102. 李云舒:《我国公共领域政府监管制度初探——以网络公共领域的培育为目标》,硕士学位论文,中国政法大学,2009 年。

103. 姚美辰:《虚拟社会管理法治建设若干问题研究》,硕士学位论文,南京师范大学,2013 年。

104. 谭硕:《社会热点议题中网民群体非理性行为研究》,硕士学位论文,陕西师范大学,2014 年。

105. 赵惜群、翟中杰:《培育有利于中华民族共有精神家园建设之网络文化》,《湖南科技大学学报》(社会科学版)2011 年第 6 期。

106. 李娟芬、茹宁:《虚拟社会伦理初探》,《求是学刊》2000 年第 2 期。

107. 严三九:《论网络内容的管理》,《广州大学学报》(社会科学版)2002 年第 5 期。

108. 罗楚湘:《网络空间的表达自由及其限制——兼论政府对互联网内容的管理》,《法学评论》2012 年第 4 期。

109. 郑思成:《知识产权法》,法律出版社 2004 年 4 月第 1 版,第 254 页。

110. 徐瑶:《我国网络信息行政监管问题研究》,硕士学位论文,中国人民解放军军事医学科学院,2013 年。

111. 罗静:《国外互联网监管方式的比较》,《世界经济与政治论坛》2008 年第 6 期。

112. 刘振喜:《新加坡的因特网管理》,《国外社会科学》1993 年第 3 期。

113. 王海英:《论政府对网络时代的信息监管》,《福建论坛·经济社会版》2003 年第 11 期。

114. 陈德权、王爱茹、黄萌萌:《我国政府网络监管的现实困境与新路径诠释》,《东北大学学报》2014 年第 3 期。

115. 李光耀:《李光耀 40 年政论选》,新加坡《联合早报》编,1995 年。

116. 张恒山:《英国网络管制的内容及其手段探析》,《重庆工商大学学报》(社会科学版)2010 年第 3 期。

117. 骆郁廷:《论思想政治教育主体、客体及其相互关系》,《思想理论教育导刊》2002 年第 4 期。

118. 耿益群:《我国网络素养研究现状及特点分析》,《现代传播》2013 年第 1 期。

119. 胡恒钊:《高校网络思想政治教育实施方法研究》,博士学位论文,中国矿业大学(北京),2012 年。

120. 赵玮:《大学生网络思想政治教育要素研究》,硕士学位论文,青岛大学,2012 年。

121. 胡绪明:《论思想政治理论课育人功能与构建和谐社会的本质关联》,《江西教育科研》2007 年第 6 期。

122. 杨云:《中国网络思想政治教育现状、问题及对策研究》,硕士学位论文,武汉科技大学,2010 年。

123. 樊婷:《高校网络思想政治教育的实效性研究》,硕士学位论文,中北大学,2014 年。

124. 谢振桦:《大学生网络思想政治教育现状及对策研究》,高校教师硕士学位论文,西南大学,2010 年。

125. 邵长威:《论如何加强大学生网络道德教育》,《辽宁工业大学学报》(社会科学版)2011 年第 1 期。

126. 李海峰:《青少年网络素养教育初论》,首届西湖媒介素养高峰论坛,2007 年。

127. 李方裕:《网络法制教育的基本内容探析》,《新西部(下半月)》2008 年第 6 期。

128. 尹丽波:《重视网络安全人才培养向网络强国目标迈进》,《信息安全与通信保密》2014 年第 12 期。

129. 杜锋:《我国信息领域紧缺人才培养机制研究》,硕士学位论文,华中科技大学,2005 年。

130. 陈鑫峰:《网络文化管理机制探析》,《福州大学学报》2013 年第 4 期。

131. 陶鹏:《网络文化视角下的虚拟社会管理》,《理论与改革》2013 年第 2 期。

132. 冯鹏志:《数字化乐园中的阴影:网络社会问题的面相与特征》,《自然辩证法通讯》1999 年第 5 期。

133. 唐雨:《网络社群结构的演进及其管理模式研究》《哈尔滨工业大学学报》2012 年第 3 期。

134. 田捷:《中国互联网络法规政策状况的反思》,《环球法律评论》,2001 年春季号,第 57—58 页。

135. 顾伟、汪新胜:《略论立法效率》,《理论月刊》2004 年第 12 期。

136. 李龙亮:《立法效率研究》,《现代法学》2008 年第 6 期。

137. 王慧军、王有远、胡振鹏:《网络信息传播管理研究》,《科技管理研究》2010 年第 7 期。

138. 封化民:《人才培养:网络空间安全保障体系的关键环节》,《信息安全与通信保密》2014 年第 5 期。

139. 潘晨光、娄伟:《英韩等四国如何吸引国外 IT 人才》,《国际人才交流》2005 年第 7 期。

140. 王能慧:《产学研一体化的理论与发展战略研究》,硕士学位论文,福建师范大学,2006 年。

141. 石雁:《政府网络监管与个人隐私保护》,《成都信息工程学院学报》2006 年第

1期。

142. Jack Goldsmith and Tim Wu, *Who Controls the Internet Illusions of a Borderless World*, Oxford University Press, 2006.

143. Richard A.Spinello, *Cyberethics: Morality and Law in Cyberspace*, Jones and Bartlett Publishers, 2003.

144. Ronald J.Deibert, John G.Palfrey, Rafal Rohozinski, Jonathan Zittrain, *Access Denied: The Practice and Policy of Global Internet Filtering*, The MIT Press, 2008.

145. ECD, *Regulatory Policies in OECD Countries: From Interventionism to Regulatory Governance*, OECD Publishing, 2002.

146. C Kirkpatrick and D Parker, "Regulatory Impact Assessment and Regulatory Government in Developing Countries", *Public Administration and Development*, No.24, 2004.

147. OECD, "The OECD Report on Regulatory Redorm", *Synthesis*, OECD, 1997, 2002.

索　　引

F

G

H

J

K

L

W

X

Y

Z

后　记

党的十八大报告提出要“加强和改进网络内容建设，唱响网上主旋律，加强网络社会管理，推进网络依法规范有序运行”。十八届三中全会《决定》将互联网发展与治理的总方针确定为“积极利用、科学发展、依法治理、确保安全”。一手抓繁荣，一手抓管理；一手抓建设，一手抓保障，是网络内容建设题中的应有之意。加强和改进网络内容建设，需要建立和健全保障机制。

本书共六章，约27万字。第一章从理论上概述了网络内容建设的保障机制的含义与功能，影响建立与健全保障机制的主要因素，阐释了对健全保障机制具有指导意义的理论，如网络内容规制理论、治理理论、全球网络公共治理理论、整体政府理论、协同治理理论。从第二章至第六章，全面客观地分析了我国网络内容建设保障机制的五个主要方面，即法治保障机制、监管保障机制、教育保障机制、资源保障机制、技术保障机制存在的问题与缺陷，在深刻分析问题原因基础上，借鉴国外健全保障机制的经验，提出了健全我国网络内容建设的保障机制的对策建议。

在本书的写作过程中，参阅了大量的国内外文献，吸取了许多专家学者关于网络监管、网络社会治理等领域研究的有益成果，也采纳了实际部门有关领导和同志提供的颇有针对性的见解和资料；本书作者为国家教育部哲学社会科学研究重大课题攻关项目（13JZD033）《加强和改进网络内容建设》的子项目之一《加强和改进网络内容建设的保障机制研究》负责人，项目组成员刘细良、毛劲歌、邬彬等老师为本书的写作给予了大力的帮助和支持，项目组成员湖南大学行政管理专业硕士研究生杨永琴、刘增、张雯慧、袁光、陈希、曾望峰、凌晶晶做了大量的资料搜集工作和个别章节初稿的撰写工作；本书作为教育部哲学社会科学研究重大攻关项目《加强和改进网络内容建设》的子项目，是整个项目组成员精诚合作的成果，在项目首席专家唐亚阳教授指导下，吸收了曾长秋、赵惜群、雷辉、向志强等子项目负责人及参与者的许多宝贵意见和建议；谨在此一并表示衷心的感谢！

郭渐强

2017 年 3 月

责任编辑:汪　逸
封面设计:石笑梦
责任校对:张红霞

图书在版编目(CIP)数据

网络内容建设的保障机制研究/郭渐强 著. —北京:
人民出版社,2017.10
ISBN 978-7-01-017540-9

Ⅰ.①网…　Ⅱ.①郭…　Ⅲ.①互联网络-内容-建设-研究-中国
Ⅳ.①TP393.4

中国版本图书馆 CIP 数据核字(2017)第 062997 号

网络内容建设的保障机制研究
WANGLUO NEIRONG JIANSHE DE BAOZHANG JIZHI YANJIU

郭渐强　著

人民出版社 出版发行
(100706　北京市东城区隆福寺街 99 号)

北京汇林印务有限公司印刷　新华书店经销

2017 年 10 月第 1 版　2017 年 10 月北京第 1 次印刷
开本:710 毫米×1000 毫米 1/16　印张:21.25
字数:337 千字

ISBN 978-7-01-017540-9　定价:64.00 元

邮购地址 100706　北京市东城区隆福寺街 99 号
人民东方图书销售中心　电话 (010)65250042　65289539